"十四五"职业教育国家规划教材

职业教育赛教一体化课程改革系列规划教材

大数据技术与应用 I

DASHUJU JISHU YU YINGYONG I

胡大威 孙 琳 主 编
王世刚 孙重巧 陈文明 冉柏权 副主编

中国铁道出版社有限公司
CHINA RAILWAY PUBLISHING HOUSE CO., LTD.

内 容 简 介

本书教学设计遵循教学规律，对真实项目进行了科学拆分与提炼。主要内容分为Hadoop大数据技术基础与Hadoop大数据分析案例两部分，前者包括大数据的有关概念、Hadoop概述、Hadoop集群的部署与管理、HDFS、MapReduce编程以及Hadoop生态的其他常用组件ZooKeeper、HBase、Hive、Sqoop、Flume、Storm、Kafka的工作原理、安装部署和使用方法，后者通过"基于云虚拟实训平台的学情分析系统"项目完整展示了大数据分析的过程。

全书遵循"理论够用、实用，实践第一"的原则选择内容，编排合理，表述深入浅出，所有操作命令全部按序列出，并配有解释和运行截图，指导性、实用性强，能使读者快速、轻松地掌握Hadoop大数据平台运维和分析的基本技术。

本书适合作为高等职业院校电子信息大类各专业学习Hadoop大数据技术的教材，也可作为培训学校的培训教材，还可作为大数据爱好者的自学用书。

图书在版编目（CIP）数据

大数据技术与应用.Ⅰ/胡大威，孙琳主编.—北京：中国铁道出版社有限公司，2019.8（2024.12重印）
职业教育赛教一体化课程改革系列规划教材
ISBN 978-7-113-25813-9

Ⅰ.①大… Ⅱ.①胡…②孙… Ⅲ.①数据处理-高等学校-教材 Ⅳ.①TP274

中国版本图书馆CIP数据核字（2019）第180576号

书　　名	：大数据技术与应用Ⅰ
作　　者	：胡大威　孙　琳

策　　划	：徐海英	编辑部电话：	（010）63551006
责任编辑	：王春霞　包　宁		
封面制作	：刘　颖		
责任校对	：张玉华		
责任印制	：赵星辰		

出版发行：中国铁道出版社有限公司（100054，北京市西城区右安门西街8号）
网　　址：https://www.tdpress.com/51eds
印　　刷：三河市航远印刷有限公司
版　　次：2019年8月第1版　2024年12月第7次印刷
开　　本：850 mm×1 168 mm　1/16　印张：19.75　字数：492千
书　　号：ISBN 978-7-113-25813-9
定　　价：59.80元

版权所有　侵权必究

凡购买铁道版图书，如有印制质量问题，请与本社教材图书营销部联系调换。电话：（010）63550836
打击盗版举报电话：（010）63549461

前言

党的二十大报告指出:"我们要坚持教育优先发展、科技自立自强、人才引领驱动,加快建设教育强国、科技强国、人才强国,坚持为党育人、为国育才,全面提高人才自主培养质量,着力造就拔尖创新人才,聚天下英才而用之。""教育是国之大计、党之大计。培养什么人、怎样培养人、为谁培养人是教育的根本问题。育人的根本在于立德。全面贯彻党的教育方针,落实立德树人根本任务,培养德智体美劳全面发展的社会主义建设者和接班人。"

为认真贯彻落实二十大精神和教育部实施新时代中国特色高水平高职学校和专业群建设的要求,扎实、持续地推进职教改革,强化内涵建设和高质量发展,落实双高计划,抓好职业院校信息技术人才培养方案实施及配套建设,在湖北信息技术职业教育集团的大力支持下,武汉唯众智创科技有限公司统一规划并启动了"职业教育赛教一体化课程改革系列规划教材"(《云计算技术与应用》《大数据技术与应用Ⅰ》《网络综合布线》《物联网.NET开发》《物联网嵌入式开发》《物联网移动应用开发》),本书是"教育教学一线专家、教育企业一线工程师"等专业团队的匠心之作,是全体编委精益求精,在日复一日年复一年的工作中,不断探索和超越的教学结晶。本书教学设计遵循教学规律,涉及内容是真实项目的拆分与提炼。

大数据技术让我们以一种前所未有的方式,对海量数据进行处理与分析,从中挖掘出高价值的信息。但同时,大数据技术也是一门综合性强、难度大的技术,掌握好它不是一件容易的事。本书是一本介绍 Hadoop 大数据技术的入门书。编者在对大数据运维和大数据分析岗位职业能力进行分析的基础上,以基于工作过程课程开发理论为依据,结合高职学生的学习特点,遵循从大数据初学者到大数据运维工程师和大数据分析工程师的职业能力发展过程和学生认知规律,按照由浅入深、由易到难的顺序整合、序化、串联过程性知识,较为全面地介绍了大数据的有关概念和 Hadoop 生态常用组件的工作原理、安装部署及使用方法,最后通过一个企业真实项目"基于云虚拟实训平台的学情分析系统"给读者展示了大数据分析的全流程。

本书便于教师开展"项目导向、任务驱动"模式的教学,实施"在做中学、在学中做、教学练做于一体"的理论实践一体化教学。全书教学内容分为 Hadoop 大数据技术基础与 Hadoop 大数据分析案例两部分。前者包括大数据的有关概念、Hadoop 概述、Hadoop 集群的部署与管理、HDFS、MapReduce 编程以及 Hadoop 生态的其他常用组件 ZooKeeper、HBase、Hive、Sqoop、Flume、Storm、Kafka 的工作原理、安装部署和使用方法，后者通过项目"基于云虚拟实训平台的学情分析系统"完整展示了大数据分析的过程。全书遵循理论够用、实用、实践第一的原则选择内容，合理编排，表述深入浅出。

本书有两大特点：一是所有实验循序渐进，都有完整的命令和代码及其运行截图，便于读者对照学习，能有效降低学习难度，提高学习效率，指导性、实用性强。二是采用虚拟机技术，所有基础实验能在普通台式机上完成，便于实践教学条件不足的学校开展大数据教学。书中案例源于企业真实项目，可操作性强，能帮助读者快速掌握大数据分析的基本技能。

本书由武汉职业技术学院胡大威、武汉软件工程职业学院孙琳任主编；由武汉城市职业学院王世刚、荆州职业技术学院孙重巧、湖北三峡职业技术学院陈文明、武汉唯众智创科技有限公司冉柏权任副主编。具体分工如下：胡大威编写了单元 1、3、4、5、6、10，孙琳编写了单元 2、7、8、13，王世刚编写了单元 9，孙重巧编写了单元 11，陈文明编写了单元 12，冉柏权编写了单元 14，全书由胡大威统稿。

本书在编写过程中参考和借鉴了大量国内外最新著作和网上资料，在此对所参考著作和资料的作者及相关出版单位表示衷心的感谢！另外，对本书编写及出版过程中给予支持的同事、朋友及相关人士表示感谢！

由于时间仓促，编者水平有限，书中难免有遗漏和不足之处，敬请各位读者批评指正。

编　者

2022 年 11 月于武汉

目 录

单元 1 大数据概述 ... 1
- 1.1 大数据的产生 ... 1
  - 1.1.1 大数据产生的原因 ... 1
  - 1.1.2 大数据的发展历程 ... 2
- 1.2 大数据的概念 ... 3
  - 1.2.1 大数据的定义 ... 3
  - 1.2.2 大数据的特征 ... 3
  - 1.2.3 大数据的构成 ... 4
  - 1.2.4 大数据的意义 ... 4
- 1.3 大数据的基本处理流程 ... 5
- 1.4 大数据技术 ... 6
  - 1.4.1 大数据的技术层面 ... 6
  - 1.4.2 大数据的计算模式 ... 7
  - 1.4.3 大数据的技术路线 ... 7
  - 1.4.4 大数据技术的应用 ... 7
- 1.5 大数据与云计算、物联网的关系 ... 8
  - 1.5.1 云计算 ... 8
  - 1.5.2 物联网 ... 9
  - 1.5.3 大数据与云计算、物联网的关系 ... 10
- 习题 ... 10

单元 2 Hadoop概述 ... 11
- 2.1 Hadoop简介 ... 11
  - 2.1.1 Hadoop的起源及发展历史 ... 11
  - 2.1.2 Hadoop的设计思想和特性 ... 13
  - 2.1.3 Hadoop的体系结构 ... 13
  - 2.1.4 Hadoop的生态系统 ... 14
  - 2.1.5 Hadoop的发行版本 ... 16
  - 2.1.6 Apache Hadoop的下载 ... 17
- 2.2 Hadoop系列实验前的准备工作 ... 18
  - 2.2.1 计算机软硬件基本配置要求 ... 18
  - 2.2.2 大数据实验软件包介绍 ... 18
  - 2.2.3 检查实验机是否支持虚拟化 ... 20
  - 2.2.4 检查在BIOS中是否已打开VT-x功能 ... 21
- 习题 ... 22

单元 3 VMware和CentOS的安装 ... 23
- 3.1 安装VMware Workstation ... 23
  - 3.1.1 VMware虚拟机简介 ... 23
  - 3.1.2 安装VMware虚拟机 ... 24
- 3.2 创建虚拟机Master ... 27
- 3.3 安装CentOS ... 32
- 3.4 克隆虚拟机Slave ... 34
- 3.5 上传Hadoop实验软件包到Linux系统中 ... 36
- 3.6 常用的Linux操作系统命令和文本编辑器vi ... 39
  - 3.6.1 Linux操作系统常用命令 ... 39
  - 3.6.2 文本编辑器vi ... 41
- 习题 ... 43

单元 4 Hadoop集群的部署与管理 ... 44
- 4.1 Hadoop的运行模式 ... 44
  - 4.1.1 计算机集群 ... 44
  - 4.1.2 Hadoop的运行模式 ... 46
- 4.2 配置Linux系统 ... 48
  - 4.2.1 说明 ... 48
  - 4.2.2 配置时钟同步 ... 49
  - 4.2.3 配置主机名 ... 50

大数据技术与应用 I

	4.2.4	配置网络环境	51
	4.2.5	关闭防火墙	55
	4.2.6	配置 hosts 列表	56
	4.2.7	安装 JDK	58
	4.2.8	配置免密钥登录	60
4.3	配置 Hadoop		63
	4.3.1	解压 Hadoop 安装包	64
	4.3.2	在 Master 节点修改 Hadoop 配置文件	64
	4.3.3	在 Master 节点上配置 Hadoop 的系统环境变量	71
	4.3.4	将已经配置好的 Hadoop 复制到其他节点上	71
	4.3.5	创建数据目录	71
4.4	启动 Hadoop 集群		71
	4.4.1	格式化文件系统	71
	4.4.2	启动 Hadoop 集群	72
4.5	测试 Hadoop 集群		73
4.6	监控 Hadoop 集群		74
	4.6.1	监控 HDFS	74
	4.6.2	监控 Yarn	77
4.7	停止 Hadoop 集群		79
4.8	动态管理节点		79
	4.8.1	增加节点	80
	4.8.2	删除节点	84
4.9	Hadoop 的命令		86
习题			87

单元 5　Hadoop 分布式文件系统 HDFS 88

5.1	HDFS 概述		88
	5.1.1	HDFS 简介	88
	5.1.2	HDFS 的体系结构	89
	5.1.3	HDFS 的概念	90
	5.1.4	HDFS 的存储原理	93
	5.1.5	HDFS 文件的读写过程	94
	5.1.6	HDFS 高可用性	95
5.2	用命令方式实现 HDFS 常用操作		96

	5.2.1	HDFS 的基本命令	96
	5.2.2	HDFS 文件系统的操作	102
5.3	安装与配置 Eclipse 集成开发环境		104
	5.3.1	Eclipse 开发环境介绍	104
	5.3.2	Eclipse 的安装和配置	105
5.4	编程实现 HDFS 常用操作		112
	5.4.1	HDFS Java API 简介	112
	5.4.2	HDFS Java API 的一般用法	113
	5.4.3	HDFS Java API 的编程实践	113
习题			116

单元 6　MapReduce 118

6.1	MapReduce 概述		118
	6.1.1	MapReduce 的设计思想	119
	6.1.2	MapReduce 的体系结构	119
	6.1.3	MapReduce 的工作过程	120
	6.1.4	MapReduce 的工作过程示例——词频统计	123
6.2	YARN 概述		126
	6.2.1	YARN 的设计思想	126
	6.2.2	YARN 的体系结构	126
	6.2.3	YARN 的工作流程	128
6.3	在集群中运行 MapReduce 任务		129
	6.3.1	Hadoop 官方示例包中的测试程序	129
	6.3.2	提交 MapReduce 任务给集群运行	129
6.4	在 Eclipse 中配置 MapReduce 环境		132
6.5	编写 MapReduce 词频统计程序		134
	6.5.1	MapReduce 编程步骤	134
	6.5.2	编写 MapReduce 词频统计程序	134
	6.5.3	打包提交代码运行	136
习题			137

单元 7　分布式协调服务器 ZooKeeper 140

7.1	ZooKeeper 概述		140
	7.1.1	ZooKeeper 简介	140
	7.1.2	ZooKeeper 的体系结构	141

		7.1.3 ZooKeeper的数据模型 143
		7.1.4 ZooKeeper的工作原理 144
7.2	ZooKeeper集群安装部署 145	
	7.2.1	在Master节点上安装ZooKeeper 145
	7.2.2	配置ZooKeeper属性文件 146
	7.2.3	将Master节点上的ZooKeeper 安装文件复制到Slave节点 和Slave2节点上 147
	7.2.4	启动 ZooKeeper 集群 147
	7.2.5	测试ZooKeeper集群 148
7.3	ZooKeeper的简单操作 149	
	7.3.1	使用zkServer.sh脚本进行的操作 149
	7.3.2	ZooKeeper的常用Shell命令 151
习题	151	

单元 8 分布式数据库HBase 152

8.1	HBase概述 152	
	8.1.1	HBase简介 152
	8.1.2	HBase的数据模型 153
	8.1.3	HBase的物理存储 156
	8.1.4	HBase的体系结构 157
	8.1.5	HBase的工作原理 159
8.2	HBase集群的安装部署 160	
	8.2.1	在Master节点上安装HBase 160
	8.2.2	在Master节点上配置HBase 161
	8.2.3	将HBase安装文件复制到Slave 和Slave2节点上 162
	8.2.4	启动HBase 163
	8.2.5	验证HBase 163
	8.2.6	停止HBase 164
8.3	常用的HBase Shell命令 164	
习题	170	

单元 9 数据仓库Hive 171

9.1	Hive概述 171	
	9.1.1	数据仓库简介 171
	9.1.2	Hive简介 172

		9.1.3 Hive的体系结构 173
		9.1.4 Hive的工作原理 174
		9.1.5 Hive的数据类型与存储格式 174
		9.1.6 Hive的数据模型 176
9.2	Hive的安装部署 176	
	9.2.1	安装Hive 177
	9.2.2	安装配置 MySQL 177
	9.2.3	配置Hive 182
	9.2.4	启动Hive安装 183
9.3	Hive Shell操作 183	
9.4	Hive数据导入的实例 186	
习题	190	

单元 10 Sqoop的安装和使用 191

10.1	Sqoop概述 191	
	10.1.1	Sqoop简介 191
	10.1.2	Sqoop的工作原理 192
10.2	Sqoop的安装、配置和运行 194	
	10.2.1	安装Sqoop 194
	10.2.2	配置MySQL连接器 195
	10.2.3	配置环境变量 195
	10.2.4	启动并验证 Sqoop 196
10.3	Sqoop的应用 198	
	10.3.1	从MySQL数据库导入数据 到HDFS中 198
	10.3.2	从Hive或HDFS中导出数据 到MySQL数据库 202
	10.3.3	脚本打包 203
习题	204	

单元 11 Flume 205

11.1	Flume概述 205	
	11.1.1	Flume简介 205
	11.1.2	Flume的工作原理 206
11.2	Flume的安装配置 210	
	11.2.1	下载安装包并解压 210
	11.2.2	配置环境变量 211

11.2.3　配置flume-env.sh文件 211
　　11.2.4　验证flume 211
11.3　Flume的常用操作命令 212
11.4　Flume的应用 213
　　11.4.1　Flume的配置和运行 213
　　11.4.2　Flume的简单实例 215
习题 216

单元 12　流计算框架Storm 217

12.1　Storm概述 217
　　12.1.1　Storm简介 217
　　12.1.2　Storm的工作原理 218
　　12.1.3　Storm的数据模型 220
12.2　Storm集群的搭建 221
　　12.2.1　在Master节点上安装Storm 221
　　12.2.2　将Storm安装文件复制到Slave、Slave2、Slave3节点 222
　　12.2.3　启动Storm集群 223
　　12.2.4　测试Storm集群 223
12.3　向Storm集群提交任务 224
习题 225

单元 13　Kafka 226

13.1　Kafka概述 226
　　13.1.1　Kafka简介 226
　　13.1.2　Kafka的体系结构 227
　　13.1.3　Kafka的工作原理 228
　　13.1.4　Kafka使用场景 229
13.2　安装配置和使用Kafka 229
　　13.2.1　安装Kafka 229
　　13.2.2　配置Kafka 230
　　13.2.3　启动并使用Kafka 230
习题 233

单元 14　基于云虚拟实训平台的学情分析系统 234

14.1　项目简介 234
　　14.1.1　唯众云虚拟实训平台介绍 235
　　14.1.2　学情分析系统需求分析 235
　　14.1.3　学情分析系统数据库设计 240
14.2　获取云虚拟平台日志内容 243
　　14.2.1　使用爬虫获取数据 243
　　14.2.2　将抓取的数据上传到HDFS 253
　　14.2.3　使用MapReduce对数据进行清洗 256
14.3　创建封装数据的javaBean 258
　　14.3.1　LoginLogBean.java（登录日志） 258
　　14.3.2　OperationLogBean.java（操作日志信息） 260
14.4　数据清洗 264
　　14.4.1　数据标记与封装（LoginLogParse.java） 264
　　14.4.2　数据标记与封装（OperationLogParse.java） 265
　　14.4.3　数据清洗与输出——登录日志（LoginLogProcess.java） 265
　　14.4.4　数据清洗与输出——操作日志（OperationLogProcess.java） 267
14.5　对结果进行分析及可视化 268
　　14.5.1　ECharts介绍 268
　　14.5.2　对清洗后的数据分析 269
　　14.5.3　使用ECharts展示 273

参考文献 308

单元 1

大数据概述

学习目标

- 了解大数据产生的原因和大数据发展的历史经纬。
- 掌握大数据的概念和特征。
- 了解大数据的处理流程。
- 了解大数据的关键技术、国内企业自主开发的大数据技术。
- 了解大数据的主要应用及我国大数据产业发展现状。
- 理解云计算和物联网的概念和关键技术,了解国内几大厂商推出的云平台,了解大数据与云计算和物联网三者之间的区别与联系。

1.1 大数据的产生

1.1.1 大数据产生的原因

20 世纪中后期以来,计算机技术快速发展并全面融入社会生活。

21 世纪是数据信息大发展的时代。进入 21 世纪后,随着互联网的广泛应用,人类活动的进一步扩展,移动互联、电子商务、搜索引擎、社交网络、物联网等拓展了互联网的边界和应用范围,数据规模急剧膨胀,包括电信、金融、零售、娱乐、汽车、餐饮、能源、政务、医疗、体育等在内的各行业都在疯狂产生着数据,累积的数据量越来越大,数据类型也越来越多、越来越复杂,已经超越了传统数据管理系统、处理模式的能力范围,信息已经积累到了一个开始引发变革的程度,它不仅使世界充斥着比以往更多的信息,而且其增长速度也在加快,于是"大数据"这样一个概念应运而生。

"大数据"这一概念的形成，有如下三个标志性事件：

（1）2008年9月，美国《自然》杂志专刊——The next google 第一次正式提出"大数据"概念。

（2）2011年2月，《科学》杂志专刊——Dealing with data，通过社会调查的方式，第一次综合分析了大数据对人们生活造成的影响，详细描述了人类面临的"数据困境"。

（3）2011年5月，麦肯锡研究院发布报告——Big data: The next frontier for innovation, competition, and productivity，第一次给大数据做出相对清晰的定义："大数据是指其大小超出了常规数据库工具获取、存储、管理和分析能力的数据集。"

归纳起来大数据的出现有以下几个原因。

（1）信息科技的不断进步为大数据时代提供了技术支撑，表现在 CPU 处理能力大幅提升，存储设备容量不断增加，硬件设备价格大幅降低，网络带宽不断增加，网络技术的发展为数据的生产提供了极大的方便，云计算概念的出现进一步促进了大数据的发展，人工智能进一步提升了处理和理解数据的能力。

（2）数据产生方式的变革，使得数据爆炸性增长，这促成大数据时代的来临。传统 IT、企业业务系统、门户网站大约占大数据主要来源的 15%。随着数据生产方式变得自动化，数据生产融入每个人的日常生活，伴随着社交网络兴起，大量的用户自生成内容、音频、文本信息、视频、图片，出现了非结构化数据。目前，图像、视频和音频数据所占的比例越来越大。物联网产生的数据量更大，加上移动互联网能更准确、更快速地收集用户信息（如环境、位置、生活信息等数据），使得数据量处于急剧加速增长的趋势。根据 IDC 作出的估测，数据一直都在以每年 50% 的速度增长（大数据摩尔定律），人类在最近两年产生的数据量相当于之前产生的全部数据量，如图 1-1 所示。

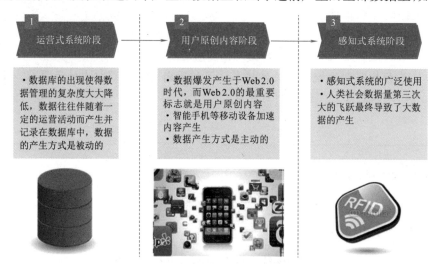

图 1-1　数据生产方式的演变

大数据产业包括 IT 基础设施层、数据源层、数据管理层、数据分析层、数据平台层和数据应用层，在不同层面，都已经形成了一批引领市场的技术和企业。

1.1.2　大数据的发展历程

大数据的发展大致经历了以下三个阶段。

（1）萌芽阶段。20 世纪 90 年代至 21 世纪初，随着数据挖掘理论和数据库技术的逐步成熟，一批商业智能工具和知识管理技术开始被应用，如数据仓库、专家系统、知识管理系统等。

（2）成熟阶段。21 世纪前十年，Web 2.0 应用迅猛发展，非结构化数据大量产生，传统处理方法难以应对，带动了大数据技术的快速突破，大数据解决方案逐渐走向成熟，形成了并行计算与分布式系统两大核心技术，谷歌的 GFS 和 MapReduce 等大数据技术受到追捧，Hadoop 平台开始大行其道。

（3）大规模应用阶段。2010 年以后，大数据应用渗透各行各业，数据驱动决策，信息社会智能化程度大幅提高。

1.2 大数据的概念

1.2.1 大数据的定义

大数据最早在 20 世纪 90 年代被提出，麦肯锡在 2012 年的评估报告中指出"大数据时代"已经到来，使得人们对于大数据重要性的认知和关注度进一步增加，但尚无统一的定义。

麦肯锡给出的定义：大数据是大小超出常规数据库工具获取、存储、管理和分析能力的数据集，即大数据是现有数据库管理工具和传统数据处理手段很难处理的大型、复杂的数据集，涉及采集、存储、搜索、共享、传输和可视化等方面。

全球最具权威的 IT 研究与顾问咨询公司 Gartner 将大数据定义为：大数据是需要新处理模式才能具有更强的决策力、洞察发现力和流程优化能力的海量、高增长率和多样化的信息资产。

大数据是指无法在可容忍的时间内用传统 IT 技术和软硬件工具对其进行感知、获取、管理、处理和服务的数据集合。这里传统的 IT 技术和软硬件工具是指单机计算模式和传统的数据分析算法。

尽管对大数据概念的表述不相同，但普遍认为大数据是信息技术领域的重大技术变革。

1.2.2 大数据的特征

一般来说，大数据具备以下四个维度的特征（4V），即 Volume、Variety、Velocity 和 Value。

1. 数据量大（Volume）

互联网、在线交易、微信、电话、企业 IT、物联网、社区等，随时都在快速累积庞大的数据，数据量等级很容易达到 TB 甚至 PB 或 EB 级，原先数据集中存储和集中计算的方式已不适应客观现实的要求。

2. 种类多（Variety）

与传统数据相比，大数据来源广、维度多，而且数据类型非常多样化，既包括结构化的数据，也包括文档、网络日志、图片、音视频、地理位置信息、模拟信号、社区、交友数据等半结构化和非结构化数据。

3. 速度快、时效高（Velocity）

随着带宽越来越大、设备越来越多，每秒产生的数据流越来越大。从数据的生成到消耗，时间窗口非常小，时间太久就会失去数据的价值（1 秒定律），可用于生成决策的时间非常少，必须能在最短时间内得出分析结果，所以大数据对数据处理有较高的时效性要求，这就需要新的数据处理模式。随着互联网、计算机技术的发展，数据生成、存储、分析、处理的速度远远超出人们的想象力，这是大数据区别于传统数据或小数据的显著特征。

4. 价值高，但价值密度低（Value）

大数据多为半结构化和非结构化数据，并未经程式化处理，其中存在大量的无用信息，价值密度较低。但经过清洗、整合和深度分析，可得到高价值的信息。

以公共场所监控视频为例，连续不间断监控过程中，可能仅几秒的视频是需要的，具有很高的价值。

1.2.3　大数据的构成

近年来互联网、云计算、移动互联网、物联网等新型信息技术的发展，使得数据产生来源更加丰富、类型更加多样化。大数据是由结构化数据、半结构化数据和非结构化数据组成的。

1. 结构化数据

结构化数据是指具有固定结构、属性划分以及类型的信息，简单来说就是数据库中存储的数据，通常直接存放在数据库表中。

一般来讲，结构化数据仅占全部数据的20%以内，但就是这20%以内的数据浓缩了过去很久以来用户各个方面的数据需求，发展已经成熟。

2. 非结构化数据

非结构化数据无法用统一的结构来表示，包括视频、音频、图片、图像、文档、文本等形式。通常出现在诸如医疗影像系统、教育视频点播、视频监控、国土 GIS（Geographic Information System，地理信息系统）、文件服务器、媒体资源管理等具体应用中，这些行业对于存储需求包括数据存储、数据备份以及数据共享等。

数据记录较小时（如KB级别），可以考虑直接存放到数据库表中（整条记录映射到某个列中）；数据记录较大时，通常考虑直接存放到文件系统中，相关数据的索引信息可以存放到数据库中。

非结构化中往往存在大量的有价值的信息，特别是随着移动互联网、物联网的发展，非结构化信息正以成倍的速度快速增长。

3. 半结构化数据

半结构化数据具有一定的结构，但又有一定的可变性，如邮件、HTML、报表、资源库等数据。典型场景如邮件系统、Web集群、教学资源库、数据挖掘系统、档案系统等。这些应用对应于数据存储、数据备份、数据共享以及数据归档等基本存储需求。

半结构化数据可以考虑直接转换成结构化数据进行存储；也可以根据数据记录的大小和特点，选择合适的存储方式。

1.2.4　大数据的意义

在大数据时代"万物皆数据"，大数据的影响已经深入各个领域和行业，人类生活在一个海量、动态、多样的数据世界中，数据无处不在、无时不有、无人不用。在经济及其他领域中，将大量数据进行分析后就可得出许多数据的关联性，可用于预测商业趋势、营销研究、金融财务、疾病研究、打击犯罪等。"用数据说话"，决策行为将基于数据和分析的结果，而不是依靠经验和直觉。

在大数据背景下，因存在海量无限、包罗万象的数据，让许多看似毫不相干的现象之间发生一定的关联，使人们能够更简捷、更清晰地认知事物和把握局势。"啤酒与尿布"的故事被称为营销界的神话，能及早预警流感传播的"谷歌流感趋势"系统充分反映了大数据在揭示事物的相关关系上所具有的巨大价值。

大数据对科学研究、思维方式、社会发展和就业市场等方面也都产生了重要的影响，深刻地影响并改变着我们的社会生产和日常生活。图灵奖获得者、著名数据库专家 Jim Gray 博士观察并总结人类自古以来，在科学研究上先后历经了实验、理论、计算和数据四种范式。第四范式"数据"就是利用大量数据来发现新的规律。在思维方式方面，大数据完全颠覆了传统的思维方式，大数据思维的核心是利用数据解决问题。大数据时代，处理的数据从样本数据变成全部数据。由于是全样本数据，人们不得不接受数据的混杂性，关注效率而不是精确度，从精确思维转变到容错思维。人类通过对大数据的处理，放弃对因果关系的渴求，转而关注相关关系，捕捉现在，预测未来。大数据思维最关键的转变在于从自然思维转向智能思维，使得大数据像具有生命力一样，获得类似于"人脑"的智能，甚至智慧。深刻理解大数据的这些影响，有助于我们更好地把握学习和应用大数据的方向。

1.3 大数据的基本处理流程

大数据的基本处理流程一般可分为四大步骤：数据采集、数据清洗、数据分析和数据可视化，如图 1-2 所示。

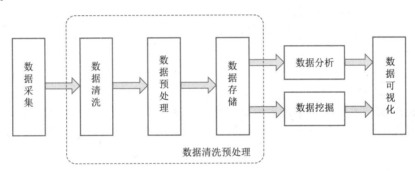

图 1-2 大数据的基本处理流程

1. 数据采集

大数据的采集一般使用 ETL 工具将分布的、异构数据源（如移动 App 应用端、网页端、智能硬件端、多种传感器端等）中的数据采集到数据库或临时文件中。

常用的数据采集方式主要包括：数据抓取、数据导入、物联网传感设备自动信息采集等。

2. 数据清洗

这些采集到的海量数据大体上是所谓的脏数据，不能直接进行有效的分析或挖掘结果差强人意，因为其中往往夹杂着大量重复或无用的数据，此时需要对数据进行简单的清洗和预处理，使得不同来源的数据整合成一致的、适合数据分析算法和工具读取的数据。然后，将这些清洗过的数据存储到分布式文件系统（如 HDFS）或者分布式数据库（如 HBase）或者数据仓库（如 Hive）中。

也有一些用户会在导入时使用 Storm 对流数据进行流式计算，以满足部分业务的实时计算需求。

数据清洗完后接着进行或同时进行数据集成、数据转换和数据规约等一系列处理，这个过程称为数据预处理。

（1）数据筛选：主要是删除原始数据集中的无关数据、重复数据，处理缺失值、异常值，平滑噪声数据，筛选掉与挖掘主题无关的数据等目标。

(2) 数据集成：是将多个数据源中的数据合并起来并存放到一个一致的数据存储（如数据仓库）中的过程。

(3) 数据转换：通过平滑聚集、数据概化、规范化等方式将数据转换成适用于数据挖掘的形式。

(4) 数据归约：寻找依赖于发现目标的数据的有用特征，缩减数据规模，最大限度地精简数据量。

3. 数据分析

数据分析是大数据处理流程的核心步骤。通过数据采集和清洗两个环节，我们已经从异构的数据源中获得了用于大数据处理的原始数据，用户可以根据自己的需求对这些数据进行分析处理（如数据挖掘、机器学习、数据统计等）。数据分析可以用于预测系统、决策支持、推荐系统和商业智能等。

统计分析需要用工具对数据进行普通的分析和分类汇总，以满足常见的数据分析需求。在大数据的统计与分析过程中，主要面对的挑战是分析涉及的数据量太大，其对系统资源，特别是 I/O 会有极大的占用。

数据挖掘是创建数据挖掘模型的一组试探法和计算方法，通过对提供的数据进行分析，查找特定类型的模式和趋势，最终形成模型。与统计分析过程不同的是，数据挖掘一般没有什么预先设定好的主题，主要是在现有数据上面进行基于各种算法的计算，起到预测效果，实现一些高级别数据分析的需求。比较典型的算法有用于聚类的 K-Means、用于统计学习的 SVM 和用于分类的 NaiveBayes，主要使用的工具有 Hadoop 的 Mahout 等。

4. 数据可视化

数据可视化是指将结构或非结构化的数据转换成适当的可视化图表，从而将隐藏在数据中的信息直接展现在人们面前。

大数据分析的使用者既有专业的大数据分析师，也有普通用户，二者对于大数据分析最基本的要求就是可视化分析，因为可视化分析能够以图形直观地呈现大数据的特点，非常容易被用户所接受。

1.4 大数据技术

1.4.1 大数据的技术层面

大数据并非单一的数据或技术，而是数据和大数据技术的综合体。大数据的主要技术层面如下。

(1) 基础架构支持类：云计算平台、云存储、虚拟化、网络、资源监控等。

(2) 数据采集：利用 ETL 工具、数据总线等，将分布的、异构数据源中的数据抽取到临时中间层后进行清洗、转换、集成；或者把实时采集的数据作为流计算系统的输入，进行实时处理分析。

(3) 数据存储和管理：利用分布式文件系统、数据仓库、关系型数据库、NoSQL 数据库、云数据库、内存数据库等。

(4) 数据处理与分析：利用分布式并行编程模型和计算框架，结合数据查询统计与分析方法、机器学习和数据挖掘算法、图谱处理、BI（Business Intelligence，商业智能）等，实现对海量数据的处理和分析、数据预测与数据挖掘。

(5) 数据展现与交互：利用报表、图形、可视化工具、增强现实等技术对分析结果进行可视化呈现，帮助人们更好地理解数据、分析数据。

（6）数据安全和隐私保护：在从大数据中挖掘潜在的巨大商业价值和学术价值的同时，构建隐私数据保护体系和数据安全体系，有效保护个人隐私和数据安全。

1.4.2 大数据的计算模式

大数据的计算模式有如下几类。

1. 批处理计算模式

针对大规模数据的批量处理。批处理系统将并行计算的实现进行封装，大大降低开发人员的并行程序设计难度。目前主要的批处理计算系统代表产品有 MapReduce、Spark 等。

2. 流计算

流计算是针对流数据的实时计算，需要对应用不断产生的数据实时进行处理，使数据不积压、不丢失，常用于处理电信、电力等行业应用以及互联网行业的访问日志等。

代表产品有 Storm、Flume、Scribe、S4、Streams、Puma、DStream、Super Mario 等。

3. 图计算

图计算针对大规模图结构数据进行处理。社交网络、网页链接等包含具有复杂关系的图数据，这些图数据的规模巨大，可包含数十亿顶点和上百亿条边，图数据需要由专门的系统进行存储和计算。

常用的图计算系统有谷歌公司的 Pregel、Pregel 的开源版本 Giraph、微软的 Trinity、Berkeley AMPLab 的 GraphX 以及高速图数据处理系统 PowerGraph、Hama、GoldenOrb 等。

4. 内存计算

随着内存价格的不断下降和服务器可配置内存容量的不断增长，使用内存计算完成高速的大数据处理已成为大数据处理的重要发展方向。

目前常用的内存计算系统有分布式内存计算系统 Spark、全内存式分布式数据库系统 HANA、谷歌的可扩展交互式查询系统 Dremel。

5. 查询分析计算

对大规模数据的存储管理和实时或准实时查询分析。目前主要的数据查询分析计算系统代表产品有 HBase、Hive、Dremel、Cassandra、Shark、Hana、Impala 等。

6. 迭代计算

针对 MapReduce 不支持迭代计算的缺陷，人们对 Hadoop 的 MapReduce 进行了大量改进，HaLoop、iMapReduce、Twister、Spark 是典型的迭代计算系统。

1.4.3 大数据的技术路线

大数据技术路线图如图 1-3 所示。

1.4.4 大数据技术的应用

大数据技术的创新与应用，不仅能够应对数据爆炸带来的挑战，还能够创造出巨大的价值、提升社会生产率，大数据正在发展成为重要的新兴产业。大数据技术在各个领域得到了广泛应用，涌现出金融大数据、电商大数据、教育大数据、医疗大数据、环保大数据、食品大数据、舆情监控大数据等，并且在大数据产业链中的各段都涌现出大批的大数据企业。

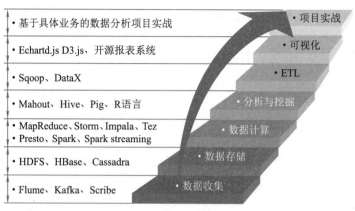

图 1-3　大数据技术路线图

零售行业大数据应用有两个层面：一个层面是零售行业可以了解客户的消费喜好和趋势，进行商品的精准营销，降低营销成本；另一个层面是依据客户购买的产品，为客户提供可能购买的其他产品，扩大销售额，也属于精准营销范畴。

例如，推荐系统在电子商务网站就得到了有效的利用。电子商务网站利用采集到的用户浏览网页的点击数据，通过推荐系统向客户提供商品信息和建议，帮助用户决定应该购买什么东西，模拟销售人员帮助客户完成购买过程。我们经常在上网时看见网页某个位置出现一些商品推荐或者系统弹出一个商品信息，而且往往这些商品可能正是我们自己感兴趣或者正希望购买的商品，这就是推荐系统在发挥作用。

1.5　大数据与云计算、物联网的关系

1.5.1　云计算

1. 云计算的定义

云计算（Cloud Computing）是分布式计算（Distributed Computing）、并行计算（Parallel Computing）、效用计算（Utility Computing）、网络存储（Network Storage Technologies）、虚拟化（Virtualization）、负载均衡（Load Balance）和热备份冗余（High Available）等传统计算机和网络技术发展融合的产物。云计算最初主要包括了两类含义：一类是以谷歌的 GFS 和 MapReduce 为代表的大规模分布式并行计算技术；另一类是以亚马逊的虚拟机和对象存储为代表的"按需租用"的商业模式。随着大数据概念的提出，人们提到云计算时，更多指的是底层基础 IT 资源的整合优化以及以服务的方式提供 IT 资源的商业模式（如 IaaS、PaaS、SaaS）。

所谓云计算是基于互联网相关服务的增加、使用和交互模式，通常涉及通过互联网来提供动态易扩展且经常是虚拟化的资源。

对云计算的定义有多种说法，现阶段广为接受的是美国国家标准与技术研究院（NIST）对云计算的定义：云计算是一种按使用量付费的模式，这种模式提供可用的、便捷的、按需的网络访问，进入可配置的计算资源共享池（资源包括网络、服务器、存储、应用软件、服务），这些资源能够被快速提供，只需投入很少的管理工作，或与服务供应商进行很少的交互。

2. 云计算的特点

云计算有如下特点：①超大规模；②虚拟化；③高可靠性；④通用性；⑤高可伸缩性；⑥按需服务；⑦极其廉价。

3. 云计算的分类

云计算按服务类型大致分为基础设施即服务（IaaS）、平台即服务（PaaS）和软件即服务（SaaS）三类，如图1-4所示。

图1-4 云计算的服务类型

1.5.2 物联网

1. 物联网的定义

物联网（Internet of Things，IOT）的概念是在1999年提出的，又称Web of Things。

物联网指利用局部网络或互联网等通信技术把传感器、控制器、机器、人员和物等通过新的方式联系在一起，形成人与物、物与物相连，实现信息化、远程管理控制和智能化的网络。

物联网是互联网的延伸，它包括互联网及互联网上所有的资源，兼容互联网所有的应用，但物联网中所有的元素（所有的设备、资源及通信等）都是个性化和私有化的。应用创新是物联网发展的核心，以用户体验为核心的创新是物联网发展的灵魂。

2. 物联网的基本原理

物联网的基本原理是在计算机互联网的基础上，利用RFID、无线数据通信等技术，构造一个覆盖世界上万事万物的"Internet of Things"。在这个网络中，物品（商品）能够彼此进行"交流"，而无须人的干预。其实质是利用射频识别（RFID）技术，通过计算机互联网实现物品（商品）的自动识别和信息的互联与共享。

3. 物联网的技术架构

从技术架构上来看，物联网可分为三层：感知层、网络层和应用层。

感知层由各种传感器以及传感器网关构成，包括二氧化碳浓度传感器、温度传感器、湿度传感器、二维码标签、RFID标签和读写器、摄像头、GPS等感知终端。感知层的作用相当于人的眼耳鼻喉和皮肤等神经末梢，它是物联网识别物体、采集信息的来源，其主要功能是识别物体、采集信息。

网络层由各种私有网络、互联网、有线和无线通信网、网络管理系统和云计算平台等组成，相当于人的神经中枢和大脑，负责传递和处理感知层获取的信息。

应用层是物联网和用户（包括人、组织和其他系统）的接口，它与行业需求结合，实现物联网的智能应用。

物联网的行业特性主要体现在其应用领域内，如绿色农业、工业监控、公共安全、城市管理、远程医疗、智能家居、智能交通和环境监测等。

4. 物联网的分类

（1）私有物联网。一般面向单一机构内部提供服务。

（2）公有物联网。基于互联网向公众或大型用户群体提供服务。

（3）社区物联网。向一个关联的"社区"或机构群体（如一个城市政府下属的各委办局，如公安局、交通局、环保局、城管局等）提供服务。

（4）混合物联网。是上述的两种或以上的物联网的组合，但后台有统一运维实体。

物联网是新一代信息技术的重要组成部分，也是信息化时代的重要发展阶段，称为继计算机、互联网之后世界信息产业发展的第三次浪潮。

1.5.3 大数据与云计算、物联网的关系

云计算、大数据和物联网代表了 IT 领域最新的技术发展趋势，三者相辅相成，三者既有区别又有联系。

1. 大数据与云计算和物联网的区别

大数据侧重于海量数据的存储、处理与分析，从海量数据中发现价值，服务于生产和生活。

云计算本质上旨在整合和优化各种 IT 资源，并通过网络以服务的方式提供给用户，价格低廉。

物联网的发展目标是实现物物相连，应用创新是物联网发展的核心。

2. 大数据与云计算和物联网的联系

从整体上看，大数据、云计算和物联网这三者是相辅相成的。大数据根植于云计算，大数据分析的很多技术都来自于云计算，云计算的分布式和数据存储及管理系统（包括分布式文件系统和分布式数据库系统）提供了海量数据的存储和管理能力，分布式并行处理框架 MapReduce 提供了海量数据分析的能力，没有这些云计算技术作为支撑，大数据分析就无从谈起。反之，大数据为云计算提供了用武之地，没有大数据，云计算技术再先进也不能发挥它的应用价值。

物联网的传感器源源不断地产生的大量数据，构成了大数据的重要来源，没有物联网的飞速发展，就不会带来数据产生方式的变革，即由人工产生阶段向自动产生阶段，大数据时代也不会这么快就到来。同时，物联网需要借助云计算和大数据技术、实现物联网大数据的存储、分析和处理。

习题

1. 大数据是如何形成的？大数据摩尔定律的含义是什么？
2. 什么叫大数据？大数据有哪些特征？
3. 大数据的来源有哪些途径？
4. 简述大数据对思维方式的重要影响。
5. 简述大数据的处理流程。
6. 大数据预处理的方法有哪些？
7. 大数据的挖掘方法有哪些？
8. 大数据的关键技术有哪些？
9. 举例说明大数据的具体应用。
10. 详细阐述大数据、云计算和物联网三者之间的区别和联系。

单元 2

Hadoop 概述

学习目标

- 了解 Hadoop 的发展历程。
- 了解 Hadoop 的功能和作用。
- 了解 Hadoop 的体系结构。
- 了解 Hadoop 的生态圈。
- 了解国内外常用的大数据平台软件的特性。
- 了解 Hadoop 对计算机基本配置的要求。

2.1 Hadoop 简介

2.1.1 Hadoop 的起源及发展历史

1. Hadoop 的概念

Hadoop 是一个开源的分布式计算平台，它不是指一个具体框架或者组件。Hadoop 采用 Java 语言开发，是对谷歌的 GFS、MapReduce 和 Bigtable 等核心技术的开源实现，是以 Hadoop 分布式文件系统（Hadoop Distributed File System，HDFS）和 MapReduce 为核心，以及一些支持 Hadoop 的其他子项目的通用工具组成的分布式计算系统。Hadoop 是目前最流行的大数据软件框架，主要用于大数据的分布式存储和处理。由 Apache 软件基金会支持。

2. Hadoop 的起源

Hadoop 最早起源于 Nutch。Nutch 是基于 Java 实现的开源搜索引擎，2002 年由 Doug Cutting 领衔的雅虎团队开发。

Hadoop 的灵感来自谷歌发表的 3 篇论文，即 GFS（谷歌的分布式文件系统 Google File

System)、MapReduce（谷歌的 MapReduce 开源分布式并行计算框架）和 BigTable（一个大型的分布式数据库）。

2003 年，谷歌在 SOSP（操作系统原理会议）上发表了有关 GFS（Google File System）分布式存储系统的论文。2004 年，谷歌在 OSDI（操作系统设计与实现会议）上发表了有关 MapReduce 分布式处理技术的论文。Cutting 意识到，GFS 可以解决在网络抓取和索引过程中产生的超大文件存储需求的问题，MapReduce 框架可用于处理海量网页的索引问题。但是，谷歌仅仅提供了思想，并没有开源代码，于是，在 2004 年 Nutch 项目组将这两个系统复制重建，形成了 Hadoop，成为真正可扩展应用于 Web 数据处理的技术。

Hadoop 这个词是 Hadoop 之父 Doug Cutting 用他儿子的毛绒玩具象命名而生造出来的。

3. Hadoop 发展简史

2003 年 10 月，谷歌分布式文件系统的论文发表。

2004 年，最初的版本由 Doug Cutting 和 Mike Cafarella 开始实施。

2004 年 12 月，MapReduce 计算框架的论文发表。

2005 年，作为 Lucene 的子项目 Nutch 的一部分正式引入 Apache 基金会。

2006 年 2 月，Apache Hadoop 项目正式启动以支持 MapReduce 和 HDFS 的独立发展。

2006 年 4 月，Hadoop 0.1 版正式发布。

2008 年，淘宝开始投入研究基于 Hadoop 的系统——"云梯"。云梯总容量约 9.3 PB，共有 1 100 台机器，每天处理 18 000 道作业，扫描 500 TB 数据。

2008 年 5 月，Hadoop 用 910 个节点在 209 s 内排序 1 TB 数据，创造世界纪录。

2008 年 9 月，Hive 成为 Hadoop 的子项目。

2009 年 3 月，Cloudera 推出 CDH。

2009 年 7 月，Hadoop Core 项目更名为 Hadoop Common。

2009 年 7 月，MapReduce 和 HDFS 成为 Hadoop 项目的独立子项目。

2009 年 7 月，Avro 和 Chukwa 成为 Hadoop 新的子项目。

2010 年 5 月，Avro 脱离 Hadoop 项目，成为 Apache 顶级项目。

2010 年 5 月，HBase 脱离 Hadoop 项目，成为 Apache 顶级项目。

2010 年 5 月，IBM 提供了基于 Hadoop 的大数据分析软件——InfoSphere BigInsights，包括基础版和企业版。

2010 年 9 月，Hive 脱离 Hadoop 项目，成为 Apache 顶级项目。

2010 年 9 月，Pig 脱离 Hadoop 项目，成为 Apache 顶级项目。

2011 年 1 月，ZooKeeper 脱离 Hadoop 项目，成为 Apache 顶级项目。

2011 年 7 月，Yahoo! 和硅谷风险投资公司 Benchmark Capital 创建了 Hortonworks 公司，旨在让 Hadoop 更加可靠，并让企业用户更容易安装、管理和使用 Hadoop。

2011 年 8 月，Dell 与 Cloudera 联合推出 Hadoop 解决方案——Cloudera Enterprise。Cloudera Enterprise 基于 Dell PowerEdge C2100 机架服务器以及 Dell PowerConnect 6248 以太网交换机。

2011 年 12 月，Hadoop 1.0.0 版正式发布。

2012 年 5 月，Hadoop 2.0 Alpha 版发布。

2014 年 2 月，Hadoop 2.3.0 发布。

2014 年 4 月，Hadoop 2.4.0 发布。

2014 年 8 月，Hadoop 2.5.0 发布。
2014 年 11 月，Hadoop 2.6.0 发布。
2015 年 7 月，Hadoop 2.7.0 发布。
2017 年 3 月，Hadoop 2.8.0 发布。
2017 年 12 月，Apache Hadoop 3.0.0 GA 版本正式发布。

2.1.2 Hadoop 的设计思想和特性

1. Hadoop 的设计思想

Hadoop 的所有组件都是基于高容错性、高并发性和高可扩展性的理念设计的。

（1）通过使用低廉的普通机器组成的服务器集群（总数可达数千个节点）来分发和处理大数据，实现高性能、低成本的目标。

（2）通过数据冗余实现高容错。通过自动维护数据的多份副本（默认是三个），并且在任务失败后能自动地重新部署计算任务，极度减少服务器节点失效导致的工作不能正常进行的问题，实现工作可靠性和弹性扩容能力。

（3）并行化处理（MR）。采用并行执行机制，使得数据所在的节点同时存储和处理海量数据。

（4）移动计算而不是移动数据，即以数据为中心，而不是以计算为中心。海量数据的情况下移动计算比移动数据更高效；文件不会被频繁地写入和修改；机柜内的数据传输速度大于机柜间的数据传输速度。

2. Hadoop 的特性

Hadoop 具有以下几方面的特性：

（1）高效性（Efficient）。通过并发数据，Hadoop 可以在节点之间动态并行地移动数据，使得速度非常快。

（2）高可靠性（Reliable）。

（3）高可扩展性（Scalable）。Hadoop 是在可用的计算机集群间分配数据并完成计算任务的，这些集群可以方便地扩展到数以千计的节点中。

（4）高容错性。能自动维护数据的多份副本，并且在任务失败后能自动地重新部署计算任务。

（5）成本低（Economical）。Hadoop 通过普通廉价的机器组成服务器集群来分发以及处理数据，以至于成本很低。

（6）运行在 Linux 平台上。

（7）支持多种编程语言。

由于 Hadoop 具有上述优良的特性，因此它一出现就受到众多大公司的青睐，同时也引起了研究界的普遍关注。截至目前，Hadoop 技术在互联网领域已经得到了广泛运用，如淘宝的 Hadoop 系统用于存储并处理电子商务交易的相关数据，百度用 Hadoop 处理每周 200 TB 的数据，从而进行搜索日志分析和网页数据挖掘工作。雅虎使用 4 000 个节点的 Hadoop 集群支持广告系统和 Web 搜索的研究；Facebook 使用 1 000 个节点的集群运行 Hadoop，存储日志数据，支持其上的数据分析和机器学习等。

2.1.3 Hadoop 的体系结构

当前 Hadoop 主要有两类：Hadoop 1.0 和 Hadoop 2.0，体系结构如图 2-1 所示。

Hadoop 1.0 即第一代 Hadoop，由分布式存储系统 HDFS 和分布式计算框架 MapReduce 两个核心组件组成，其中，HDFS 负责将海量数据进行分布式存储，提供了高可靠性、高扩展性和高吞吐率的数据存储服务；MapReduce 对海量数据提供了计算。HDFS 由一个 NameNode 和多个 DataNode 组成，MapReduce 由一个 JobTracker 和多个 TaskTracker 组成，对应 Hadoop 版本为 Hadoop 1.x 和 0.21.X、0.22.x。

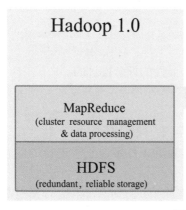 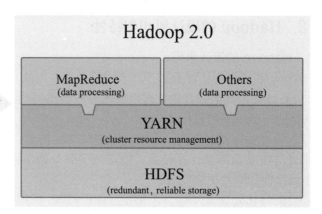

图 2-1　Hadoop 1.0 与 Hadoop 2.0

Hadoop 2.0 即第二代 Hadoop，它包含一个支持 NameNode 横向扩展的 HDFS，一个负责集群资源统一管理和调度的 YARN（Yet Another Resource Negotiator）和一个运行在 YARN 上的分布式计算框架 MapReduce 三个核心组件组成。

针对 Hadoop 1.0 中的单 NameNode 制约 HDFS 的扩展性问题，提出了 HDFS Federation，它让多个 NameNode 分管不同的目录进而实现访问隔离和横向扩展；针对 Hadoop 1.0 中的 MapReduce 在扩展性和多框架支持方面的不足，提出了全新的资源管理框架 YARN，它将 JobTracker 中的资源管理和作业控制功能分开，分别由组件 ResourceManager 和 ApplicationMaster 实现，其中，ResourceManager 负责所有应用程序的资源分配，而 ApplicationMaster 仅负责管理一个应用程序。对应 Hadoop 版本为 Hadoop 0.23.x 和 2.x。

相比于 Hadoop 1.0，Hadoop 2.0 功能更加强大，且具有更好的扩展性，并支持多种计算框架。

2.1.4　Hadoop 的生态系统

目前，Hadoop 已经发展成为包含很多项目的集合，形成了一个以 Hadoop 为中心的生态系统，Hadoop 1.0 代的生态系统各层结构如图 2-2 所示，Hadoop 2.0 代的生态系统各层结构如图 2-3 所示。

Hadoop 核心组件的 Logo 如图 2-4 所示，功能简介如下。

Hadoop Common：Hadoop 核心组件，其他所有组件都依赖它。

HDFS：分布式文件存储系统。

YARN：资源管理系统，用于管理计算资源和调度用户作业。

MapReduce：大数据分布式处理框架。

Hive：Facebook 贡献的分布式数据仓库，用于数据统计、查询和分析，提供 SQL 接口。Hive 管理存储在 HDFS 中的数据，提供了基于 SQL 的查询语言（由运行时的引擎翻译成 MapReduce 作业）查询数据。

单元 2　Hadoop 概述

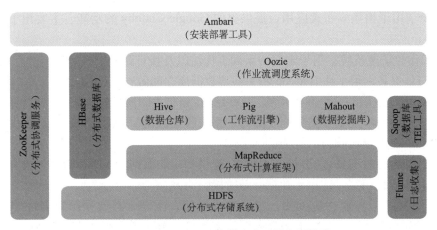

图 2-2　Hadoop 1.0 代的生态系统各层结构

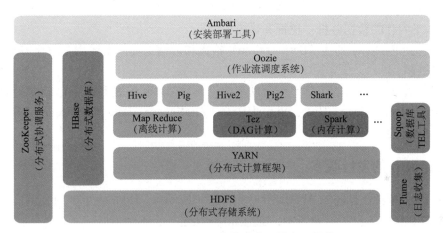

图 2-3　Hadoop 2.0 代的生态系统各层结构

图 2-4　Hadoop 核心组件的 Logo

HBase：分布式列数据库，用于快速存取。

ZooKeeper：用于构建分布式应用，提供类似 Google Chubby 的功能，主要用于解决分布式一致性问题。

Oozie：工作流调度系统，用于定义一系列工作流以及执行路径。

Sqoop：ETL 工具，用于在 Hadoop 和关系型数据库之间做数据转移。

Flume：Cloudera 提供的一个高可用的、高可靠的、分布式的海量日志采集、聚合和传输的系统，Flume 支持在日志系统中定制各类数据发送方，用于收集数据；同时，Flume 也提供对数据进行简单处理，并写到各种数据接收方的能力。

Pig：分布式数据分析工具，是数据处理脚本，提供相应的数据流（Data Flow）语言和运行环境，实现数据转换和实验性研究，适用于数据准备阶段。

Mahout：机器学习和数据挖掘的一个分布式框架，区别于其他开源数据挖掘软件，它基于 Hadoop 之上，用 MapReduce 实现了部分数据挖掘算法，解决了并行挖掘的问题，所以 Hadoop 的优势就是 Mahout 的优势。

BI Reporting：商业智能报表，能提供综合报告、数据分析和数据集成等功能。

Spark：基于内存的数据分析、挖掘和建模框架。

Avro：一种新的数据序列化（Serialization）格式和传输工具，主要用来取代 Hadoop 基本架构中原有的 IPC 机制。

Ambari：一种基于 Web 的工具，可帮助系统管理员部署和配置 Hadoop、升级集群以及监控服务。支持 HDFS、MapReduce、Hive、Pig、HBase、ZooKeeper、Sqoop 和 Hcatalog 等的集中管理，是五个顶级 Hadoop 管理工具之一。

2.1.5　Hadoop 的发行版本

Hadoop 的发行版除了社区的 Apache Hadoop 外，Cloudera、Hortonworks、mapR、华为、EMC、IBM、Intel 等都提供了自己的商业版本，部分 Logo 如图 2-5 所示。每个发行版都有自己的特点，商业版主要是提供了专业的技术支持。

1. Cloudera

2008 年成立的 Cloudera 是最早将 Hadoop 商用的公司，为合作伙伴提供 Hadoop 的商用解决方案，提供收费的技术服务、咨询和培训，以及收费的额外组件的高级功能。Cloudera 产品主要为 CDH、Cloudera Manager、Cloudera Support。

CDH（Cloudera Distribution Including Apache Hadoop）是 Cloudera 的 Hadoop 发行版，是在全世界最流行的 Hadoop 版本，拥有众多企业级部署。它完全开源，比 Apache Hadoop 在

图 2-5　Hadoop 的发行版本的 Logo

兼容性、安全性、稳定性上有增强。Cloudera Manager 是集群的软件分发及管理监控平台，可以在几小时内部署好一个 Hadoop 集群，并对集群的节点及服务进行实时监控。Cloudera Support 是对 Hadoop 的技术支持。

推荐使用最新的 CDH5 版本，比如 CDH 5.0.0。

下载地址：http://archive.cloudera.com/cdh5/cdh/。

2. Hortonworks

2011 年成立的 Hortonworks 是雅虎与硅谷风投公司 Benchmark Capital 合资组建的公司。Hortonworks 的主打产品是 HDP（Hortonworks Data Platform），也同样是 100% 开源的产品，HDP 除了常见的项目外还包含了 Ambari（一款开源的安装和管理系统）和 Hcatalog（一个元数据管理系统）。

推荐使用最新的 HDP 2.x 版本。

下载地址：https://zh.hortonworks.com/products/data-platforms/hdp/。

3. FusionInsight

华为大数据平台 FusionInsight 解决方案由四个子产品 FusionInsight HD、FusionInsight MPPDB、FusionInsight Miner、FusionInsight Farmer 和一个操作运维系统 FusionInsight Manager 构成。

（1）FusionInsight HD：企业级的大数据处理环境，是一个分布式数据处理系统，对外提供大容量的数据存储、分析查询和实时流式数据处理分析能力。

（2）FusionInsight MPPDB：企业级的大规模并行处理关系型数据库。FusionInsight MPPDB 采用 MPP（Massive Parallel Processing）架构，支持行存储和列存储，提供 PB 级别数据量的处理能力。

（3）FusionInsight Miner：企业级的数据分析平台，基于华为 FusionInsight HD 的分布式存储和并行计算技术，提供从海量数据中挖掘出价值信息的平台。

（4）FusionInsight Farmer：企业级的大数据应用容器，为企业业务提供统一开发、运行和管理的平台。

（5）FusionInsight Manager：企业级的大数据操作运维系统，提供高可靠、安全、容错、易用的集群管理能力，支持大规模集群的安装部署、监控、告警、用户管理、权限管理、审计、服务管理、健康检查、问题定位、升级和补丁等功能。

2.1.6 Apache Hadoop 的下载

Apache Hadoop 项目主页地址为：http://hadoop.apache.org，主页面如图 2-6 所示。

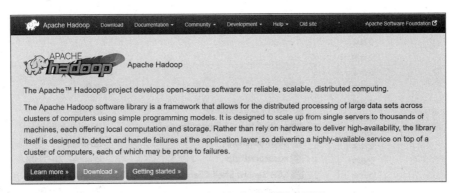

图 2-6 Apache Hadoop 项目主页面

Hadoop 软件下载地址为：http://hadoop.apache.org/releases.html。

注意：Hadoop 1.x 指的是 1.x（0.20.x）、0.21、0.22。Hadoop 2.x 指的是 2.x、0.23.x。高版本不一定包含低版本的特性。

推荐使用 Hadoop 2.x 版本，本书实验所用 Hadoop 版本选择为 Hadoop 2.7.3。

2.2 Hadoop 系列实验前的准备工作

本书的基础篇主要讲述目前大数据处理的主流框架 Hadoop，Hadoop 生态的组件众多、功能各异，要学好相关技术需要较高配置的实验设备并做大量的实验。由于 Hadoop 大数据软件大都是开源软件，安装配置过程一般比较复杂，大多数读者也不具备集群环境，因此，本书中搭建大数据实验环境的基本思路是：在单机上安装 Windows 操作系统，在 Windows 系统上安装 VMware 虚拟机软件，通过 VMware 创建 Linux 虚拟机，在 Linux 虚拟机上部署 Hadoop 集群。

2.2.1 计算机软硬件基本配置要求

计算机建议配置如下：

1. 硬件方面

内存：4 GB 以上。

硬盘：100 GB 以上空闲空间。

2. 软件方面

操作系统：64 位 Windows 7、64 位 Windows 10。

2.2.2 大数据实验软件包介绍

Hadoop 系列实验所需的常用软件放在 software 文件夹中统一管理，同类软件分别放到同一文件夹中，如图 2-7 所示。

说明：

"tool"文件夹：工具软件，如图 2-8 所示。

图 2-7 software 文件夹中的内容    图 2-8 tool 文件夹中的软件

securable 应用程序：检测硬件是否支持虚拟化的软件。

SSH Secure Shell Client 3.2.9 压缩包：SSH 连接客户端，提供 Windows SSH 访问和 Windows

单元 2　Hadoop 概述

与 Linux 之间文件互传。

PuTTY：一款免费的远程登录工具，本款软件轻盈小巧、无须安装，操作简单，非常适合用来远程管理 Linux。

Xmanager Enterprise 5(企业网络连接套件)：Xmanager Enterprise 是一个小巧、易用的高性能的运行在 Windows 平台上的 X Server 软件，它包含多个小的软件，能够通过图形界面的方式管理服务器。在 UNIX/Linux 和 Windows 网络环境中，Xmanager Enterprise 是很好的连通解决方案。

Xshell：是一个强大的安全终端模拟软件，它支持 SSH1、SSH2 以及 Microsoft Windows 平台的 Telnet 协议。Xshell 可以在 Windows 界面下用来访问远端不同系统下的服务器，从而比较好地达到远程控制终端的目的。

"VM" 文件夹：虚拟机软件，实现虚拟化功能，如图 2-9 所示。

名称	类型	大小
VMware-workstation-full-14.1.0-7370693.exe	应用程序	476,401 KB
VirtualBox.zip	WinRAR ZIP 压缩文件	118,012 KB

图 2-9　VM 文件夹中的软件

"Linux" 文件夹：Linux 操作系统，提供 Hadoop 基础运行的平台，如图 2-10 所示。

名称	类型	大小
CentOS-6.5-x86_64-bin-DVD1.iso	WinRAR 压缩文件	4,363,264 KB
CentOS-6.9-x86_64-bin-DVD1.iso	WinRAR 压缩文件	3,878,912 KB
rhel-server-7.0-x86_64-dvd.iso	WinRAR 压缩文件	3,655,680 KB
rhel-server-7.1-x86_64-dvd.iso	WinRAR 压缩文件	3,799,040 KB
ubuntu-12.04.4-desktop-amd64.iso	WinRAR 压缩文件	750,592 KB
ubuntu-18.04.1-desktop-amd64.iso	WinRAR 压缩文件	1,907,568 KB
ubuntukylin-14.04.1-desktop-amd64.i...	WinRAR 压缩文件	1,129,392 KB

图 2-10　Linux 文件夹中的软件

"jdk" 文件夹：提供 Hadoop 运行环境，如图 2-11 所示。

名称	类型	大小
jdk-7u71-linux-x64.gz	WinRAR 压缩文件	138,884 KB
jdk-8u111-linux-x64.tar.gz	WinRAR 压缩文件	177,190 KB
jdk-8u161-linux-x64.tar.gz	WinRAR 压缩文件	185,309 KB
jre-8u144-windows-x64.exe	应用程序	63,834 KB

图 2-11　jdk 文件夹中的软件

"Hadoop" 文件夹：用于搭建 Hadoop 集群的软件安装包，如图 2-12 所示。

19

名称	类型	大小
apache-flume-1.8.0-bin.tar.gz	WinRAR 压缩文件	57,314 KB
apache-hive-2.1.1-bin.tar.gz	WinRAR 压缩文件	146,247 KB
apache-storm-1.1.0.tar.gz	WinRAR 压缩文件	81,315 KB
hadoop_conf.tar.gz	WinRAR 压缩文件	5 KB
hadoop-2.7.3.tar.gz	WinRAR 压缩文件	209,075 KB
hadoop-2.8.3.tar.gz	WinRAR 压缩文件	238,740 KB
hbase-1.2.6-bin.tar.gz	WinRAR 压缩文件	102,207 KB
sqoop-1.4.7.bin__hadoop-2.6.0.tar.gz	WinRAR 压缩文件	17,533 KB
zookeeper-3.4.12.tar.gz	WinRAR 压缩文件	35,809 KB

图 2-12　Hadoop 文件夹中的软件

"spark"文件夹：用于 Spark 实验所需的软件，如图 2-13 所示。

名称	类型	大小
IntelliJ IDEA软件安装包下载说明.txt	文本文档	1 KB
scala.msi	Windows Install...	59,894 KB
scala-2.10.6.tgz	WinRAR 压缩文件	29,228 KB
scala-2.10.6.zip	WinRAR ZIP 压缩...	29,321 KB
scala-2.11.4.tgz	WinRAR 压缩文件	25,889 KB
scala-intellij-bin-2017.2.5.zip	WinRAR ZIP 压缩...	53,120 KB
spark-2.2.0-bin-hadoop2.7.tgz	WinRAR 压缩文件	198,954 KB

图 2-13　spark 文件夹中的软件

"data"文件夹：实验用数据和代码。

注意：

本书实验环境是基于以下软件搭建：操作系统选择安装 64 位 Windows 7 旗舰版，虚拟机软件选择安装 VMware Workstation 14，Linux 操作系统选择安装 CentOS 6.5，JDK 选择安装 64 位 Jdk 1.8.0_161，Hadoop 版本选择安装 Hadoop 2.7.3，选择安装 SSH Secure Shell Client 3.2.9 压缩包软件，其他组件的版本选择见各单元介绍。

本书涉及的以上软件也可使用其他版本或类似软件代替，但实验过程和内容可能存在少量差异。

2.2.3　检查实验机是否支持虚拟化

首先要确保使用的物理机打开了虚拟化功能（Intel VT 或 AMD V），否则无法正常安装和使用 VMware Workstation。

在软件包中打开 software/tool 目录可以找到 Securable 应用程序。

Securable 是一款能够测试计算机 CPU 能否支持 Windows 7 的 XP 兼容模式的免费软件，另外，Securable 还可以测试计算机硬件是否支持 Hyper-V 和 KVM，要运行 Hyper-V 和 KVM，物理主机厂的 CPU 必须支持虚拟化，而且主机必须是 64 位的，同时 BIOS 要开启硬件级别的数据执行保护（Hardward D.E.P），这些信息通过运行 Securable 软件就可以找到答案。运行结果有三种情况，若出现图 2-14 所示界面，说明该计算机支持 64 位系统，支持虚拟化，满足本书实验的需求。

图 2-14　软件 Securable 的运行结果

如果修改该 BIOS 选项之后，仍然出现提示 VT-x 没有打开的情况，需要重启计算机重试。如果仍然不可用，可使用 2.2.4 中的方式验证计算机的硬件配置。

2.2.4　检查在 BIOS 中是否已打开 VT-x 功能

目前 Inter 和 AMD 生产的主流 CPU 都支持虚拟化技术，但很多计算机或主板 BIOS 出厂时默认禁用虚拟化技术。打开 BIOS 中的 VT-x 功能的操作如下：

首先在开机自检 Logo 处按【F2】键（不同主板型号进入 BIOS 的热键不同，有的计算机是按【F1】/【F8】/【F9】/【F12】）进入 BIOS，选择 Configuration 选项，找到 Intel virtual technology，此时看到它是 disabled，按【Enter】键，将该选项改为 Enabled，如图 2-15 所示，按【F10】键保存并退出即可。

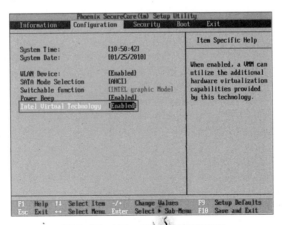

图 2-15　VT-x 功能的配置界面

习题

1. Hadoop 最基础的功能是（　　）。
   A. 加快数据的读取　　　　　　　　　　B. 快速编写程序
   C. 存储和处理海量数据的能力　　　　　D. 数据挖掘
2. 简述 Hadoop 的发展历程。
3. 简述 Hadoop 的设计思想。
4. 简述 Hadoop 的特性。
5. 简述 Hadoop 的体系结构。
6. 简述 HDFS 和 MapReduce 在 Hadoop 中的作用。
7. 简述 Hadoop 生态中各组件的用途。
8. 简述 Hadoop 在各个领域的应用情况。

单元 3
VMware 和 CentOS 的安装

学习目标

- 了解 VMware 虚拟机技术。
- 掌握安装 VMware Workstation 14 的方法。
- 掌握创建虚拟机 Master 的方法。
- 掌握 CentOS 6.5 操作系统的安装方法。
- 掌握克隆虚拟机 Slave 的方法。
- 掌握 SSH Secure Shell Client 传输软件的使用方法。
- 熟悉 Linux 基本命令，掌握 vi 编辑器的使用。

3.1 安装 VMware Workstation

3.1.1 VMware 虚拟机简介

虚拟机技术是虚拟化技术的一种。

最常用的虚拟化技术有操作系统中内存的虚拟化，实际运行时用户需要的内存空间可能远远大于物理机器的内存大小，利用内存的虚拟化技术，用户可以将一部分硬盘虚拟化为内存，而这对用户是透明的。

虚拟机技术最早由 IBM 于 20 世纪 60~70 年代提出，被定义为硬件设备的软件模拟实现，通常的使用模式是分时共享昂贵的大型机。虚拟机监视器（Virtual Machine Monitor，VMM）是虚拟机技术的核心，它是一层位于操作系统和计算机硬件之间的代码，用来将硬件平台分割成多个虚拟机。VMM 运行在特权模式下，主要作用是隔离并且管理上层运行的多个虚拟机，仲裁它们对底层硬件的访问，并为每个客户操作系统虚拟一套独立于实际硬件的虚拟硬件环境（包括处理器、内存、I/O 设备等）。VMM 采用某种调度算法（如时间片轮转调度算法）在各个虚拟机之间共享 CPU。

目前比较常用的虚拟机软件有 VMware 和另外一种开源的、轻量级的、性能优异的跨平台虚拟机管理软件 VirtualBox。

VMware Workstation 是一款功能强大的桌面虚拟计算机软件，它通过软件模拟具有完整硬件系统功能的、运行在一个完全隔离环境中的完整计算机系统。

安装 VMware Workstation 软件后，VMware 虚拟机只是运行在物理计算机上的一个应用程序，但通过该 VMware 虚拟机，可以在这台物理计算机上模拟出一台或多台虚拟的计算机，每台虚拟机就像一台真正的计算机那样进行工作，如可以安装操作系统、安装应用程序、访问网络资源等。

VMware 的主要特点如下：

（1）可以在同一台机器上同时运行多个操作系统，进行开发、测试、部署新的应用程序。

（2）本机系统可以与虚拟机系统进行网络通信。

（3）可以随时修改虚拟机系统的硬件环境。

VMware 的官方网站地址为：https://www.vmware.com/cn.html，可以到官方网站下载试用版软件。

3.1.2 安装 VMware 虚拟机

安装 VMware Workstation 14 虚拟机的过程如下。

（1）打开目录 H:\software\VM，双击 "VMware-workstation-full-14.1.0-7370693.exe"，开始安装 VMware Workstation 14，如图 3-1 所示。

（2）安装软件检测和解压以后，出现图 3-2 所示界面，单击 "下一步" 按钮。

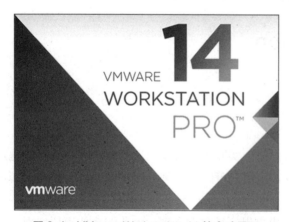

图 3-1 VMware Workstation 14 的启动界面

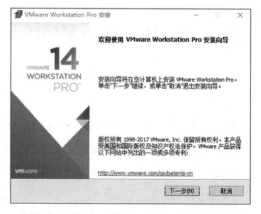

图 3-2 VMware Workstation Pro 安装向导

在图 3-3 所示 "最终用户许可协议" 界面中选择 "我接受许可协议中的条款" 复选框，单击 "下一步" 按钮。

单元 3　VMware 和 CentOS 的安装

（3）在图 3-4 所示界面中，选择软件安装位置，此处可单击"更改"按钮更改软件的安装路径。选择"增强型键盘驱动程序"复选框，单击"下一步"按钮。

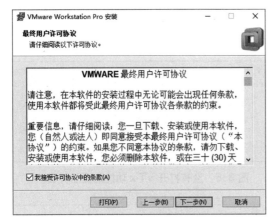

图 3-3　"最终用户许可协议"界面

图 3-4　"自定义安装"界面

（4）在图 3-5 所示界面中，配置"用户体验设置"，此处不选择两个复选框，单击"下一步"按钮。

（5）在图 3-6 所示的"快捷方式"界面中，选择快捷方式的创建位置，此处选中两个复选框，单击"下一步"按钮。

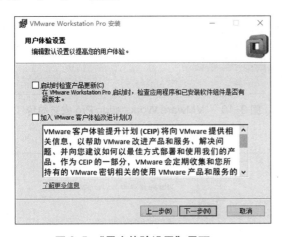

图 3-5　"用户体验设置"界面

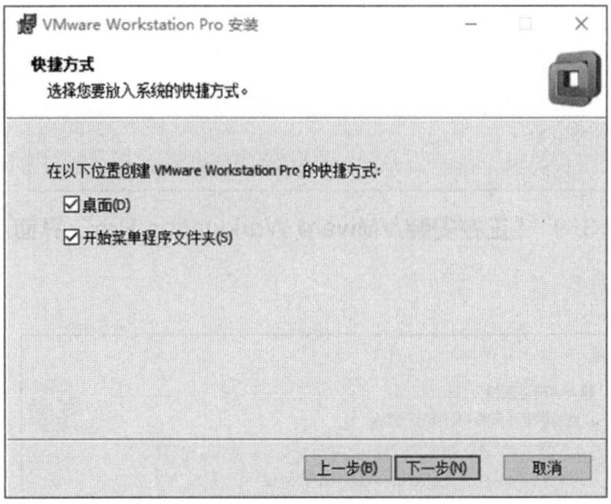

图 3-6　"快捷方式"界面

（6）在图 3-7 所示界面中，确认好之前的配置以后，单击"安装"按钮，开始安装软件。

（7）如果出现图 3-8 所示界面，说明 BIOS 中没有打开 VT-x 功能，此时就不能用 VT-x 进行加速。这时需要按照 2.4.4 中介绍的方法修改 BIOS 中 Intel Virtual Technology 项的值为 Enabled。

（8）安装过程如图 3-9 所示。

（9）在图 3-10 所示界面中，单击"许可证"按钮，打开"输入许可证密钥"界面，如图 3-11 所示。

输入产品许可证密钥，单击"输入"按钮，得到图 3-12 所示窗口。单击"完成"按钮，则 VMware 安装成功。

25

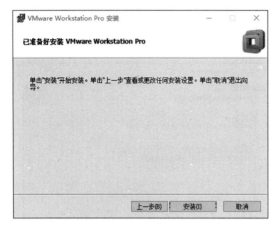

图 3-7 "已准备好安装 VMware Workstation Pro"界面

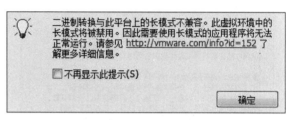

图 3-8 没有打开 VT-x 功能的提示界面

图 3-9 "正在安装 VMware Workstation Pro"界面

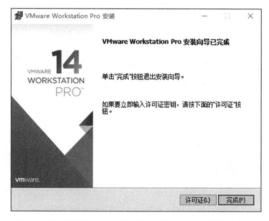

图 3-10 "VMware Workstation Pro 安装向导已完成"界面

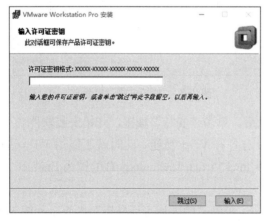

图 3-11 "输入许可证密钥"界面

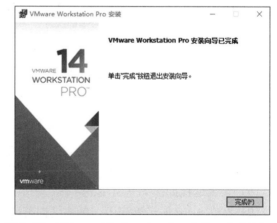

图 3-12 VMware Workstation Pro 安装已完成的界面

（10）单击桌面 VMware Workstation 14 Pro 图标，打开 VMware Workstation 14，得到图 3-13 所示界面。

单元 3　VMware 和 CentOS 的安装

图 3-13　VMware Workstation 14 Pro 的工作界面

3.2　创建虚拟机 Master

在虚拟化平台 VMware Workstation 14 Pro 上创建虚拟机 Master。创建过程如下：

（1）打开 VMware Workstation Pro，如图 3-14 所示。

图 3-14　VMware Workstation 14 的工作界面

（2）选择"文件"→"新建虚拟机"命令，弹出图 3-15 所示界面，有"典型"和"自定义"两种配置类型。如果选择"自定义"单选按钮，则用户要根据自身需求进行一系列设置。这里选择"自定义"单选按钮，单击"下一步"按钮。

(3) 在图 3-16 所示"选择虚拟机硬件兼容性"界面中，单击"下一步"按钮。

图 3-15 "欢迎使用新建虚拟机向导"界面

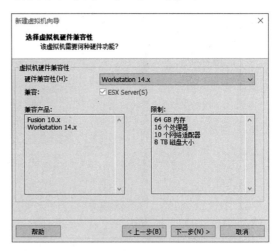

图 3-16 "选择虚拟机硬件兼容性"界面

(4) 在图 3-17 所示"安装客户机操作系统"界面中，选择"安装程序光盘映像文件"单选按钮，选择指定的 CentOS 6 系统的 .iso 文件，单击"下一步"按钮，出现图 3-18 所示界面。

如果此处选择"稍后安装操作系统"单选按钮，则只先创建一个没有操作系统的 Master 虚拟机，接下来还需要在 VMware Workstation 中选中 Master 虚拟机，并单击"开启此虚拟机"选项启动安装 CentOS 操作系统。

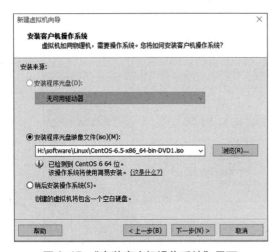

图 3-17 "安装客户机操作系统"界面

图 3-18 "简易安装信息"界面

(5) 在图 3-5 所示"简易安装信息"界面中，填写全名：whzy、用户名：whzy、密码：whzy、确认：whzy 等信息，单击"下一步"按钮。

(6) 在图 3-19 所示"命名虚拟机"界面中，填写虚拟机名称：Master，选择安装位置 G:\Master（默认位置在 C:\Users\Administrator\Documents\Virtual Machines），单击"下一步"按钮。

(7) 在图 3-20 所示"处理器配置"界面中，单击"下一步"按钮。

单元 3　VMware 和 CentOS 的安装

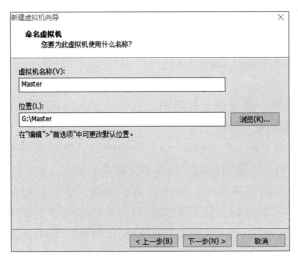

图 3-19　"命名虚拟机"界面

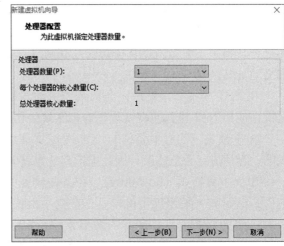

图 3-20　"处理器配置"界面

（8）在图 3-21 所示"此虚拟机内存"界面中，调整此虚拟机内存为 4 096 MB，单击"下一步"按钮。

（9）在图 3-22 所示"网络类型"界面中，选择"使用网络地址转换（NAT）"单选按钮（选择其他模式也可以运行），单击"下一步"按钮。

VMware 的网络连接方式提供了桥接模式、使用网络地址转换模式和仅主机模式三种工作模式。

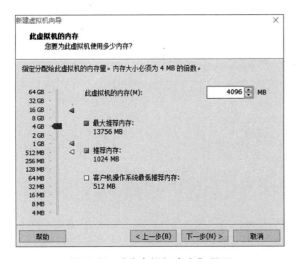

图 3-21　"此虚拟机内存"界面

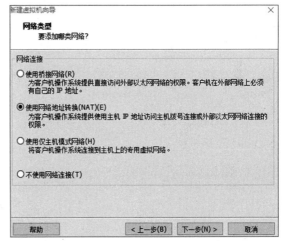

图 3-22　"网络类型"界面

①桥接模式。如果想利用 VMware 在局域网内新建一个虚拟服务器，为局域网用户提供网络服务，就应该选择桥接模式。

桥接模式下，VMware 虚拟出来的操作系统就像是局域网中的一台独立主机，它可以访问网内任何一台机器。此时需要手工为虚拟系统配置 IP 地址、子网掩码，而且还要和宿主机器处于同一网段，这样虚拟系统才能和宿主机器进行通信。同时，由于这个虚拟系统是局域网中的一个独立主机系统，就可以手工配置其 TCP/IP 信息，以实现通过局域网的网关或路由器访问互联网。

②网络地址转换模式（NAT）。如果想利用 VMware 安装一个新的虚拟系统，在虚拟系统中不用进行任何手工配置就能直接访问互联网（只需要宿主机器能访问互联网即可），这时就可以采用网络地址转换（NAT）模式。

在 NAT 模式下，就是让虚拟系统借助 NAT 功能，通过宿主机器所在的网络访问公网。也就是说，使用 NAT 模式可以实现在虚拟系统中访问互联网。

NAT 模式下的虚拟系统的 TCP/IP 配置信息是由 VMnet8（NAT）虚拟网络的 DHCP 服务器提供的，无法进行手工修改，因此虚拟系统也就无法和本局域网中的其他真实主机进行通信。

③仅主机模式（host-only）。在某些特殊的网络调试环境中，要求将真实环境和虚拟环境隔离开，这时就可采用仅主机模式。在仅主机模式下，VMware 虚拟出来的操作系统就像是局域网中的一个独立的主机，所有的虚拟系统是可以相互通信的，但虚拟系统和真实的网络是被隔离开的。

注意：在仅主机模式下，虚拟系统和宿主机器系统是可以相互通信的。

在此模式下，虚拟系统的 TCP/IP 配置信息（如 IP 地址、网关地址、DNS 服务器等）都可以由 VMnet1（host-only）虚拟网络的 DHCP 服务器动态分配。

注意：以上所提到的 NAT 模式下的 VMnet8 虚拟网络，host-only 模式下的 VMnet1 虚拟网络，以及 bridged 模式下的 VMnet0 虚拟网络，都是由 VMware 虚拟机自动配置而生成的，不需要用户自行设置。VMnet8 和 VMnet1 提供 DHCP 服务，VMnet0 虚拟网络则不提供。

（10）在图 3-23、图 3-24 和图 3-25 所示界面中，均保持默认设置，单击"下一步"按钮。

图 3-23 "选择 I/O 控制器类型"界面

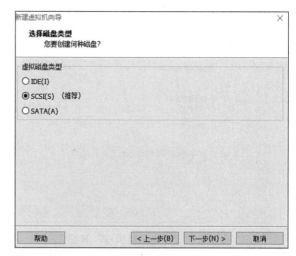

图 3-24 "选择磁盘类型"界面

（11）在图 3-26 所示界面中，将最大磁盘大小调整到 30 GB，其他保持默认设置，单击"下一步"按钮，出现图 3-27 所示界面，单击"下一步"按钮。

（12）在图 3-28 所示"已准备好创建虚拟机"界面中，显示了以上操作所设置的参数。

如果需要调整各硬件的设置，单击"自定义硬件"按钮，弹出"硬件"对话框，如图 3-29 所示，在其中可以重新设置。

单元 3　VMware 和 CentOS 的安装

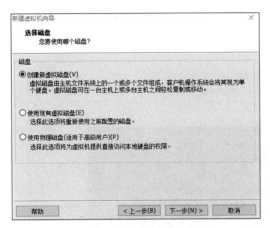

图 3-25　"选择磁盘"界面

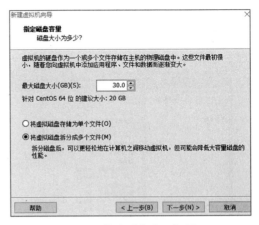

图 3-26　"指定磁盘容量"界面

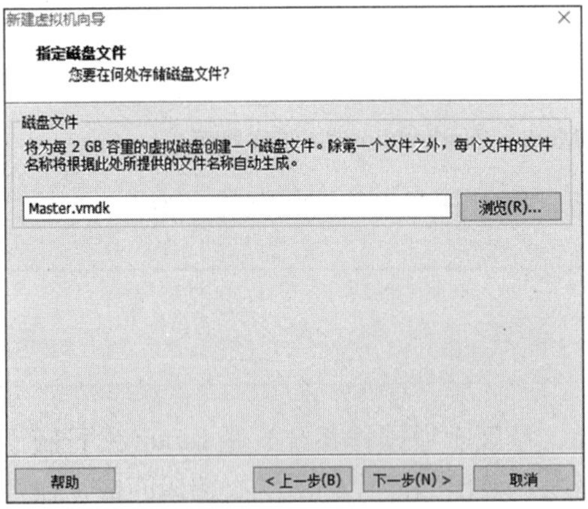

图 3-27　"指定磁盘文件"界面

图 3-28　"已准备好创建虚拟机"界面

图 3-29　"硬件"对话框

(13）在图 3-28 所示界面中，单击"完成"按钮，打开图 3-30 所示窗口，至此，虚拟机 Master 创建完成。

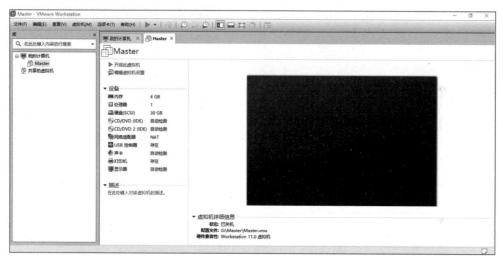

图 3-30　创建完虚拟机 Master 后的 VMware Workstation 14 工作界面

单击窗口上方工具栏中的"显示或隐藏库"按钮，可以打开或关闭左侧的库窗口。

3.3 安装 CentOS

CentOS（Community Enterprise Operating System，社区企业操作系统）是 Linux 发行版之一，它是来自于 Red Hat Enterprise Linux 依照开放源代码规定释出的源代码所二次编译而成，命令操作和服务配置方法与 RHEL 完全相同。CentOS 定位于服务器操作系统，其稳定性和安全性较强，但桌面图形不是其强项。由于源自同样的源代码，因此有些要求高度稳定性的服务器以 CentOS 替代商业版的 Red Hat Enterprise Linux 使用。两者的不同之处在于 CentOS 并不包含封闭源代码软件且是免费的。

（1）开始安装 CentOS 6.5，依次进入图 3-31、图 3-32、图 3-33 所示的安装界面。

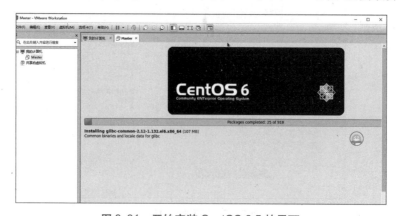

图 3-31　开始安装 CentOS 6.5 的界面

单元 3　VMware 和 CentOS 的安装

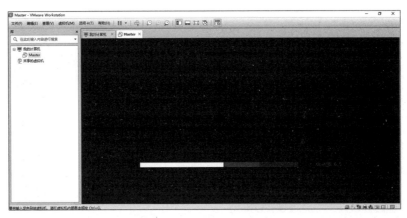

图 3-32　CentOS 6.5 的安装过程

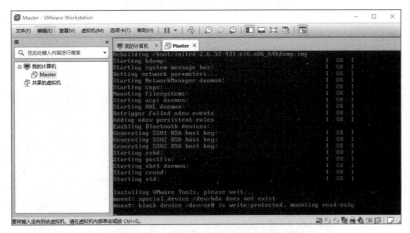

图 3-33　CentOS 6.5 的启动过程

（2）安装完成后，系统自动重启，在如图 3-34 所示的界面中单击用户 whzy，打开图 3-35 所示的界面，输入密码 whzy 登录，即可进入系统。

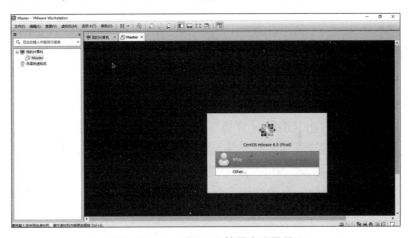

图 3-34　CentOS 6.5 的用户登录界面

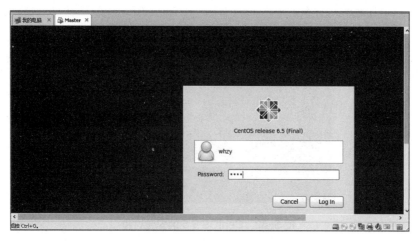

图 3-35　用户 whzy 的登录界面

（3）系统界面如图 3-36 所示，至此，CentOS 系统安装完毕。

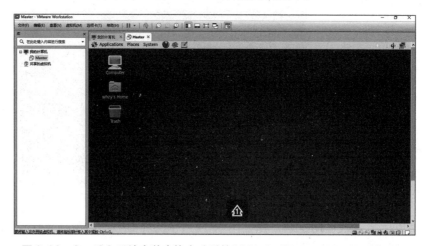

图 3-36　CentOS 系统安装完毕启动后的 VMware Workstation 14 工作界面

3.4 克隆虚拟机 Slave

（1）打开 VMware Workstation Pro。

（2）如图 3-37 所示，右击"我的计算机"下的"Master"，在弹出的快捷菜单中选择"管理"→"克隆"命令，打开"克隆虚拟机向导"界面，如图 3-38 所示，单击"下一步"按钮。

（3）在图 3-39 中选择"虚拟机中的当前状态"单选按钮，单击"下一步"按钮，打开图 3-40 所示界面，选择"创建完整克隆"单选按钮，单击"下一步"按钮，打开图 3-41 所示界面。

（4）在图 3-41 中将虚拟机名称命名为 Slave，存储位置设置为 G:\Slave，单击"完成"按钮。

（5）如图 3-42 所示，系统开始克隆虚拟机，完成后出现图 3-43 所示界面，单击"关闭"按钮，Slave 虚拟机会出现在 VMware Workstation 左侧的列表中，如图 3-44 所示。

单元 3　VMware 和 CentOS 的安装

图 3-37　克隆虚拟机的操作菜单

图 3-38　"欢迎使用克隆虚拟机向导"界面

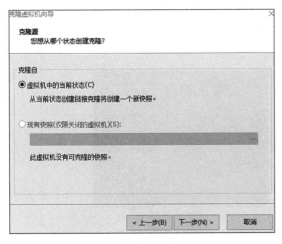

图 3-39　"克隆源"界面

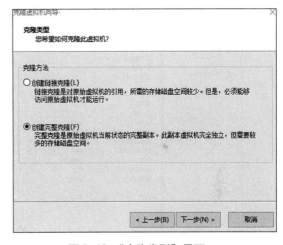

图 3-40　"克隆类型"界面

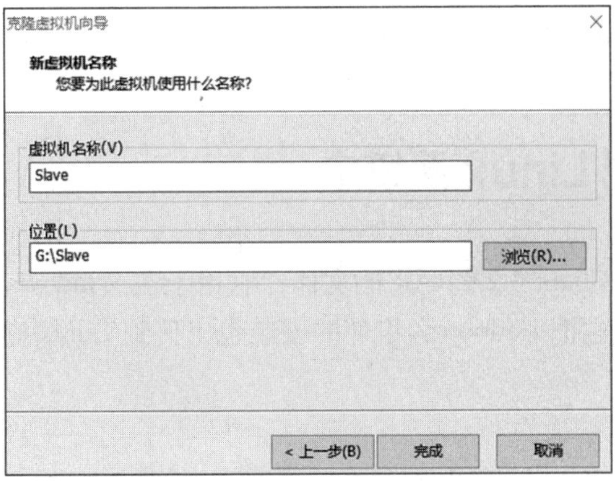

图 3-41　"新虚拟机名称"界面

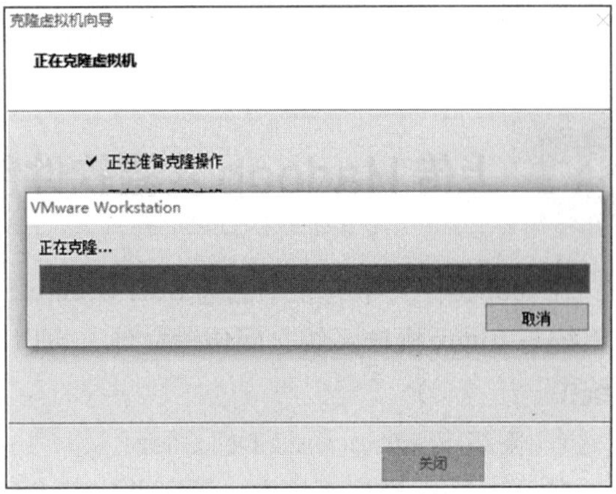

图 3-42　"正在克隆虚拟机"界面

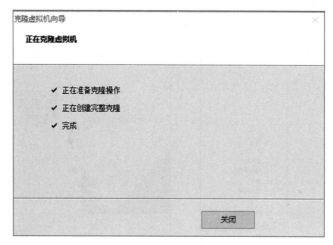

图 3-43 克隆虚拟机完成界面

图 3-44 克隆完虚拟机后的 VMware Workstation 14 工作界面

3.5 上传 Hadoop 实验软件包到 Linux 系统中

在 tool 文件夹中有一个名为 SSH Secure Shell Client 3.2.9.RAR 的文件,它用于在 Windows 操作系统与 Linux 操作系统之间传输文件,可以利用它把 Hadoop 各组件的安装包上传到 Linux 操作系统中。

1. 安装 SSH Secure Shell Client

在 Windows 操作系统中,解压并安装 SSH Secure Shell Client 软件,如图 3-45 所示。相继单击 Next 按钮安装完成后,在 Windows 桌面上会看到图 3-46 所示的两个快捷方式图标。

单元 3　VMware 和 CentOS 的安装

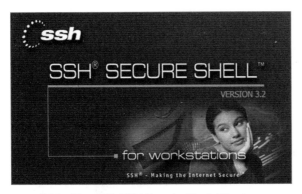

图 3-45　安装 SSH Secure Shell Client 软件的初始界面

图 3-46　安装完 SSH Secure Shell Client 软件后 Windows 桌面上的两个快捷方式图标

2. 将 Hadoop 生态系统各组件的安装包复制到 Linux 系统中

（1）单击 SSH Secure File Transfer Client 快捷方式图标，出现图 3-47 所示界面。

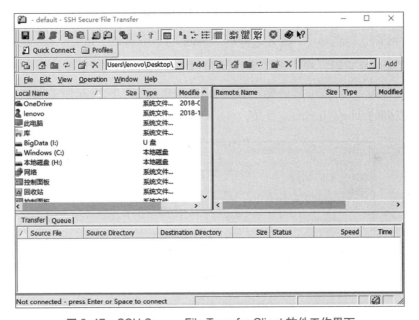

图 3-47　SSH Secure File Transfer Client 软件工作界面

单击 Quick Connect 按钮，弹出图 3-48 所示的对话框。

图 3-48　Connect to Remote Host 对话框

（2）查找安装了 CentOS 的虚拟机 Master 的 IP 地址。在 Master 节点中打开终端，输入 ifconfig

命令查看，如图 3-49 所示，此处为 192.168.39.128。

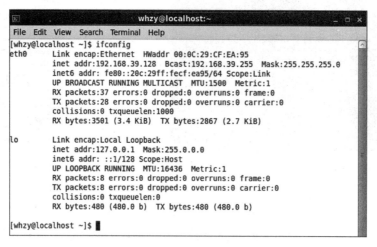

图 3-49　ifconfig 命令运行结果

（3）在图 3-48 所示对话框中，输入虚拟机 Master 的主机名 192.168.39.128 和用户名 whzy（见图 3-50），单击 Connect 按钮，弹出图 3-51 所示的 Enter Password 对话框，输入密码 whzy，单击 OK 按钮，如果出现图 3-52 所示对话框，表示连接成功。图 3-52 的左侧是 Windows 本机目录，右侧是 Linux 虚拟机的 whzy 用户的主目录。

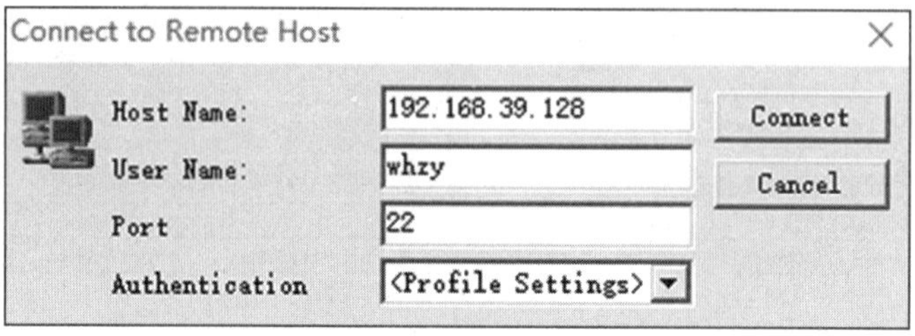

图 3-50　连接到 192.168.39.128 主机的对话框

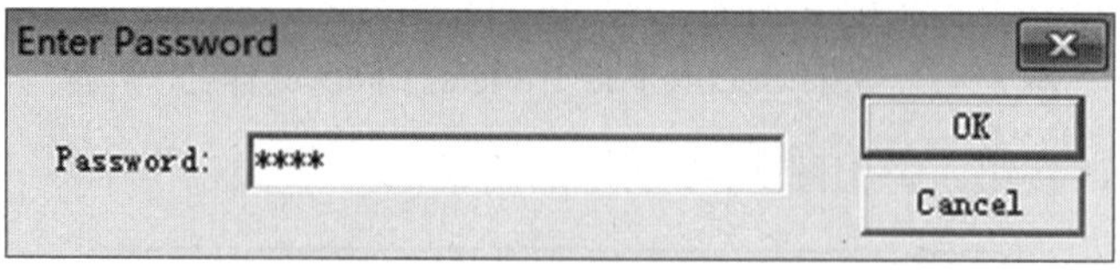

图 3-51　Enter Password 对话框

（4）在图 3-52 右侧 Linux 虚拟机的 whzy 用户的主目录区中右击，在弹出的快捷菜单中选择 New Folder 命令，新建一个 software 目录。

将 Windows 中 software 目录下的 Hadoop 文件夹中的所有文件和其他将要用到的软件拖动到 Linux 的 software 目录中即开始上传，为后面的实验做好准备，上传完成后可在右侧窗口中看到上传的文件，如图 3-53 所示。

单元 3　VMware 和 CentOS 的安装

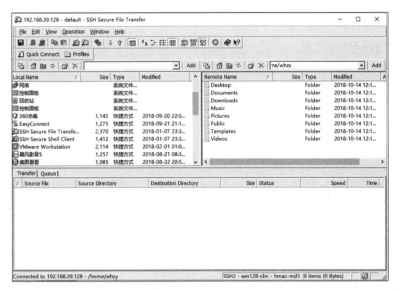

图 3-52　连接到 192.168.39.128 主机后的 SSH Secure File Transfer Client 软件的工作界面

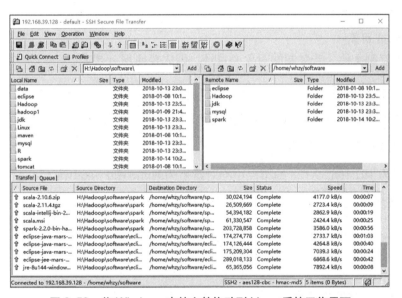

图 3-53　将 Windows 中的文件拖动到 Linux 后的工作界面

注意：也可以从 Linux 目录拖动文件到 Windows 目录中以实现文件复制。

3.6　常用的 Linux 操作系统命令和文本编辑器 vi

3.6.1　Linux 操作系统常用命令

本书实验中用到的 Linux 操作系统命令如下。

1. 查看当前目录

pwd 命令用于显示当前目录。

```
[root@master ~]# pwd
/root
```

2. 切换目录

cd 命令用来切换目录。

```
[root@master ~]# cd /usr/test
[root@master test]# pwd
/usr/test
```

3. 查看文件

ls 命令用于查看文件与目录。

```
[root@master test]# ls
[root@master test]# ls -l
```

4. 复制文件或目录

cp 命令用于复制文件，若复制的对象为目录，则需要使用 -r 参数。

```
[root@master test]# cp -r hadoop/root/hadoop
```

scp 命令可用于在两个 Linux 虚拟机之间复制文件。命令格式如下：

```
scp[参数][原路径][目标路径]
```

例如，将 ip 为 192.168.39.128 的节点中绝对路径为 home/whzy/software/jdk/jdk-8u161-linux-x64.tar.gz 的文件，复制到 192.168.39.129 节点的根目录下。只需在 192.168.39.129 节点的终端中运行以下命令即可。

```
[root@slave ~]# scp -r root@192.168.39.128:/home/whzy/software/jdk/jdk-8u161-linux-x64.tar.gz./
```

5. 移动或重命名文件或目录

mv 命令用于移动文件，在实际使用中，也常用于重命名文件或目录。

```
[root@master ~]# mv hadoop hadoop2        # 当前位于 /root，不是 /usr/test
```

6. 删除文件或目录

rm 命令用于删除文件，若删除的对象为目录，则需要使用 -r 参数。

```
[root@master ~]# rm -rf hadoop2           # 当前位于 /root，不是 /usr/test
```

7. 查看文件内容

cat 命令用于查看文件内容。

```
[root@master ~]# cat/usr/test/hadoop/etc/hadoop/core-site.xml
```

8. 压缩与解压文件

tar 命令用于文件压缩与解压，参数中的 c 表示压缩，x 表示解压缩。

```
[root@master ~]# tar -zcvf/root/hadoop.tar.gz/usr/test/hadoop
[root@master ~]# tar -zxvf/root/hadoop.tar.gz
```

9. 查看进程

ps 命令用于查看系统的所有进程。

```
[root@master ~]# ps                              # 查看当前进程
```

10. 查看服务器 IP 配置

ip addr 命令用于查看服务器 IP 配置，如图 3-54 所示。

```
[root@master ~]# ip addr
```

```
[whzy@localhost ~]$ ip addr
1: lo: <LOOPBACK,UP,LOWER_UP> mtu 16436 qdisc noqueue state UNKNOWN
    link/loopback 00:00:00:00:00:00 brd 00:00:00:00:00:00
    inet 127.0.0.1/8 scope host lo
    inet6 ::1/128 scope host
       valid_lft forever preferred_lft forever
2: eth0: <BROADCAST,MULTICAST,UP,LOWER_UP> mtu 1500 qdisc pfifo_fast state UP ql
en 1000
    link/ether 00:0c:29:ac:00:55 brd ff:ff:ff:ff:ff:ff
    inet 192.168.248.130/24 brd 192.168.248.255 scope global eth0
    inet6 fe80::20c:29ff:feac:55/64 scope link
       valid_lft forever preferred_lft forever
[whzy@localhost ~]$
```

图 3-54 vi 编辑器三种工作模式之间的转换

3.6.2 文本编辑器 vi

vi（visual editor）编辑器（简称 vi）是一个文本编辑程序，工作在字符模式下，可以执行输出、删除、查找、替换、块操作等文本操作，但不能像 Word 那样可以对字体、格式、段落等进行编排，用户可以根据自己的需要对其进行定制。

vim 是 vi 的增强版，与 vi 编辑器完全兼容。

vi 编辑器没有菜单，只有很多命令。vi 有命令行模式、文本输入模式和末行模式等三种基本工作模式。编辑模式下可以完成文本的编辑功能，命令模式下可以完成对文件的操作命令，要正确使用 vi 编辑器就必须熟练掌握这三种模式的转换。三种模式之间的转换方法如图 3-55 所示。默认情况下，打开 vi 编辑器后自动进入命令模式，此模式下不可编辑文档；使用"A""a""O""o""I""i"键均可进入"编辑模式"，编辑结束后，按【Esc】键可退回"命令模式"；"命令模式"下按【：】键进入末行模式，输入"wq"可保存退出。

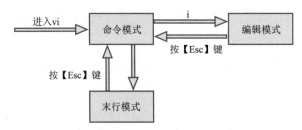

图 3-55　vi 编辑器三种工作模式之间的转换

vi 编辑器提供了丰富的内置命令，有些内置命令使用键盘组合键即可完成，有些内置命令则需要以冒号":"开头输入。常用内置命令如下：

Ctrl+u：向文件首翻半屏；
Ctrl+d：向文件尾翻半屏；
Ctrl+f：向文件尾翻一屏；
Ctrl+b：向文件首翻一屏；
Esc：从编辑模式切换到命令模式；
ZZ：命令模式下保存当前文件所做的修改后退出 vi；
:行号：光标跳转到指定行的行首；
:$：光标跳转到最后一行的行首；
x 或 X：删除一个字符，x 删除光标后的，而 X 删除光标前的；
D：删除从当前光标到光标所在行尾的全部字符；
dd：删除光标行整行内容；
ndd：删除当前行及其后 $n-1$ 行；
nyy：将当前行及其下 n 行的内容保存到寄存器 x 中，其中 x 为一个字母，n 为一个数字；
p：粘贴文本操作，用于将缓存区的内容粘贴到当前光标所在位置的下方；
P：粘贴文本操作，用于将缓存区的内容粘贴到当前光标所在位置的上方；
/字符串：文本查找操作，用于从当前光标所在位置开始向文件尾部查找指定字符串的内容，查找的字符串会被加亮显示；
？name：文本查找操作，用于从当前光标所在位置开始向文件头部查找指定字符串的内容，查找的字符串会被加亮显示；
a,bs/F/T：替换文本操作，用于在第 a 行到第 b 行之间，将 F 字符串替换成 T 字符串。其中，"s/"表示进行替换操作；
a：在当前字符后添加文本；
A：在行末添加文本；
i：在当前字符前插入文本；
I：在行首插入文本；
o：在当前行后面插入一空行；
O：在当前行前面插入一空行；
:wq：在命令模式下，执行存盘退出操作；
:w：在命令模式下，执行存盘操作；
:w!：在命令模式下，执行强制存盘操作；

:q：在命令模式下，执行退出 vi 操作；
:q!：在命令模式下，执行强制退出 vi 操作；
:e 文件名：在命令模式下，打开并编辑指定名称的文件；
:n：在命令模式下，如果同时打开多个文件，则继续编辑下一个文件；
:f：在命令模式下，用于显示当前的文件名、光标所在行的行号以及显示比例；
:set number：在命令模式下，用于在最左端显示行号；
:set nonumber：在命令模式下，用于在最左端不显示行号。
vi 的语法格式如下：

```
vi ( 选项 ) ( 参数 )
```

其中，选项有：
+< 行号 >：从指定行号的行开始先是文本内容；
-b：以二进制模式打开文件，用于编辑二进制文件和可执行文件；
-c< 指令 >：在完成对第一个文件编辑任务后，执行给出的指令；
-d：以 diff 模式打开文件，当多个文件编辑时，显示文件差异部分；
-l：使用 lisp 模式，打开 lisp 和 showmatch；
-m：取消写文件功能，重设 write 选项；
-M：关闭修改功能；
-n：不使用缓存功能；
-o< 文件数目 >：指定同时打开指定数目的文件；
-R：以只读方式打开文件；
-s：安静模式，不现实指令的任何错误信息。
参数为文件列表，即指定要编辑的文件列表。多个文件之间使用空格分隔开。

习题

1. VMware 提供了（　　）种工作模式。
   A. 1 B. 2 C. 3 D. 4
2. Linux 系统内部结构主要由（　　）部分组成。
   A. 1 B. 2 C. 3 D. 4
3. Linux 查看 IP 的命令是（　　）。
   A. ifconfig B. ipconfig C. config D. ip
4. Hadoop 的开发需要使用（　　）账户登录 Linux 系统。
   A. 游客 B. root C. 自定义 D. 任意
5. 简述 VMware 的功能。
6. 在本单元搭建 Hadoop 集群的实验中 VMware 和 Linux 各起什么作用？

单元 4

Hadoop 集群的部署与管理

学习目标

- 以神威·太湖之光超级计算机背景，理解计算机集群的概念。
- 了解 Hadoop 的运行模式。
- 熟练掌握 Linux 系统配置方法。
- 了解 SSH 免密登录的原理，掌握 SSH 免密登录的配置方法。
- 熟练掌握部署 Hadoop 集群的方法。
- 熟练掌握启动、测试、监控和停止 Hadoop 集群的方法。
- 能动态管理节点。
- 通过部署和调试 Hadoop 集群，培养学生吃苦耐劳的意志品质和精益求精的工匠精神。

4.1 Hadoop 的运行模式

4.1.1 计算机集群

1. 计算机集群的概念

计算机集群简称集群，它是通过一组松散集成的计算机软件和/或硬件连接起来高度紧密地协作完成计算工作的一种计算机系统。集群系统中的单个计算机称为节点，通常通过局域网连接。在某种意义上，计算机集群可以看作一台计算机。

2. 计算机集群的分类

集群分为同构与异构两种，它们的区别在于：组成集群系统的计算机之间的体系结构是否相同。
集群按功能和结构可以分成以下几类：

1）高可用性集群 [High-availability（HA）clusters]

一般是指当集群中有某个节点失效的情况下，其上的任务会自动转移到其他正常节点上。还指可以将集群中的某节点进行离线维护再上线，该过程并不影响整个集群的运行。

2）负载均衡集群（Load Balancing Clusters）

负载均衡集群运行时一般通过一个或者多个前端负载均衡器将工作负载分发到后端的一组服务器上，从而达到整个系统的高性能和高可用性。这样的计算机集群又称服务器群（Server Farm）。一般高可用性集群和负载均衡集群会使用类似的技术，或同时具有高可用性与负载均衡的特点。

Linux 虚拟服务器（LVS）项目在 Linux 操作系统上提供了最常用的负载均衡软件。

3）高性能计算集群 [High-performance（HPC）clusters]

高性能计算集群采用将计算任务分配到集群的不同计算节点而提高计算能力，因而主要应用在科学计算领域。比较流行的 HPC 采用 Linux 操作系统和其他一些免费软件完成并行运算。这一集群配置通常称为 Beowulf 集群。这类集群通常运行特定的程序以发挥 HPC cluster 的并行能力。这类程序一般应用特定的运行库，比如专为科学计算设计的 MPI 库。

国之骄傲——"神威·太湖之光"

HPC 集群特别适合于在计算中各计算节点之间发生大量数据通信的计算作业，比如一个节点的中间结果或影响到其他节点计算结果的情况。

4）网格计算（Grid computing）

网格计算或网格集群是一种与集群计算非常相关的技术。网格与传统集群的主要差别是网格是连接一组相关并不信任的计算机，它的运作更像一个计算公共设施而不是一个独立的计算机。还有，网格通常比集群支持更多不同类型的计算机集合。

网格计算是针对有许多独立作业的工作任务作优化，在计算过程中作业间无须共享数据。网格主要服务于管理在独立执行工作的计算机间的作业分配。资源（如存储）可以被所有节点共享，但作业的中间结果不会影响其他网格节点上作业的进展。

3. 集群技术的特点

通过多台计算机完成同一个工作，达到更高的效率。

两机或多机内容、工作过程等完全一样。如果一台死机，另一台可以起作用。

4. Hadoop 集群

一个基本的 Hadoop 集群中的节点主要有：

(1) NameNode：负责协调集群中的数据存储。

(2) SecondaryNameNode：帮助 NameNode 收集文件系统运行的状态信息。

(3) DataNode：存储被拆分的数据块。

(4) JobTracker：协调数据计算任务。

(5) TaskTracker：负责执行由 JobTracker 指派的任务。

对于一个小的集群，NameNode 和 JobTracker 运行在单个节点上，通常是可以接受的。但是，随着集群和存储在 HDFS 中的文件数量的增加，名称节点需要更多的主存，这时，名称节点和 JobTracker 就需要运行在不同的节点上。

SecondaryNameNode 和 NameNode 可以运行在相同的机器上，但是，由于 SecondaryNameNode 和 NameNode 几乎具有相同的主存需求，因此，二者最好运行在不同节点上。

5. Hadoop 集群的规模

Hadoop 集群规模可大可小。初始时,可以从一个较小规模的集群开始,比如包含五个节点,然后,规模随着存储器和计算需求的扩大而扩大。

如果数据每周增大 1 TB,并且有三个 HDFS 副本,然后每周需要一个额外的 3 TB 作为原始数据存储。要允许一些中间文件和日志(假定 30%)的空间,由此,可以算出每周大约需要增加一台新机器。存储两年数据的集群,大约需要 100 台机器。

6. Hadoop 集群的拓扑结构

普通的 Hadoop 集群结构由一个两阶网络构成,如图 4-1 所示。

每个机架(Rack)有 30 ~ 40 台服务器,配置一个 1 GB 的交换机,并向上传输到一个核心交换机或者路由器(1 GB 或以上)。

注意:在相同机架中节点间带宽的总和,要大于不同机架间节点间带宽的总和。

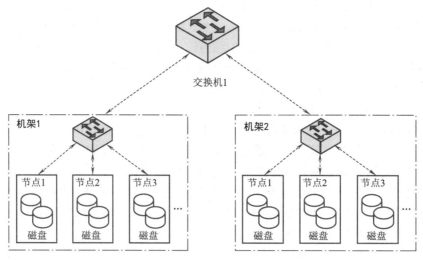

图 4-1 Hadoop 集群的拓扑结构

4.1.2 Hadoop 的运行模式

Hadoop 有三种部署方式,分别对应着单机、伪分布式、完全分布式三种运行模式。

1. 单机模式

Hadoop 的默认模式为单机模式。这种模式安装简单,无须进行其他配置即可运行,使用本地文件系统,而不是分布式文件系统,但仅限于调试用途。

分布式要启动守护进程,是指使用分布式 Hadoop 时,要先启动一些准备程序进程,然后才能使用脚本程序,而本地模式不需要启动这些守护进程。

2. 伪分布式模式

Hadoop 可以在单节点上以伪分布式的方式运行。在这种模式下,Hadoop 守护进程运行在本地机器上,模拟一个小规模的集群,节点既作为 NameNode 也作为 DataNode,在单节点上同时启动 NameNode、DataNode、JobTracker、TaskTracker、SecondaryNameNode 五个进程,模拟分布式运行的各个节点。同时,读取的是 HDFS 中的文件。

3. 完全分布式模式

在这种模式下，Hadoop 的守护进程运行在由多台主机搭建的集群上，是真正的生产环境。

注意：本实验采用完全分布式模式部署，首先部署主节点 Master 和从节点 Slave，然后在本单元 4.8 节的实验中，添加 Slave2、Slave3 两个从节点。

（1）打开虚拟机 Master 和 Slave。打开 VMware Workstation 14。选择"文件"→"打开"命令，弹出"打开"对话框，选择虚拟机（G:\Master\Master.vmx），如图 4-2 所示。

图 4-2　打开虚拟机 Master

（2）启动虚拟机 Master 和 Slave。在图 4-3 中，单击"开启此虚拟机"选项，启动虚拟机 Master。

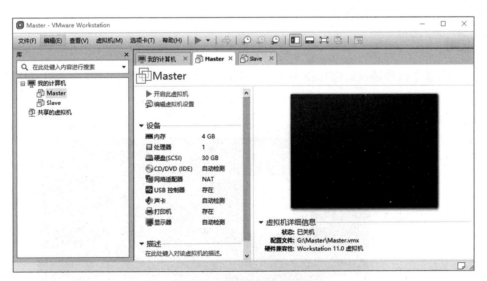

图 4-3　启动虚拟机 Master

若弹出图 4-4 所示的异常对话框，单击"否"按钮，进入图 4-5 所示的窗口。单击用户 whzy，输入密码 whzy 登录，即可进入系统。

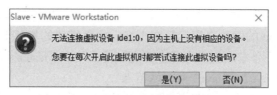

图 4-4 无法连接虚拟设备提示信息

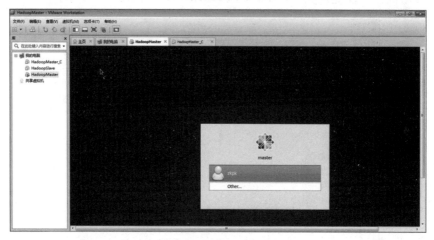

图 4-5 登录系统

4.2 配置 Linux 系统

4.2.1 说明

本节所有的命令操作都在终端环境下进行,选择图 4-6 所示的 Terminal 命令打开终端。

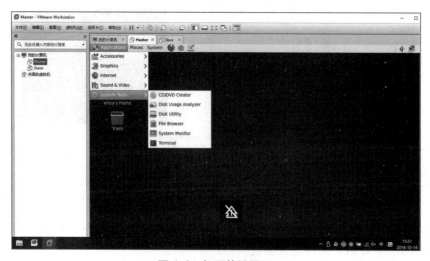

图 4-6 打开终端界面

终端打开后得到图 4-7 所示的命令行窗口。

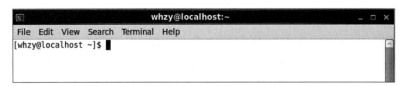

图 4-7　命令行窗口

注意：以下操作步骤需要使用 root 用户在 Master 和 Slave 节点上分别完整执行。
从当前用户切换到 root 用户的命令如下（见图 4-8）：

```
[whzy@master ~]$ su root
```

输入密码：whzy。

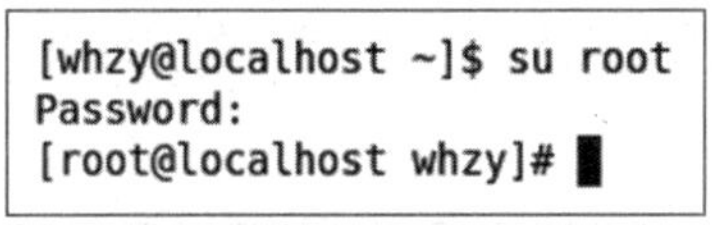

```
[whzy@localhost ~]$ su root
Password:
[root@localhost whzy]#
```

图 4-8　切换到 root 用户

4.2.2　配置时钟同步

使用 date 命令检查每个节点的现在时间，保证所有节点一致，Master 输出如图 4-9 所示。

```
[root@localhost whzy]# date
```

```
[root@localhost whzy]# date
Sun Oct 14 01:07:18 PDT 2018
```

图 4-9　检查节点时间

可选择安装配置 NTP 服务，保证集群中所有节点时间一致。

1. 在 Master 节点上配置

（1）配置自动时钟同步。使用 Linux 命令配置，该命令是 vi 编辑命令，如图 4-10 所示。

```
[root@master whzy]# crontab -e
```

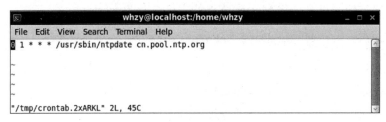

图 4-10　配置自动时钟同步

按字母键【i】进入插入模式，使文件处于可编辑状态（文件底部出现"INSERT"或"插入"

字样），此时可以输入数据。输入下面一行代码，注意字符间的空格。

```
0 1 * * * /usr/sbin/ntpdate cn.pool.ntp.org
```

其中，cn.pool.ntp.org 为远端中央时钟的服务器（北京时间）。NTP（Network Time Protocol，网络时间协议）是用来同步网络设备（如计算机、手机等）时间的协议。NTP 服务器最常见的就是 www.pool.ntp.org/zone/cn，国内地址为 cn.pool.ntp.org。

按【Esc】键，返回普通模式。

在普通模式下输入 : 进入命令行模式，键入 :wq 可保存退出。

（2）手动同步时间。直接在终端运行下面的命令（见图 4-11）：

```
[root@master whzy]# /usr/sbin/ntpdate cn.pool.ntp.org
```

```
[root@localhost whzy]# /usr/sbin/ntpdate cn.pool.ntp.org
14 Oct 01:53:55 ntpdate[3054]: adjust time server 119.28.206.193 offset 0.411190
 sec
[root@localhost whzy]#
```

图 4-11　手动同步时间

2. 在 Slave 节点上配置

```
[whzy@localhost ~]$ su root
Password: whzy
[root@localhost whzy]# crontab -e
0 1 * * * /usr/sbin/ntpdate cn.pool.ntp.org
```

或手动同步时间

```
[root@localhost whzy]# /usr/sbin/ntpdate cn.pool.ntp.org
```

4.2.3　配置主机名

1. 在 Master 节点上配置

修改文件的只读属性：

```
[root@localhost whzy]# chmod a+w /etc/sysconfig/network
```

使用 vi 编辑器编辑主机名，将 Master 节点的主机名改为 master。

```
[root@master whzy]# vi /etc/sysconfig/network
```

配置信息如下：

```
NETWORKING=yes              # 启动网络
HOSTNAME=master             # 主机名
```

使用如下命令使修改生效：

```
[root@master whzy]# hostname master
```

使用如下命令（见图 4-12）检测主机名是否修改成功。注意：在操作之前需要关闭当前终端，重新打开一个终端。

```
[whzy@master ~]$ hostname
```

```
[whzy@master ~]$ hostname
master
```

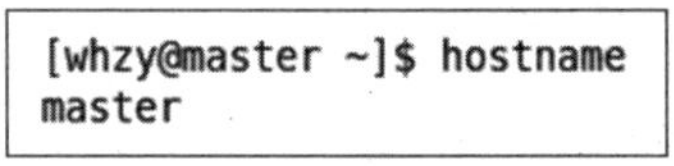

图 4-12　检测主机名

2. 在 Slave 节点上配置

修改文件的只读属性：

```
[root@localhost whzy]# chmod a+w /etc/ sysconfig/network
```

使用 vi 编辑器编辑主机名，将 Slave 节点的主机名改为 slave。

```
[root@localhost whzy]# vi /etc/sysconfig/network
```

配置信息如下：

```
NETWORKING=yes          # 启动网络
HOSTNAME=slave          # 主机名
```

使用如下命令使修改生效：

```
[root@localhost whzy]# hostname slave
```

关闭当前终端，重新打开一个终端。使用如下命令（见图 4-13）检测主机名是否修改成功。

```
[whzy@slave ~]$ hostname
```

```
[whzy@slave ~]$ hostname
slave
[whzy@slave ~]$
```

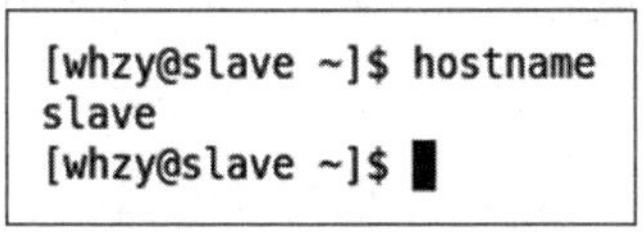

图 4-13　检测主机名

4.2.4　配置网络环境

1. 在 Master 节点上配置

（1）在终端中执行 ifconfig 命令，如图 4-14 所示。

```
[whzy@master ~]$ ifconfig
```

如果看到出现 inet addr:192.168.39.128　Bcast:192.168.39.255　Mask:255.255.255.0，即存在内网 IP、广播地址、子网掩码，说明该节点不需要配置网络，否则需要执行下面的操作来配置网络环境。

```
[whzy@master ~]$ ifconfig
eth0      Link encap:Ethernet  HWaddr 00:0C:29:CF:EA:95
          inet addr:192.168.39.128  Bcast:192.168.39.255  Mask:255.255.255.0
          inet6 addr: fe80::20c:29ff:fecf:ea95/64 Scope:Link
          UP BROADCAST RUNNING MULTICAST  MTU:1500  Metric:1
          RX packets:4985 errors:0 dropped:0 overruns:0 frame:0
          TX packets:765 errors:0 dropped:0 overruns:0 carrier:0
          collisions:0 txqueuelen:1000
          RX bytes:354475 (346.1 KiB)  TX bytes:70527 (68.8 KiB)

lo        Link encap:Local Loopback
          inet addr:127.0.0.1  Mask:255.0.0.0
          inet6 addr: ::1/128 Scope:Host
          UP LOOPBACK RUNNING  MTU:16436  Metric:1
          RX packets:42 errors:0 dropped:0 overruns:0 frame:0
          TX packets:42 errors:0 dropped:0 overruns:0 carrier:0
          collisions:0 txqueuelen:0
          RX bytes:3206 (3.1 KiB)  TX bytes:3206 (3.1 KiB)
```

图 4-14　ifconfig 命令

（2）在终端中执行 setup 命令，如图 4-15 所示。

```
[whzy@master ~]$ setup
```

图 4-15　setup 命令

移动光标键选择"Network configuration"选项并按【Enter】键，打开界面如图 4-16 所示。

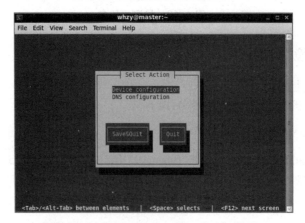

图 4-16　"Network configuration"界面

移动光标键选择"Device configuration"选项并按【Enter】键。打开界面如图4-17所示。

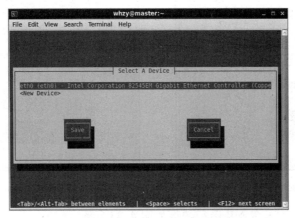

图4-17 "Device configuration"界面

移动光标键选择"eth0"选项并按【Enter】键,打开界面如图4-18所示。
移动光标键,按照图4-19所示的数据填入各项内容。选择"OK"选项并按【Enter】键,确认。

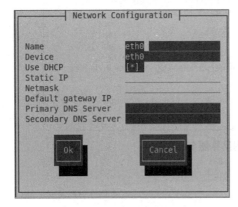 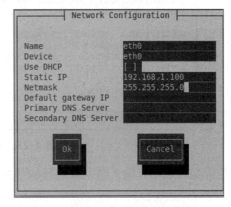

图4-18 "Network configuration"界面　　　　图4-19 输入配置信息

如图4-20所示,使用【Tab】键选择"Save"选项并按【Enter】键,确认。

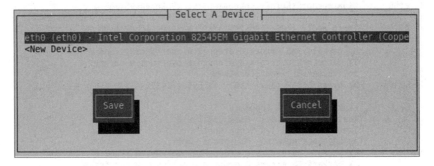

图4-20 "Select A Device"界面

如图4-21所示,使用【Tab】键选择"Save&Quit"选项并按【Enter】键,确认。
如图4-22所示,使用【Tab】键选择"Quit"选项并按【Enter】键,确认退出。

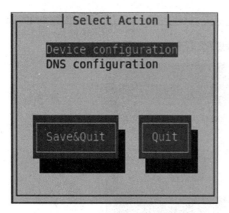
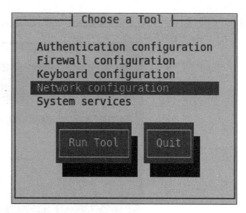

图 4-21 "Select Action" 界面　　图 4-22 "Choose a Tool" 界面

(3) 重启网络服务,输入命令及运行结果如图 4-23 所示。

```
[root@master whzy]# /sbin/service network restart
```

```
[root@master whzy]# /sbin/service network restart
Shutting down interface eth0:  Device state: 3 (disconnected)
                                                           [  OK  ]
Shutting down loopback interface:                          [  OK  ]
Bringing up loopback interface:                            [  OK  ]
Bringing up interface eth0:  Active connection state: activating
Active connection path: /org/freedesktop/NetworkManager/ActiveConnection/5
state: activated
Connection activated
                                                           [  OK  ]
[root@master whzy]#
```

图 4-23 重启网络服务

检查是否修改成功,输入命令及运行结果如图 4-24 所示。

```
[root@master whzy]# ifconfig
```

```
[root@master whzy]# ifconfig
eth0      Link encap:Ethernet  HWaddr 00:0C:29:CF:EA:95
          inet addr:192.168.1.100  Bcast:192.168.1.255  Mask:255.255.255.0
          inet6 addr: fe80::20c:29ff:fecf:ea95/64 Scope:Link
          UP BROADCAST RUNNING MULTICAST  MTU:1500  Metric:1
          RX packets:735 errors:0 dropped:0 overruns:0 frame:0
          TX packets:190 errors:0 dropped:0 overruns:0 carrier:0
          collisions:0 txqueuelen:1000
          RX bytes:54017 (52.7 KiB)  TX bytes:16970 (16.5 KiB)

lo        Link encap:Local Loopback
          inet addr:127.0.0.1  Mask:255.0.0.0
          inet6 addr: ::1/128 Scope:Host
          UP LOOPBACK RUNNING  MTU:16436  Metric:1
          RX packets:66 errors:0 dropped:0 overruns:0 frame:0
          TX packets:66 errors:0 dropped:0 overruns:0 carrier:0
          collisions:0 txqueuelen:0
          RX bytes:5252 (5.1 KiB)  TX bytes:5252 (5.1 KiB)
```

图 4-24 ifconfig 命令

如果显示图 4-24 所示的内容，说明配置成功。
2. 在 Slave 节点上配置
操作方法同上，按照图 4-25 所示的数据填入各项内容即可。

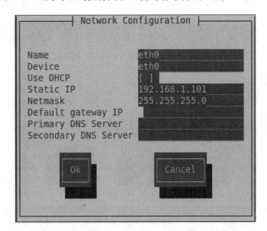

图 4-25 "Network configuration" 界面

4.2.5 关闭防火墙

1. 在 Master 节点上配置。

在终端中执行 setup 命令，如图 4-26 所示。

```
[whzy@master ~]$ setup
```

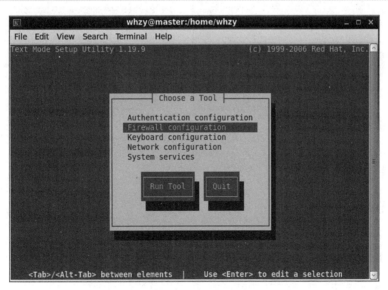

图 4-26 关闭防火墙

移动光标选择"Firewall configuration"选项，按【Enter】键，打开的界面如图 4-27 所示。
如果该项前面有"*"，则按一下空格键去掉"*"关闭防火墙,然后移动光标选择"OK"选项，如图 4-28 所示，按【Enter】键保存修改内容。

在图 4-29 所示界面中选择"Yes"选项并按【Enter】键确认。

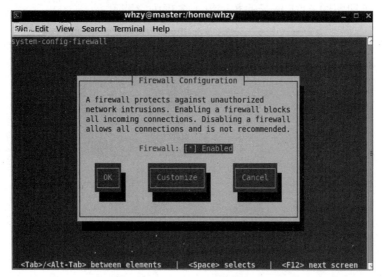

图 4-27 "Firewall configuration"界面

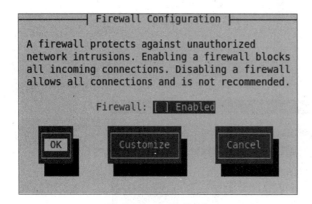

图 4-28 去掉"*"

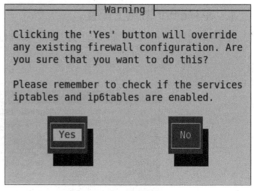

图 4-29 关闭防火墙

2. 在 Slave 节点上配置

操作方法同上。

4.2.6 配置 hosts 列表

1. 在 Master 节点上配置

在 root 用户下，编辑主机名列表，如图 4-30 所示。

```
[root@master whzy]# vi /etc/hosts
```

将下面两行添加到 /etc/hosts 文件中：

```
192.168.39.128 master
192.168.39.129 slave
```

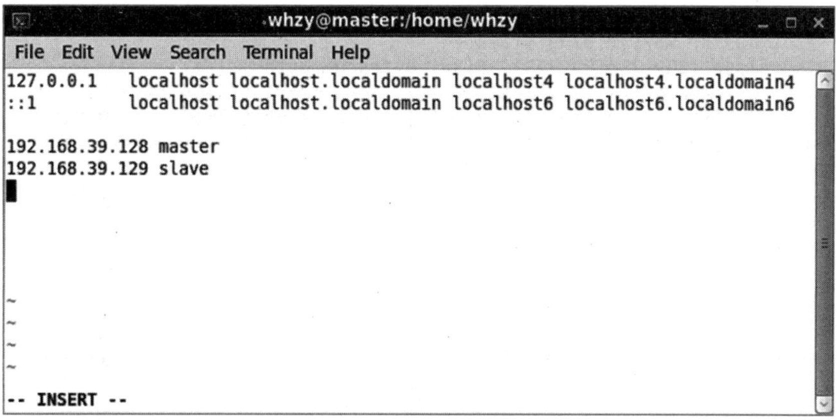

单元 4　Hadoop 集群的部署与管理

图 4-30　编辑主机名列表

如果前面修改过 Master 和 Slave 节点的 IP 地址，则添加下列两行。

```
192.168.1.100 master
192.168.1.101 slave
```

注意：这里 Master 节点对应 IP 地址是 192.168.39.128，Slave 节点对应的 IP 是 192.168.39.129，而读者自己在做配置时，需要将这两个 IP 地址改为自己的 Master 和 Slave 对应的 IP 地址。

2. 在 Slave 节点上配置

```
[root@slave whzy]# vi /etc/hosts
```

将下面两行添加到 /etc/hosts 文件中：

```
192.168.39.128 master
192.168.39.129 slave
```

验证配置是否成功。

```
[root@master whzy]# ping master
[root@master whzy]# ping slave
```

如果出现图 4-31 和图 4-32 所示的信息表示配置成功。

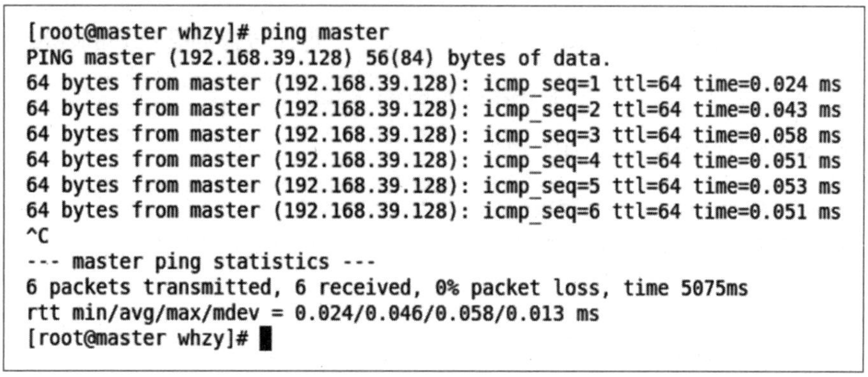

图 4-31　ping master

```
[root@master whzy]# ping slave
PING slave (192.168.39.129) 56(84) bytes of data.
64 bytes from slave (192.168.39.129): icmp_seq=1 ttl=64 time=2.86 ms
64 bytes from slave (192.168.39.129): icmp_seq=2 ttl=64 time=0.215 ms
64 bytes from slave (192.168.39.129): icmp_seq=3 ttl=64 time=0.523 ms
64 bytes from slave (192.168.39.129): icmp_seq=4 ttl=64 time=0.529 ms
64 bytes from slave (192.168.39.129): icmp_seq=5 ttl=64 time=0.593 ms
^C
--- slave ping statistics ---
5 packets transmitted, 5 received, 0% packet loss, time 4780ms
rtt min/avg/max/mdev = 0.215/0.944/2.862/0.968 ms
[root@master whzy]#
```

图 4-32　ping slave

如果出现"Destination Host Unreachable"提示信息，则表示配置失败。

4.2.7　安装 JDK

1. 安装 JDK 的过程

1）在 Master 节点上配置

进入 root 用户下，创建目录 /usr/java。

```
[root@master ~]# cd /usr
[root@master usr]# mkdir /usr/java
```

授权给 whzy 用户使用目录 /usr/java。

```
[root@master usr]# chown whzy /usr/java
[root@master usr]# su whzy
[whzy@master usr]$ cd /home/whzy/software/jdk
```

将 JDK 文件复制到 /usr/java 目录下并解压。

```
[whzy@master jdk]$ cp -r ~/software/jdk/jdk-8u161-linux-x64.tar.gz /usr/java/
[whzy@master jdk]$ cd /usr/java
[whzy@master java]$ tar -xvf /usr/java/jdk-8u161-linux-x64.tar.gz
```

使用 gedit 配置环境变量。

.bash_profile 文件是隐藏文件，存在于用户主目录下，里面包含的是用户的环境变量。

```
[whzy@master java]$ gedit /home/whzy/.bash_profile
```

将以下内容添加到上面 gedit 打开的文件中。

```
export JAVA_HOME=/usr/java/jdk1.8.0_161
export PATH=$JAVA_HOME/bin:$PATH
```

然后使改动生效。

```
[whzy@master java]$ source /home/whzy/.bash_profile
```

测试配置。

单元 4 Hadoop 集群的部署与管理

```
[whzy@master java]$ java -version
```

如果出现图 4-33 所示的信息，表示 JDK 安装成功。

```
[whzy@master java]$ java -version
java version "1.8.0_161"
Java(TM) SE Runtime Environment (build 1.8.0_161-b12)
Java HotSpot(TM) 64-Bit Server VM (build 25.161-b12, mixed mode)
```

图 4-33 测试 JAVA 配置

2）在 Slave 节点上配置

先将 jdk-8u161-linux-x64.tar.gz 复制到 Slave 虚拟机 whzy 用户的 /software/jdk 目录中。

```
[root@slave ~]# cd /usr
[root@slave usr]# mkdir /usr/java
[root@slave usr]# chown whzy /usr/java
[root@slave usr]# su whzy
[whzy@slave usr]$ cd /home/whzy/software/jdk
[whzy@slave jdk]$ mv ~/software/jdk/jdk-8u161-linux-x64.tar.gz /usr/java/
[whzy@slave jdk]$ cd /usr/java
```

将 JDK 文件解压，放到 /usr/java 目录下。

```
[whzy@slave java]$ tar -xvf /usr/java/jdk-8u161-linux-x64.tar.gz
```

使用 gedit 配置环境变量。

```
[whzy@slave java]$ gedit /home/whzy/.bash_profile
```

复制粘贴以下内容添加到到上面 gedit 打开的文件中。

```
export JAVA_HOME=/usr/java/jdk1.8.0_161
export PATH=$JAVA_HOME/bin:$PATH
```

使改动生效命令。

```
[whzy@slave java]$ source /home/whzy/.bash_profile
```

测试配置。

```
[whzy@slave java]$ java -version
```

2. Java 的基本命令

在安装 Java 环境后，可以使用 Java 命令来编译、运行或者打包 Java 程序。

1）查看 Java 版本

```
[root@master ~]# java -version
```

2）编译 Java 程序

```
[root@master ~]# javac Helloworld.java
```

3）运行 Java 程序

```
[root@master ~]# java Helloworld
Hello World!
```

4）打包 Java 程序

```
[root@master ~]# jar -cvf Helloworld.jar Helloworld.class
added manifest
adding: Helloworld.class(in = 426) (out= 289)(deflated 32%)
```

由于打包时并没有指定 manifest 文件，因此该 jar 包无法直接运行。

```
[root@master ~]# java -jar Helloworld.jar
no main manifest attribute, in Helloworld.jar
```

5）打包携带 manifest 文件的 Java 程序

manifest 文件用于描述整个 Java 项目，最常用的功能是指定项目的入口类。

```
[root@master ~]# cat manifest.mf
Main-Class: Helloworld
```

打包时，加入 -m 参数，并指定 manifest 文件名：

```
[root@master ~]# jar -cvfm Helloworld.jar manifest.mf Helloworld.class
added manifest
adding: Helloworld.class(in = 426)(out= 289)(deflated 32%)
```

之后，即可使用 Java 命令直接运行该 jar 包。

```
[root@master ~]# java -jar Helloworld.jar
Hello World!
```

4.2.8 配置免密钥登录

SSH（Secure Shell）是建立在应用层和传输层基础上的安全协议。SSH 是目前较可靠、专为远程登录会话和其他网络服务提供安全性的协议。利用 SSH 协议可以有效防止远程管理过程中的信息泄露问题。SSH 最初是 UNIX 系统上的一个程序，后来又迅速扩展到其他操作平台。SSH 是由客户端和服务端的软件组成，服务端是一个守护进程（daemon），它在后台运行并响应来自客户端的连接请求，客户端包含 ssh 程序以及像 scp（远程拷贝）、slogin（远程登录）、sftp（安全文件传输）等其他应用程序。

常用的 SSH 工具包括 XShell、Secure CRT、putty 等。

之所以要配置 SSH，是因为 Hadoop 的基础是分布式文件系统 HDFS，HDFS 集群有两类节点以管理者 - 工作者的模式运行，即一个 NameNode（管理者）和多个 DataNode（工作者）。在 Hadoop 启动以后，NameNode 通过 SSH 启动和停止各个节点上的各种守护进程，Hadoop 并没有提供 SSH 输入密码登录的形式，这就需要在这些节点之间执行指令时采用无须输入密码的认证方式，因此，需要将 SSH 配置成使用无须输入 root 密码的密钥文件认证方式。如不配置 SSH 免密码登录，在启动集群时需要输入每个节点的密码方可启动。

这里用到了 RSA 公钥密码体制。在基于公钥体系的安全系统中，密钥是成对生成的，每对密钥由一个公钥和一个私钥组成。公共密钥密码体制的原理是加密密钥和解密密钥分离。一个具体用户可以将自己设计的加密密钥和算法公之于众，而只保密解密密钥。任何人利用这个加密密钥和算法向该用户发送的加密信息，该用户均可以将之还原。公共密钥密码的优点是不需要经安全渠道传递密钥，大大简化了密钥管理。

公钥加密算法中使用最广的是 RSA。RSA 使用两个密钥，一个公共密钥，一个专用密钥。如用其中一个加密，则可用另一个解密，密钥长度从 40～2 048 位可变，加密时也把明文分成块，块的大小可变，但不能超过密钥的长度，RSA 算法把每一块明文转换为与密钥长度相同的密文块。密钥越长，加密效果越好，但加密解密的开销也大，所以要在安全与性能之间折中考虑，一般 64 位是较合适的。RSA 的一个比较知名的应用是 SSL。

注意：本节所有的操作都要在 whzy 用户下进行。免密码登录只需要配置主节点到其余各节点即可。

1. 在 Master 节点

（1）在 Master 终端使用 ssh-keygen 生成一对公私密钥（按三次【Enter】键），如图 4-34 所示。

```
[whzy@master ~]$ ssh-keygen -t rsa
```

第一个提示是询问将公私钥文件存放在哪，直接按【Enter】键，选择默认位置。

第二个提示是请求用户输入密钥，既然操作的目的就是实现 SSH 无密钥登录，故此处必须使用空密钥。所谓的空密钥指的是直接按【Enter】键，不是空格，更不是其他字符。

第三个提示是要求用户确认刚才输入的密钥，直接按【Enter】键即可。

图 4-34　生成一对公私密钥

（2）复制公钥文件到需要被免密码的主机上。生成的密钥在 .ssh 目录下，如图 4-35 所示。两个文件 id_rsa 和 id_rsa_pub 都有用，其中公钥用于加密，私钥用于解密，rsa 表示算法为 RSA 算法。

```
[whzy@master ~]$ cd.ssh
[whzy@master .ssh]$ ls -l
```

```
[whzy@master ~]$ cd .ssh
[whzy@master .ssh]$ ls -l
total 12
-rw-------. 1 whzy whzy 1671 Oct 14 19:20 id_rsa
-rw-r--r--. 1 whzy whzy  393 Oct 14 19:20 id_rsa.pub
-rw-r--r--. 1 whzy whzy  402 Oct 14 10:41 known_hosts
[whzy@master .ssh]$
```

图 4-35　查看密钥

复制公钥文件。

```
[whzy@master .ssh]$ cat ~/.ssh/id_rsa.pub>> ~/.ssh/authorized_keys
```

执行 ls-l 命令后会看到图 4-36 所示的文件列表。

```
[whzy@master .ssh]$ cat ~/.ssh/id_rsa.pub >> ~/.ssh/authorized_keys
[whzy@master .ssh]$ ll
total 16
-rw-rw-r--. 1 whzy whzy  393 Oct 14 19:44 authorized_keys
-rw-------. 1 whzy whzy 1671 Oct 14 19:20 id_rsa
-rw-r--r--. 1 whzy whzy  393 Oct 14 19:20 id_rsa.pub
-rw-r--r--. 1 whzy whzy  402 Oct 14 10:41 known_hosts
[whzy@master .ssh]$
```

图 4-36　复制公钥文件

（3）修改 authorized_keys 文件的权限。

```
[whzy@master.ssh]$ chmod 600 ~/.ssh/authorized_keys
```

修改完权限后，文件列表情况如图 4-37 所示。

```
[whzy@master .ssh]$ chmod 600 ~/.ssh/authorized_keys
[whzy@master .ssh]$ ll
total 16
-rw-------. 1 whzy whzy  393 Oct 14 19:44 authorized_keys
-rw-------. 1 whzy whzy 1671 Oct 14 19:20 id_rsa
-rw-r--r--. 1 whzy whzy  393 Oct 14 19:20 id_rsa.pub
-rw-r--r--. 1 whzy whzy  402 Oct 14 10:41 known_hosts
```

图 4-37　修改 authorized_keys 文件的权限

（4）将 authorized_keys 文件复制到 Slave 节点，如图 4-38 所示。

```
[whzy@master.ssh]$ scp ~/.ssh/authorized_keys whzy@slave:~/
```

如果提示输入 yes/no 时，输入 yes 后按【Enter】键确认。

```
[whzy@master .ssh]$ scp ~/.ssh/authorized_keys whzy@slave:~/
whzy@slave's password:
authorized_keys                         100%  393     0.4KB/s   00:00
[whzy@master .ssh]$
```

图 4-38　将 authorized_keys 文件复制到 Slave 节点上

2. 在 Slave 节点

在 Slave 终端生成密钥，如图 4-39 所示。

```
[whzy@slave ~]$ ssh-keygen -t rsa
```

将 authorized_keys 文件移动到 .ssh 目录。

```
[whzy@slave ~]$ mv authorized_keys ~/.ssh/
```

修改 authorized_keys 文件的权限，命令如下：

```
[whzy@slave ~]$ cd ~/.ssh
[whzy@slave.ssh]$ chmod 600 authorized_keys
```

图 4-39 在 Slave 节点上生成密钥

3. 验证免密钥登录

在 Master 终端上执行如下命令，如果出现图 4-40 所示的内容表示免密钥配置成功。

```
[whzy@master ~]$ ssh slave
```

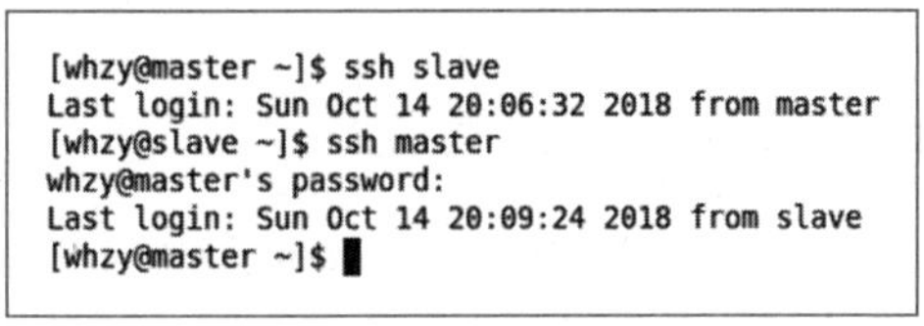

图 4-40 验证免密钥登录

4.3 配置 Hadoop

配置 Hadoop 集群的主要步骤如下：

（1）解压 Hadoop 安装包。
（2）修改配置文件。
（3）把 Master 的 Hadoop 目录复制到 Slave 节点上。
（4）在 Master 节点上初始化文件系统。
（5）启动 Hadoop 集群。
（6）检查 Hadoop 集群是否启动成功。

注意：每个节点上的 Hadoop 配置基本相同，在 Master 节点操作完成后，复制到另一个节点。下面所有的操作都使用 whzy 用户。

4.3.1 解压 Hadoop 安装包

进入 Hadoop 目录，复制并解压 Hadoop 安装包。

```
[whzy@master ~]$ cd software/Hadoop/
[whzy@master Hadoop]$ cp ~/software/Hadoop/hadoop-2.7.3.tar.gz ~/
[whzy@master Hadoop]$ cd
[whzy@master ~]$ tar -xvf ~/hadoop-2.7.3.tar.gz
[whzy@master ~]$ cd ~/hadoop-2.7.3
[whzy@master hadoop-2.7.3]$ ls -l
```

如果看到图 4-41 所示的内容，表示解压成功。

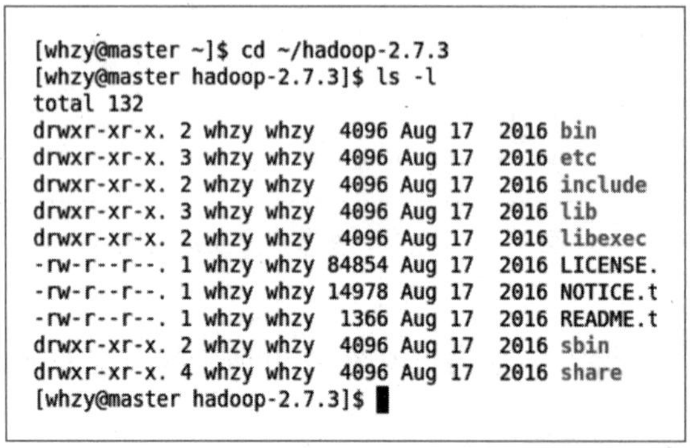

```
[whzy@master ~]$ cd ~/hadoop-2.7.3
[whzy@master hadoop-2.7.3]$ ls -l
total 132
drwxr-xr-x. 2 whzy whzy  4096 Aug 17  2016 bin
drwxr-xr-x. 3 whzy whzy  4096 Aug 17  2016 etc
drwxr-xr-x. 2 whzy whzy  4096 Aug 17  2016 include
drwxr-xr-x. 3 whzy whzy  4096 Aug 17  2016 lib
drwxr-xr-x. 2 whzy whzy  4096 Aug 17  2016 libexec
-rw-r--r--. 1 whzy whzy 84854 Aug 17  2016 LICENSE.
-rw-r--r--. 1 whzy whzy 14978 Aug 17  2016 NOTICE.t
-rw-r--r--. 1 whzy whzy  1366 Aug 17  2016 README.t
drwxr-xr-x. 2 whzy whzy  4096 Aug 17  2016 sbin
drwxr-xr-x. 4 whzy whzy  4096 Aug 17  2016 share
[whzy@master hadoop-2.7.3]$
```

图 4-41 查看 Hadoop 的文件结构

4.3.2 在 Master 节点修改 Hadoop 配置文件

为了让 Hadoop 集群顺利运行，需要修改相关 Hadoop 配置文件。Hadoop 配置文件位于 /home/whzy/hadoop-2.7.3/etc/hadoop/ 目录下，如图 4-42 所示。

常用配置文件的作用如下：
（1）hadoop-env.sh：记录配置 Hadoop 运行所需的环境变量。
（2）yarn-env.sh：Yarn 配置文件。
（3）core-site.xml：Hadoop core 的配置项，如 HDFS 和 MapReduce 常用的 I/O 设置等。
（4）hdfs-site.xml：Hadoop 守护进程的配置项，包括 NameNode、SecondaryNameNode 和 DataNode 等。

单元 4　Hadoop 集群的部署与管理

（5）mapred-site.xml：MapReduce 守护进程的配置项，包括 JobTracker 和 TaskTracker。
（6）masters：运行 SecondaryNameNode 的机器列表（每行一个）。
（7）slaves：运行 DataNode 和 TaskTracker 的机器列表（每行一个）。

```
[whzy@master hadoop]$ ls
capacity-scheduler.xml        httpfs-env.sh                mapred-env.sh
configuration.xsl             httpfs-log4j.properties      mapred-queues.xml.template
container-executor.cfg        httpfs-signature.secret      mapred-site.xml.template
core-site.xml                 httpfs-site.xml              slaves
hadoop-env.cmd                kms-acls.xml                 ssl-client.xml.example
hadoop-env.sh                 kms-env.sh                   ssl-server.xml.example
hadoop-metrics2.properties    kms-log4j.properties         yarn-env.cmd
hadoop-metrics.properties     kms-site.xml                 yarn-env.sh
hadoop-policy.xml             log4j.properties             yarn-site.xml
hdfs-site.xml                 mapred-env.cmd
```

图 4-42　Hadoop 的配置文件

1. 配置环境变量 hadoop-env.sh

由于 Hadoop 是 Java 进程，所以需要添加 jdk。
在环境变量文件 hadoop-env.sh 中，只需要配置 JDK 的路径。

[whzy@master ~]$ gedit /home/whzy/hadoop-2.7.3/etc/hadoop/hadoop-env.sh

或

[whzy@master hadoop-2.7.3]$ vi etc/hadoop/hadoop-env.sh

在文本中找到下面一行代码。

export JAVA_HOME=${JAVA_HOME}

将其修改为如下所示代码（见图 4-43），然后保存退出。

export JAVA_HOME=/usr/java/jdk1.8.0_161

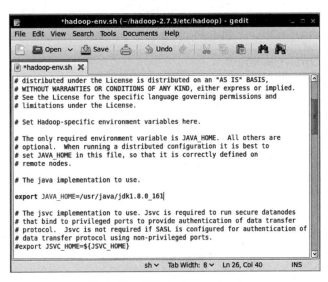

图 4-43　配置 hadoop-env.sh

2. 配置环境变量 yarn-env.sh

在环境变量文件 yarn-env.sh 中，只需要配置 JDK 的路径。

```
[whzy@master~]$ gedit /home/whzy/hadoop-2.7.3/etc/hadoop/yarn-env.sh
```

或

```
[whzy@master hadoop-2.7.3]$ vi /home/whzy/hadoop-2.7.3/etc/hadoop/yarn-env.sh
```

在文本中找到下面一行代码。

```
# export JAVA_HOME=/home/y/libexec/jdk1.6.0/
```

将其修改为如下所示代码（见图 4-44），然后保存退出。

```
export JAVA_HOME=/usr/java/jdk1.8.0_161/
```

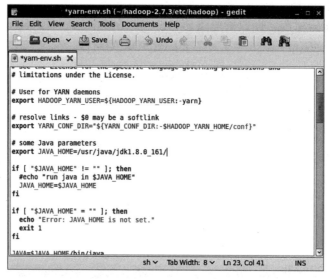

图 4-44 配置 yarn-env.sh

3. 配置核心组件 core-site.xml

Hadoop 的配置文件是 XML 格式，每个配置以声明 property 的 name 和 value 的方式来实现。

```
[whzy@master hadoop-2.7.3]$ gedit    ~/hadoop-2.7.3/etc/hadoop/core-site.xml
```

或

```
[whzy@master hadoop-2.7.3]$ vi ~/hadoop-2.7.3/etc/hadoop/core-site.xml
```

用下面代码中 <configuration>…</configuration> 之间的内容替换 core-site.xml 中相应的部分。

```
<?xml version="1.0"encoding="UTF-8"?>
<?xml-stylesheet type="text/xsl" href="configuration.xsl"?>
<!--Put site-specific property overrides in this file.-->
<configuration>
```

```xml
<property>
    <name>fs.defaultFS</name>
    <value>hdfs://master:9000</value>
</property>
<property>
    <name>hadoop.tmp.dir</name>
    <value>/home/whzy/hadooptmpdata</value>
</property>
</configuration>
```

文件 core-site.xml 中的参数说明如下：

hadoop.tmp.dir 是 Hadoop 文件系统依赖的基础配置，很多路径都依赖它。它表示存放临时数据的目录，既包括 NameNode 数据，也包括 DataNode 数据。该路径任意指定，只要实际存在该文件夹即可。需要在所有节点中设定。如果不配置 NameNode 和 DataNode 的存放位置，默认就放在这个路径中。默认值为：/tmp/hadoop-${user.name}。

4. 配置文件系统 hdfs-site.xml

```
[whzy@master hadoop-2.7.3]$ gedit   ~/hadoop-2.7.3/etc/hadoop/hdfs-site.xml
```

或

```
[whzy@master hadoop-2.7.3]$ vi ~/hadoop-2.7.3/etc/hadoop/hdfs-site.xml
```

用下面代码中 <configuration>…</configuration> 之间的内容替换 hdfs-site.xml 中相应的部分。

```xml
<?xml version="1.0"encoding="UTF-8"?>
<?xml-stylesheet type="text/xsl" href="configuration.xsl"?>
<!--Put site-specific property overrides in this file.-->
<configuration>
<property>
    <name>dfs.replication</name>
    <value>1</value>
</property>
<property>
    <name>dfs.namenode.name.dir</name>
    <value>file:/home/whzy/hadooptmpdata/dfs/name</value>
</property>
<property>
    <name>dfs.datanode.data.dir</name>
    <value>file:/home/whzy/hadooptmpdata/dfs/data </value>
</property>
<property>
    <name>dfs.block.size</name>
    <value>134217728</value>
</property>
```

```xml
<property>
    <name>dfs.namenode.secondary.http-address</name>
    <value>master:9001</value>
</property>
<property>
    <name>dfs.webhdfs.enabled</name>
    <value>true</value>
</property>
<property>
    <name>dfs.permissions.enabled</name>
    <value>true</value>
</property>
<property>
    <name>dfs.namenode.acls.enabled</name>
    <value>true</value>
</property>
</configuration>
```

文件 hdfs-site.xml 中的参数说明如下：

1）dfs.replication

dfs.replication 表示在文件被写入的时候，每一块的副本的数量。在客户端上设定，通常也需要在 DataNode 上设定。

默认值：3 份。伪分布式要设置为 1。

注意：此处设为 1，4.8 节添加 Slave2、Slave3 两个从节点后可以改为 3。

2）dfs.block.size

dfs.block.size 表示文件块的大小，单位为 B。每一个节点都要指定，包括客户端。

默认值：128 MB。

3）dfs.namenode.name.dir

dfs.namenode.name.dir 表示 NameNode 元数据存放位置，是存储 fsimage 文件的地方。

默认值：使用 core-site.xml 中的 hadoop.tmp.dir/dfs/name，本例中为 /home/whzy/hadooptmpdata/dfs/name。

4）dfs.datanode.data.dir

dfs.datanode.data.dir 表示 DataNode 在本地磁盘存放 HDFS 数据 block 的位置，可以是以逗号分隔的目录列表，DataNode 循环向磁盘中写入数据，每个 DataNode 可单独指定与其他 DataNode 不一样的位置。

默认值：${hadoop.tmp.dir}/dfs/data，本例中为 /home/whzy/hadooptmpdata/dfs/data。

5）dfs.permissions

dfs.permissions 如果是 true 则检查权限，否则不检查。在 NameNode 上设定。

默认值：true。

6) fs.default.name

fs.default.name 表示文件系统的名称。通常是 NameNode 的 hostname 与 port。需要在每个需要访问集群的机器上指定，包括集群中的节点。例如：

```
hdfs://<your_namenode>:9000/
```

7) fs.trash.interval

fs.trash.interval 表示当一个文件被删除后，它会被放到用户目录的 .Trash 目录下，而不是立即删除。经过此参数设置的时间（分钟数）之后，再删除数据。

默认值：0，即禁用此功能。建议设置为 1440（1 天）。

8) io.file.buffer.size

io.file.buffer.size 用来设定在读写数据时的缓存大小，应该为硬件分页大小的 2 倍。

默认值：4096。建议为 65 536（64 KB）。

5. 配置文件系统 yarn-site.xml

```
[whzy@master hadoop-2.7.3]$ gedit   ~/hadoop-2.7.3/etc/hadoop/yarn-site.xml
```

或

```
[whzy@master hadoop-2.7.3]$ vi ~/hadoop-2.7.3/etc/hadoop/yarn-site.xml
```

用下面代码中 <configuration>…</configuration> 之间的内容替换 yarn-site.xml 中相应的部分。

```xml
<?xml version="1.0"?>
<configuration>
<property>
    <name>yarn.nodemanager.aux-services</name>
    <value>mapreduce_shuffle</value>
</property>
<property>
    <name>yarn.resourcemanager.address</name>
    <value>master:18040</value>
</property>
<property>
    <name>yarn.resourcemanager.scheduler.address</name>
    <value>master:18030</value>
</property>
<property>
    <name>yarn.resourcemanager.resource-tracker.address</name>
    <value>master:18025</value>
</property>
<property>
    <name>yarn.resourcemanager.admin.address</name>
    <value>master:18141</value>
```

```
    </property>
    <property>
        <name>yarn.resourcemanager.webapp.address</name>
        <value>master:18088</value>
    </property>
    <property>
        <name>yarn.nodemanager.aux-services.mapreduce.shuffle.class</name>
        <value>org.apache.hadoop.mapred.ShuffleHandler</value>
    </property>
</configuration>
```

6. 配置计算框架 mapred-site.xml

注意：由于本身没有 mapred-site.xml 文件，只有一个 mapred-site.xml.template 文件，需要利用 mapred-site-template.xml 文件复制一个 mapred-site.xml 文件，或将 mapred-site.xml.template 重命名。

```
[whzy@master hadoop-2.7.3]$ cp ~/hadoop-2.7.3/etc/hadoop/mapred-site.xml.template ~/hadoop-2.7.3/etc/hadoop/mapred-site.xml
```

再用 gedit 或 vi 进行编辑，将下面的代码替换 yarn-site.xml 中的内容。

```
[whzy@master ~]$ gedit ~/hadoop-2.7.3/etc/hadoop/mapred-site.xml
```

或

```
[whzy@master hadoop-2.7.3]$ vi ~/hadoop-2.7.3/etc/hadoop/mapred-site.xml
```

用下面代码中 <configuration>…</configuration> 之间的内容替换 mapred-site.xml 中相应的部分。

```
<?xml version="1.0"?>
<?xml-stylesheet type="text/xsl" href="configuration.xsl"?>
<configuration>
    <property>
        <name>mapreduce.framework.name</name>
        <value>yarn</value>
    </property>
</configuration>
```

mapred-site.xml 的参数说明如下：

Mapreduce.framework.name：决定 MapReduce 作业是提交到 YARN 集群还是使用本地作业执行器本地执行。

7. 在 Master 节点配置 slaves 文件

```
[whzy@master hadoop-2.7.3]$ gedit ~/hadoop-2.7.3/etc/hadoop/slaves
```

用下面的内容替换 slaves 中的内容。

```
slave
```

4.3.3 在 Master 节点上配置 Hadoop 的系统环境变量

```
[whzy@master hadoop-2.7.3]$ cd
[whzy@master ~]$ gedit ~/.bash_profile
```

将下面的代码添加到 .bash_profile 文件中。

```
export HADOOP_HOME=/home/whzy/hadoop-2.7.3
export PATH=$HADOOP_HOME/bin:$HADOOP_HOME/sbin:$PATH
```

用 source 使改动生效，加载环境变量。

```
[whzy@master ~]$ source ~/.bash_profile
```

4.3.4 将已经配置好的 Hadoop 复制到其他节点上

将已经配置好的 Hadoop 复制到从节点 Slave 上。

```
[whzy@master ~]$ scp -r /home/whzy/hadoop-2.7.3  whzy@slave:~/
```

4.3.5 创建数据目录

1. 在 Master 节点上操作

在 whzy 的用户主目录下，创建数据目录 hadooptmpdata。

```
[whzy@master ~]$ mkdir /home/whzy/hadooptmpdata
```

2. 在 Slave 节点上操作

```
[whzy@slave ~]$ mkdir /home/whzy/hadooptmpdata
```

4.4 启动 Hadoop 集群

注意：下面所有的操作都使用 whzy 用户。

4.4.1 格式化文件系统

注意：本操作只需要在 Master 节点上执行。仅在第一次启动之前需要格式化，后面启动不需要格式化。

使用命令 hdfs namenode -format 格式化 hdfs 文件系统。

如果输出内容中出现 Storage directory /home/whzy/hadooptmpdata/dfs/name has been successfully formatted，则表示格式化成功，如图 4-45 所示。如果出现 Exception/Error，则表示格式化出了问题。

```
[whzy@master ~]$ hdfs namenode -format
```

```
[whzy@master hadoop]$ hdfs namenode -format
18/10/15 03:31:34 INFO namenode.NameNode: STARTUP_MSG:
/************************************************************
STARTUP_MSG: Starting NameNode
STARTUP_MSG:   host = master/192.168.39.128
STARTUP_MSG:   args = [-format]
STARTUP_MSG:   version = 2.7.3
STARTUP_MSG:   classpath = /home/whzy/hadoop-2.7.3/etc/hadoop:/home/whzy/hadoop-
2.7.3/share/hadoop/common/lib/commons-httpclient-3.1.jar:/home/whzy/hadoop-2.7.3
/share/hadoop/common/lib/curator-recipes-2.7.1.jar:/home/whzy/hadoop-2.7.3/share
/hadoop/common/lib/zookeeper-3.4.6.jar:/home/whzy/hadoop-2.7.3/share/hadoop/comm
on/lib/gson-2.2.4.jar:/home/whzy/hadoop-2.7.3/share/hadoop/common/lib/jettison-1
.1.jar:/home/whzy/hadoop-2.7.3/share/hadoop/common/lib/jersey-core-1.9.jar:/home
/whzy/hadoop-2.7.3/share/hadoop/common/lib/avro-1.7.4.jar:/home/whzy/hadoop-2.7.
3/share/hadoop/common/lib/snappy-java-1.0.4.1.jar:/home/whzy/hadoop-2.7.3/share/
hadoop/common/lib/api-util-1.0.0-M20.jar:/home/whzy/hadoop-2.7.3/share/hadoop/co
mmon/lib/jetty-util-6.1.26.jar:/home/whzy/hadoop-2.7.3/share/hadoop/common/lib/j
ackson-mapper-asl-1.9.13.jar:/home/whzy/hadoop-2.7.3/share/hadoop/common/lib/gua
va-11.0.2.jar:/home/whzy/hadoop-2.7.3/share/hadoop/common/lib/java-xmlbuilder-0.
4.jar:/home/whzy/hadoop-2.7.3/share/hadoop/common/lib/commons-net-3.1.jar:/home/
whzy/hadoop-2.7.3/share/hadoop/common/lib/commons-compress-1.4.1.jar:/home/whzy/
hadoop-2.7.3/share/hadoop/common/lib/jetty-6.1.26.jar:/home/whzy/hadoop-2.7.3/sh
are/hadoop/common/lib/commons-cli-1.2.jar:/home/whzy/hadoop-2.7.3/share/hadoop/c
ommon/lib/log4j-1.2.17.jar:/home/whzy/hadoop-2.7.3/share/hadoop/common/lib/jerse
y-json-1.9.jar:/home/whzy/hadoop-2.7.3/share/hadoop/common/lib/xz-1.0.jar:/home/
```

(a)

```
18/10/15 03:31:38 INFO namenode.FSNamesystem: Retry cache on namenode is enabled
18/10/15 03:31:38 INFO namenode.FSNamesystem: Retry cache will use 0.03 of total
 heap and retry cache entry expiry time is 600000 millis
18/10/15 03:31:38 INFO util.GSet: Computing capacity for map NameNodeRetryCache
18/10/15 03:31:38 INFO util.GSet: VM type       = 64-bit
18/10/15 03:31:38 INFO util.GSet: 0.029999999329447746% max memory 966.7 MB = 29
7.0 KB
18/10/15 03:31:38 INFO util.GSet: capacity      = 2^15 = 32768 entries
18/10/15 03:31:39 INFO namenode.FSImage: Allocated new BlockPoolId: BP-739832306
-192.168.39.128-1539599498945
18/10/15 03:31:39 INFO common.Storage: Storage directory /home/whzy/hadoopdata/d
fs/name has been successfully formatted.
18/10/15 03:31:39 INFO namenode.FSImageFormatProtobuf: Saving image file /home/w
hzy/hadoopdata/dfs/name/current/fsimage.ckpt_0000000000000000000 using no compre
ssion
18/10/15 03:31:39 INFO namenode.FSImageFormatProtobuf: Image file /home/whzy/had
oopdata/dfs/name/current/fsimage.ckpt_0000000000000000000 of size 351 bytes save
d in 0 seconds.
18/10/15 03:31:39 INFO namenode.NNStorageRetentionManager: Going to retain 1 ima
ges with txid >= 0
18/10/15 03:31:39 INFO util.ExitUtil: Exiting with status 0
18/10/15 03:31:39 INFO namenode.NameNode: SHUTDOWN_MSG:
/************************************************************
SHUTDOWN_MSG: Shutting down NameNode at master/192.168.39.128
************************************************************/
```

(b)

图 4-45 格式化文件系统

4.4.2 启动 Hadoop 集群

使用 start-all.sh 可同时启动 hdfs 及 Yarn。

```
[whzy@master ~]$ ~/hadoop-2.7.3/sbin/start-all.sh
```

执行命令后，提示输入 yes/no 时，输入 yes，如图 4-46 所示。

```
[whzy@master ~]$ ~/hadoop-2.7.3/sbin/start-all.sh
This script is Deprecated. Instead use start-dfs.sh and start-yarn.sh
Starting namenodes on [master]
master: starting namenode, logging to /home/whzy/hadoop-2.7.3/logs/hadoop-whzy-n
amenode-master.out
slave: starting datanode, logging to /home/whzy/hadoop-2.7.3/logs/hadoop-whzy-da
tanode-slave.out
Starting secondary namenodes [0.0.0.0]
0.0.0.0: starting secondarynamenode, logging to /home/whzy/hadoop-2.7.3/logs/had
oop-whzy-secondarynamenode-master.out
starting yarn daemons
starting resourcemanager, logging to /home/whzy/hadoop-2.7.3/logs/yarn-whzy-reso
urcemanager-master.out
slave: starting nodemanager, logging to /home/whzy/hadoop-2.7.3/logs/yarn-whzy-n
odemanager-slave.out
```

图 4-46　启动 Hadoop 集群

注意：也可以使用 start-dfs.sh 和 start-yarn.sh 分别启动 hdfs 和 Yarn。

4.5　测试 Hadoop 集群

1. 用 jps 查看进程是否启动

可在每个节点上运行 jps，通过查看运行的进程判断 Hadoop 集群是否启动成功。

在 Master 的终端执行 jps 命令，如果出现了 ResourceManager、Jps、Secondary NameNode 和 NameNode 四个进程，表示主节点进程启动成功，如图 4-47 所示。

在 Slave 的终端执行 jps 命令，如果出现了 NodeManager、DataNode 和 Jps 三个进程，表示从节点进程启动成功，如图 4-48 所示。

```
[whzy@master ~]$ jps
6736 Jps
6485 ResourceManager
6133 NameNode
6332 SecondaryNameNode
```

```
[whzy@slave ~]$ jps
35674 NodeManager
35574 DataNode
35906 Jps
```

图 4-47　Master 节点上的进程　　　　图 4-48　Slave 节点上的进程

2. 运行 pi 实例检查 Hadoop 集群是否部署成功

通过运行 Hadoop 官方提供的示例包 hadoop-mapreduce-examples-2.7.3.jar 中封装的基准测试程序 pi 检查集群是否成功。

执行下面的命令。

```
[whzy@master ~]$ cd ~/hadoop-2.7.3/share/hadoop/mapreduce/
[whzy@master mapreduce]$ hadoop jar ~/hadoop-2.7.3/share/hadoop/mapreduce/hadoop-mapreduce-examples-2.7.3.jar pi 10 10
```

如果得到图 4-49 所示的执行结果，则说明集群已正常启动。

```
Bytes Read=1180
File Output Format Counters
    Bytes Written=97
Job Finished in 156.5 seconds
Estimated value of Pi is 3.20000000000000000000
```

图 4-49　计算 pi

3. 用 Web 界面查看集群是否启动

也可以通过 Web 界面查看集群是否启动，见 4.6 节。

4.6　监控 Hadoop 集群

可以用 Web 界面查看和监控 Hadoop 集群是否启动及运行情况。

在 Master 上启动 Firefox 浏览器，如图 4-50 所示。

注意：虚拟机中的 CentOS 自带有 Firefox 浏览器。

```
[whzy@master ~]$ firefox
```

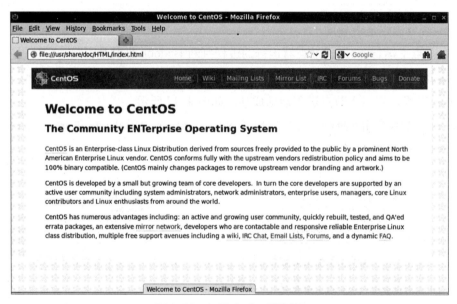

图 4-50　打开 firefox 浏览器

4.6.1　监控 HDFS

1. 监控 NameNode

在浏览器地址栏中输入 http://master:50070/，可检查 NameNode 和 DataNode 是否正常，如图 4-51 所示。如果能看到下图，表示启动成功，并可通过此页面监控 HDFS。

(a)

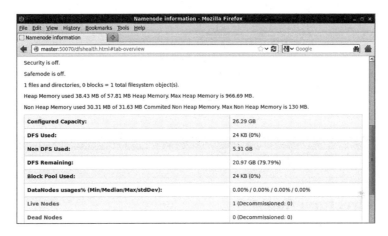

(b)

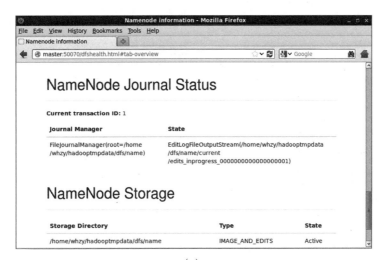

(c)

图 4-51　HDFS 监控页面

其中：

Overview 记录了 NameNode 的启动时间和版本号等基本信息。

Summary 提供了当前集群环境的一些信息。

NameNode Storage 提供了 NameNode 数据存储的路径为 (root=/home/whzy/hadooptmpdata/dfs/name)，State 值为 Active 表示此节点为活动节点，可提供正常服务。

选择 Utilities 选项卡，可以查看 HDFS 的文件系统和日志信息，如图 4-52 所示。

(a)

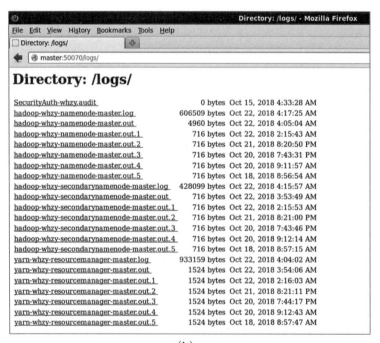

(b)

图 4-52　查看 HDFS 的文件系统和日志信息

2. 监控 DataNode

选择 Datanodes 选项卡，可以查看 DataNode 的基本信息，如图 4-53 所示。

单元 4　Hadoop 集群的部署与管理

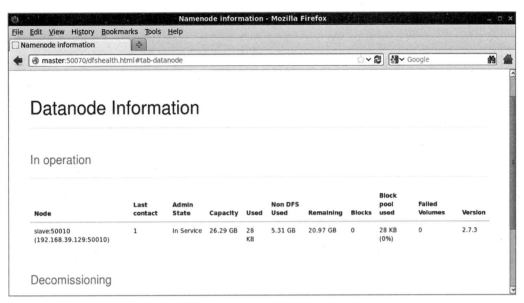

图 4-53　DataNode 监控页面

4.6.2　监控 Yarn

1. 查看 1 个 MapReduce 任务

在 Firefox 浏览器地址栏中输入 http://master:18088/，打开图 4-54 所示集群的资源管理器监控服务主界面，可通过此页面监控 Yarn 是否正常运行。

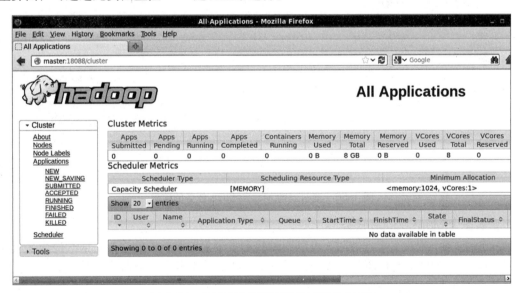

图 4-54　集群的资源管理器监控服务主界面

在左侧窗口中单击 Nodes 选项，如图 4-55 所示，可以查看当前 MapReduce 任务占用集群计算资源的情况。

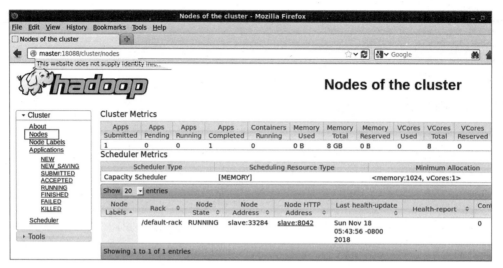

图 4-55 查看当前 MapReduce 任务占用集群计算资源的情况

在左侧窗口中单击 Applications 选项,如图 4-56 所示,可以查看当前 MapReduce 任务的"ID""用户""名称""应用类型""运行状态"等信息。

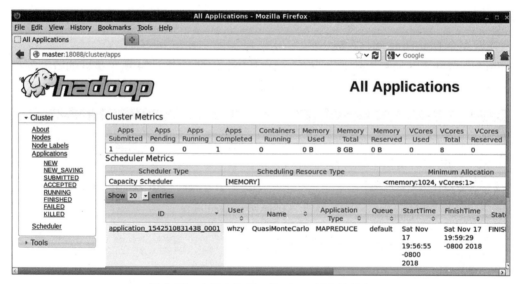

图 4-56 查看当前 MapReduce 任务的信息

2. 查看多个 MapReduce 任务

当要同时向集群提交多个任务时,可以同时启动多个集群服务器的终端,依次提交多个任务,然后使用集群资源管理器监控服务主界面,观察集群的计算资源和任务状态等信息。

3. 中断 MapReduce 任务

如果需要中断某个已提交的 MapReduce 任务,在图 4-56 中单击 ID 号,可以打开作业的执行信息窗口,如图 4-57 所示,在界面中单击 Kill Applications 选项,在弹出的对话框中单击 OK 按钮即可。

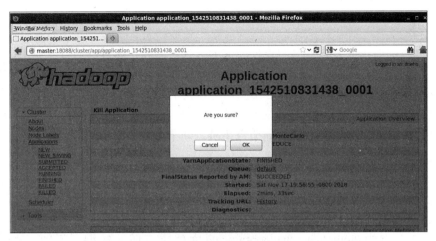

图 4-57　中断 MapReduce 任务

4.7 停止 Hadoop 集群

使用 stop-all.sh 可停止 hdfs 及 Yarn，如图 4-58 所示。

```
[whzy@master ~]$ ~/hadoop-2.7.3/sbin/stop-all.sh
```

```
[whzy@master ~]$ stop-all.sh
This script is Deprecated. Instead use stop-dfs.sh and stop-yarn.sh
Stopping namenodes on [master]
master: stopping namenode
slave: stopping datanode
Stopping secondary namenodes [0.0.0.0]
0.0.0.0: stopping secondarynamenode
stopping yarn daemons
stopping resourcemanager
slave: stopping nodemanager
no proxyserver to stop
[whzy@master ~]$
```

图 4-58　停止 Hadoop 集群

注意：也可以使用 stop-dfs.sh 和 stop-yarn.sh 分别停止 hdfs 和 Yarn。

4.8 动态管理节点

在实际应用中，有时候需要在集群正常工作时增加服务器节点以提高现有集群的整体性能（一般是增加从节点，在 Hadoop 2.x 之后解决了主节点的单点问题，可以增加主节点以保持 HA 即高可用性），这就涉及动态添加节点的问题。

注意：下面的实验是在 Hadoop 集群（包含 Master 和 Slave 两节点）启动的情况下进行的。

本节实验可以在比较熟练掌握集群搭建技能后再完成。

4.8.1 增加节点

添加新节点可以通过配置新节点的各种环境来实现，当然，也可以通过复制解决。

配置新节点的各种环境，包括安装与 Master 和其他 Slave 相同的 Java 环境，JDK 版本要相同。关闭新节点防火墙，因为 Hadoop 集群是在内网环境运行的，可以关闭防火墙。修改新节点的 IP 和主机名对应关系，修改 /etc/hosts 配置文件，定义 IP 与 HostName 的映射。配置新节点 SSH 免密码登录，使得 Master 可以免密码登录到新节点主机。新节点的 Hadoop 目录路径最好和集群的其他节点一样，便于查看和管理。

1. 克隆新节点 Slave2

参照单元 3 中的方法克隆 Slave 虚拟机，命名为 Slave2，存储位置设置为 G:\Slave2，克隆完成后，Slave2 虚拟机会出现在 VMware Workstation 左侧的列表中。

删除 Slave2 节点的 /home/whzy/hadooptmpdata 文件夹下所有数据。否则，Master 无法区别 Slave 节点和 Slave2 节点，删除后，在后面的操作中系统会再次分配一个 ID 号给 Slave2 节点。

```
[whzy@slave2 ~]$ rm -rf hadooptmpdata/*
```

2. 修改配置

主要包括：设置 IP 地址、主机名、绑定 IP 地址与主机名的映射、生成 SSH 与各节点之间的无密码登录、安装 JDK 与 Hadoop、设置配置文件。

注意：这些配置也可以通过复制实现。

（1）修改新节点 Slave2 的主机名，如图 4-59 所示。

```
[whzy@slave ~]$ su root
Password:
[root@slave whzy]# vi /etc/sysconfig/network
[root@slave whzy]# hostname slave2
[root@slave whzy]# su whzy
[whzy@slave2 ~]$ hostname
```

```
[whzy@slave2 ~]$ hostname
slave2
```

图 4-59 使主机名修改生效

（2）修改新节点 Slave2 的主机名列表，增加 Slave2 的主机名与 IP。

```
[whzy@slave2 ~]$ su root
Password:
[root@slave2 whzy]#  vi /etc/hosts
```

文件 /etc/hosts 中原有以下两行：

```
192.168.131.133    master
192.168.131.136    slave
```

将下面一行添加到文件中：

```
192.168.131.137    slave2
```

(3) 分别在 Master 节点和其他从节点（这里是 Slave）上修改主机名列表，将下面一行添加到 /etc/hosts 文件中：

```
192.168.131.137    slave2
[root@master whzy]# vi /etc/hosts
[root@slave whzy]# vi /etc/hosts
```

(4) 配置 Master 节点无密码登录到新节点 Slave2。

在 Master 节点上将 authorized_keys 文件复制到 Slave2 节点，如图 4-60 所示。

```
[whzy@master .ssh]$ scp ~/.ssh/authorized_keys whzy@slave2:~/
```

```
[whzy@master .ssh]$ scp ~/.ssh/authorized_keys whzy@slave2:~/
authorized_keys                          100%  393     0.4KB/s   00:00
[whzy@master .ssh]$
```

图 4-60　复制 authorized_keys 文件到 Slave2 节点

在 Slave2 终端生成密钥，将 authorized_keys 文件移动到 .ssh 目录，修改 authorized_keys 文件的权限，如图 4-61 所示。

```
[whzy@slave2 ~]$ ssh-keygen -t rsa
[whzy@slave2 ~]$ mv authorized_keys ~/.ssh/
[whzy@slave2 ~]$ cd ~/.ssh
[whzy@slave2 .ssh]$ chmod 600 authorized_keys
```

```
[whzy@slave2 ~]$ ssh-keygen -t rsa
Generating public/private rsa key pair.
Enter file in which to save the key (/home/whzy/.ssh/id_rsa):
/home/whzy/.ssh/id_rsa already exists.
Overwrite (y/n)? y
Enter passphrase (empty for no passphrase):
Enter same passphrase again:
Your identification has been saved in /home/whzy/.ssh/id_rsa.
Your public key has been saved in /home/whzy/.ssh/id_rsa.pub.
The key fingerprint is:
03:a2:8a:db:8a:6b:e8:3c:bc:16:d1:3a:45:ba:97:26 whzy@slave2
The key's randomart image is:
+--[ RSA 2048]----+
|                 |
|       .         |
|    + ..         |
|   o + . .       |
|    * .   S      |
|   .E +   .      |
|   = *           |
|   +B            |
|   O*+           |
+-----------------+
[whzy@slave2 ~]$ mv authorized_keys ~/.ssh/
[whzy@slave2 ~]$ cd ~/.ssh
[whzy@slave2 .ssh]$ chmod 600 authorized_keys
[whzy@slave2 .ssh]$
```

图 4-61　在 Slave2 终端生成密钥

在 Master 终端上验证免密钥登录，如图 4-62 所示。

```
[whzy@master .ssh]$ ssh slave2
```

```
[whzy@master .ssh]$ ssh slave2
Last login: Fri Dec 21 06:01:47 2018 from master
[whzy@slave2 ~]$
```

图 4-62　在 Master 终端上验证免密钥登录

3. 在新节点 Slave2 上启动服务

集群增加了新节点之后，不需要关闭整个集群然后重启。可以单独启动新增加的节点，实现新节点动态加入，如图 4-63 所示。

（1）启动 DataNode 进程。

```
[whzy@slave2 sbin]$ ./hadoop-daemon.sh start datanode
```

```
[whzy@slave2 sbin]$ hadoop-daemon.sh start datanode
starting datanode, logging to /home/whzy/hadoop-2.7.3/logs/hadoop-whzy-datanode-slave2.out
```

图 4-63　启动新节点

（2）启动 NodeManager 进程，如图 4-64 所示。

```
[whzy@slave2 sbin]$ ./yarn-daemon.sh start nodemanager
```

```
[whzy@slave2 sbin]$ ./yarn-daemon.sh start nodemanager
starting nodemanager, logging to /home/whzy/hadoop-2.7.3/logs/yarn-whzy-nodemanager-slave2.out
```

图 4-64　启动 NodeManager 进程

4. 测试新节点 Slave2 是否成功添加到 Hadoop 集群中

（1）在节点 Slave2 上，用 jps 查看 Slave2 的相关进程是否启动，如图 4-65 所示。

```
[whzy@slave2 sbin]$ jps
```

```
[whzy@slave2 sbin]$ jps
3808 Jps
3635 NodeManager
3532 DataNode
```

图 4-65　查看 Slave2 的进程

（2）在 Master 上，通过网页 http://master:50070 查看当前集群信息，可以看到 Live Nodes 的数量，如果增加了新节点数，说明添加成功。如图 4-66 所示，可以发现 Slave2 已经加入集群。

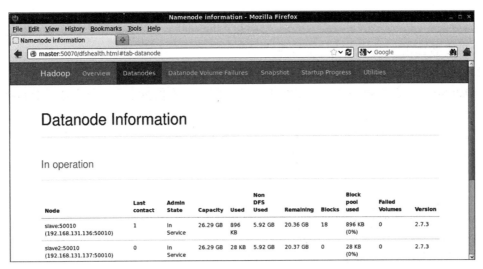

图 4-66　查看当前集群信息

（3）在 Master 上使用 pi 实例检查。

```
[whzy@master ~]$ cd ~/hadoop-2.7.3/share/hadoop/mapreduce/
[whzy@master mapreduce]$ hadoop jar ~/hadoop-2.7.3/share/hadoop/mapreduce/hadoop-mapreduce-examples-2.7.3.jar pi 10 10
```

在计算期间，查看 Slave2 的进程，如图 4-67 所示，可以看到出现了很多 YarnChild 进程，这说明 Slave2 已经分配到任务，并开始工作。

最后计算得到的 Pi 值如下，说明计算成功。

```
Estimated value of Pi is 3.20000000000000000000
```

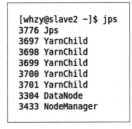

5. 在 Master 节点上刷新节点配置情况

这个命令可以动态刷新 dfs.hosts 和 dfs.hosts.exclude 配置，无须重启 NameNode，如图 4-68 所示。

图 4-67　查看 Slave2 的进程

```
[whzy@master bin]$ hdfs dfsadmin  -refreshNodes
SLF4J: Class path contains multiple SLF4J bindings.
SLF4J: Found binding in [jar:file:/home/whzy/hadoop-2.7.3/share/hadoop/common/lib/slf4j-log4j12-1.7.10.jar!/org/slf4j/impl/StaticLoggerBinder.class]
SLF4J: Found binding in [jar:file:/home/whzy/hbase-1.2.6/lib/slf4j-log4j12-1.7.5.jar!/org/slf4j/impl/StaticLoggerBinder.class]
SLF4J: See http://www.slf4j.org/codes.html#multiple_bindings for an explanation.
SLF4J: Actual binding is of type [org.slf4j.impl.Log4jLoggerFactory]
Refresh nodes successful
[whzy@master bin]$
```

图 4-68　在 Master 节点上刷新节点配置情况

dfs.hosts：列出了允许连入 NameNode 的 DataNode 清单（IP 或者机器名）。

dfs.hosts.exclude：列出了禁止连入 NameNode 的 DataNode 清单（IP 或者机器名）。

使用该命令可以很方便地退役一批 DataNode，这些 DataNode 的状态将由 in service 变成 Decommission。

```
[whzy@master bin]$ hdfs dfsadmin  -refreshNodes
```

6. 集群负载均衡

负载均衡的作用是当节点出现故障或新增加节点时,数据块可能分布不均匀,负载均衡可重新平衡各个 DataNode 上数据块的分布,使得所有节点数据和负载能处于一个相对平均的状态。如果不进行负载均衡,那么集群会把新的数据都存放在新节点上,这样会降低 MapReduce 的工作效率。

在新节点 Slave2 上执行 start-balancer.sh,如图 4-69 所示。

```
[whzy@slave2 sbin]$ start-balancer.sh
```

```
[whzy@slave2 sbin]$ start-balancer.sh
starting balancer, logging to /home/whzy/hadoop-2.7.3/logs/hadoop-whzy-balancer-
slave2.out
Time Stamp               Iteration#  Bytes Already Moved  Bytes Left To Move  By
tes Being Moved
[whzy@slave2 sbin]$
```

图 4-69 在新节点 Slave2 上执行 start-balancer.sh

注意:如果是增加了多个节点,只需在一个新节点上执行此命令。

执行 bin/start-balancer.sh,可加参数 -threshold 5。threshold 是平衡阈值,默认是 10%,值越低,各节点越平衡,但消耗时间也更长。

注意:按照上述方法添加节点 Slave3。

4.8.2 删除节点

在实际生产应用中,有时会存在某个节点或某些节点因为某种原因而停止服务或者宕机的情况,Hadoop 会通过一定的感知机制得到这些停止服务的节点信息,从而通过其他节点获取文件(前提是所设置的副本数量≥2,默认值为3)。

如果正在运行的 Hadoop 集群中某个节点出现了问题,需要将其删除,同时集群不能停止工作。

通过 Master 节点删除 Slave2 节点:

(1) 创建增加或删除节点文件 excludes。

```
[whzy@master ~]$ touch hadoop-2.7.3/etc/hadoop/excludes
```

编辑文件 excludes,将要删除的节点主机名 Slave2 写入其中。

```
[whzy@master ~]$ vi hadoop-2.7.3/etc/hadoop/excludes
slave2
```

(2) 修改配置文件 hdfs-site.xml:

```
[whzy@master hadoop-2.7.3]$ vi ~/hadoop-2.7.3/etc/hadoop/hdfs-site.xml
```

将下面的代码追加到文件 hdfs-site.xml 中。

```
<property>
  <name>dfs.hosts.exclude</name>
  <value>/home/whzy/hadoop-2.7.3/etc/hadoop/excludes</value>
```

```
    <final>true</final>
</property>
```

（3）修改配置文件 mapred-site.xml。

```
[whzy@master hadoop-2.7.3]$ vi ~/hadoop-2.7.3/etc/hadoop/mapred-site.xml
```

将下面的代码追加到文件 mapred-site.xml 中。

```
<property>
    <name>mapreduce.hosts.exclude</name>
    <value>/home/whzy/hadoop-2.7.3/etc/hadoop/excludes</value>
    <final>true</final>
</property>
```

（4）强制重新加载配置。

```
[whzy@master ~]$ hdfs dfsadmin  -refreshNodes
```

（5）验证节点是否被删除（见图 4-70）。

```
[whzy@master ~]$ hdfs dfsadmin  -report
```

```
Name: 192.168.245.131:50010 (slave2)
Hostname: slave2
Decommission Status : Decommissioned
Configured Capacity: 28224729088 (26.29 GB)
DFS Used: 32768 (32 KB)
Non DFS Used: 7022993408 (6.54 GB)
DFS Remaining: 21201702912 (19.75 GB)
DFS Used%: 0.00%
DFS Remaining%: 75.12%
Configured Cache Capacity: 0 (0 B)
Cache Used: 0 (0 B)
Cache Remaining: 0 (0 B)
Cache Used%: 100.00%
Cache Remaining%: 0.00%
Xceivers: 1
Last contact: Sun May 05 05:36:47 PDT 2019
```

图 4-70　hdfs dfsadmin -report 命令

如图 4-70 所示，可以查看到现在集群上连接的节点正在执行 Decommission，系统会显示：

```
Decommission Status:Decommission in progress
```

执行完毕后，会显示：

```
Decommission Status:Decommissioned
```

表示 Slave2 节点已经断开连接。

通过计算 Pi 值来验证，结果正确。

（6）通过网页验证。打开网页 http://master:50070，如图 4-71 所示，可以看到 Slave2 的连接已经断开，管理状态是停止使用。

slave:50010 (192.168.245.129:50010)	0	In Service	26.29 GB	283.64 MB	6.54 GB	19.47 GB	38	283.64 MB (1.05%)
slave2:50010 (192.168.245.131:50010)	2	Decommissioned	26.29 GB	32 KB	6.54 GB	19.75 GB	0	32 KB (0%)

图 4-71 查看 Slave2 节点的连接状态

(7) 重新添加 Slave2 节点。如果后面需要重新将 Slave2 节点添加到集群中时，只需要将 exclude 文件中的主机名 Slave2 删除，然后刷新节点即可。

```
[whzy@master ~]$ hadoop dfsadmin  -refreshNodes
```

打开网页 http://master:50070，如图 4-72 所示，可以看到 Slave2 的连接再次建立，管理状态是在服务中。

slave:50010 (192.168.245.129:50010)	2	In Service	26.29 GB	283.64 MB	6.54 GB	19.47 GB	38	283.64 MB (1.05%)
slave2:50010 (192.168.245.131:50010)	1	In Service	26.29 GB	32 KB	6.54 GB	19.75 GB	0	32 KB (0%)

图 4-72 再次查看 Slave2 节点的连接状态

4.9 Hadoop 的命令

使用 --help 可以列出 Hadoop 全部命令及其用法，如图 4-73 所示。

```
[whzy@master ~]$ hadoop --help
```

```
[whzy@master ~]$ hadoop --help
Usage: hadoop [--config confdir] [COMMAND | CLASSNAME]
  CLASSNAME            run the class named CLASSNAME
 or
  where COMMAND is one of:
  fs                   run a generic filesystem user client
  version              print the version
  jar <jar>            run a jar file
                       note: please use "yarn jar" to launch
                             YARN applications, not this command.
  checknative [-a|-h]  check native hadoop and compression libraries availability
  distcp <srcurl> <desturl> copy file or directories recursively
  archive -archiveName NAME -p <parent path> <src>* <dest> create a hadoop archive
  classpath            prints the class path needed to get the
  credential           interact with credential providers
                       Hadoop jar and the required libraries
  daemonlog            get/set the log level for each daemon
  trace                view and modify Hadoop tracing settings
```

图 4-73 Hadoop --help 命令执行的结果

例如，可使用 hadoop version 查询 Hadoop 版本，查询结果如图 4-74 所示。

```
[whzy@master ~]$ hadoop version
```

```
[whzy@master ~]$ hadoop version
Hadoop 2.7.3
Subversion https://git-wip-us.apache.org/repos/asf/hadoop.git -r baa91f7c6bc9cb9
2be5982de4719c1c8af91ccff
Compiled by root on 2016-08-18T01:41Z
Compiled with protoc 2.5.0
From source with checksum 2e4ce5f957ea4db193bce3734ff29ff4
This command was run using /home/whzy/hadoop-2.7.3/share/hadoop/common/hadoop-co
mmon-2.7.3.jar
[whzy@master ~]$
```

图 4-74 hadoop version 命令执行的结果

习题

1. 下列是 Hadoop 运行模式的是（　　）。
   A. 单机版　　　　　　B. 伪分布式　　　　　C. 分布式　　　　　D. 以上都是
2. 搭建 Hadoop 集群的步骤是（　　）。
   ①克隆虚拟机；②配置 SSH 免密码登录；③格式化；④修改配置文件；⑤配置时间同步服务
   A. ④①②⑤③　　　B. ③②①⑤④　　　C. ⑤①③②④　　　D. ②⑤④①③
3. 配置主机名和 IP 地址映射的文件位置是（　　）。
   A. /home/hosts　　　B. /usr/local/hosts　　　C. /etc/host　　　D. /etc/hosts
4. 在（　　）配置文件中可以修改文件块的副本数。
   A. hdfs-site.xml　　　B. slaves　　　C. core-site.xml　　　D. Hadoop-env.sh
5. yarn-site.xml 文件的作用是（　　）。
   A. 配置 MapReduce 框架　　　　　　B. 配置 Hadoop 的 HDFS 系统的名称
   C. 配置 YARN 框架　　　　　　　　D. 保存子节点信息
6. YARN 监控的默认端口是（　　）。
   A. 50070 端口　　　B. 8088 端口　　　C. 19888 端口　　　D. 8080 端口
7. 启动集群的顺序为（　　）。
   ① start-dfs.sh；② start-yarn.sh；③ mr-jobhistory-daemon.sh start historyserver
   A. ①②③　　　B. ②①③　　　C. ③②①　　　D. ③①②
8. 关闭集群的顺序为（　　）。
   ① stop-dfs.sh；② stop-yarn.sh；③ mr-jobhistory-daemon.sh stop historyserver
   A. ①②③　　　B. ②①③　　　C. ③②①　　　D. ③①②
9. 默认端口 50070 的作用是（　　）。
   A. 查看 HDFS 监控　　　B. 查看 YARN 监控　　　C. 查看日志监控　　　D. 不确定
10. 什么是计算机集群？
11. 计算机集群有哪些种类？各有什么特点？
12. Hadoop 的运行模式有哪些？
13. 操作题：实现 Hadoop 的伪分布式环境的搭建。

对照教材完全分布式模式下的环境配置内容，修改 Hadoop 的配置文件 core-site.xml 和 hdfs-site.xml 等文件，使之运行于伪分布模式之下。启动 Hadoop 集群后，查看其工作状态。

单元 5

Hadoop 分布式文件系统 HDFS

学习目标

- 理解 Hadoop 分布式文件系统 HDFS 的基本概念,掌握大数据处理"大而化小、分而治之"的基本原则。
- 理解 HDFS 的体系结构、存储原理和读写过程。
- 熟练掌握 HDFS Shell 常用命令的使用方法。
- 能安装与配置 Eclipse 集成开发环境。
- 掌握使用 HDFS 提供的、常用的 Java API 进行 HDFS 文件操作的方法。

5.1 HDFS 概述

5.1.1 HDFS 简介

1. 分布式文件系统的定义

分布式文件系统(Distributed File System,DFS)是指文件系统管理的物理存储资源不一定直接连接在本地节点上,而是通过计算机网络与节点相连。分布式文件系统的设计基于客户机/服务器模式。通常,一个分布式文件系统提供多个供用户访问的服务器。另外,对等特性允许一些系统扮演客户机和服务器的双重角色。

分布式文件系统一般都基于操作系统的本地文件系统,一般都会提供备份和容错的功能。

2. Hadoop 分布式文件系统的定义

Hadoop 分布式文件系统(HDFS)被设计成适合运行在通用硬件上的分布式文件系统。它和现有的分布式文件系统有很多共同点,但同时,两者的区别也是很明显的。HDFS 是一个高度容错性的系统,适合部署在廉价的机器上。HDFS 能提供高吞吐量的数据访问,非常适合大规模数据集上的应用。HDFS 放宽了一部分 POSIX 约束,来实现流式读取文件系统数据的目的。所以,HDFS

具有高容错、高可靠、可扩展、高吞吐量等特征。HDFS 为大数据存储和处理提供了强大的底层存储架构，为大数据平台其他所有组件提供了最基本的存储功能。

最开始 HDFS 是作为 Apache Nutch 搜索引擎项目的基础架构而开发的。HDFS 是 Apache Hadoop Core 项目的一部分。

3. HDFS 的优缺点

HDFS 的主要优点如下：

（1）运行于廉价的商用机器集群上，兼容廉价的硬件设备，无须运行在昂贵的高可用性机器上，这样可以降低成本。

（2）支持超大文件（TB 量级以上）和大量文件的存储，总存储量可以达到 PB、EB 级。

（3）支持流数据读写。HDFS 的设计建立在"一次写入、多次读写"的基础上，它将数据写入严格限制为一次只能写入一个数据，支持追加（append）操作，但无法更改已写入数据。

（4）侧重高吞吐量的数据访问，可以容忍数据访问的高延迟。HDFS 适合用于处理批量数据。

（5）以数据为中心。

（6）强大的跨平台兼容性。

HDFS 的主要缺点如下：

（1）不适合低延迟数据访问。

（2）无法高效存储大量小文件。

（3）不支持多用户写入，不适合用于随机定位访问。

5.1.2 HDFS 的体系结构

HDFS 采用 Master/Slave 结构模型，如图 5-1 所示。一个 HDFS 集群是由一个 NameNode 和若干个 DataNode 组成的。NameNode 是存储集群的主服务器，执行文件系统的命名空间操作（如打开、关闭、重命名文件或目录等），也负责数据块到具体 DataNode 的映射。HDFS 允许用户以文件的形式存储数据。从内部来看，文件被分成若干个数据块，而且这若干个数据块存放在一组 DataNode 上，DataNode 节点可分布在不同的机架。在 NameNode 的统一调度下，DataNode 负责处理文件系统客户端的读/写请求，完成数据块的创建、删除和复制。HDFS 的辅助元数据节点（Secondary NameNode）辅助 NameNode 处理事务日志和镜像文件。

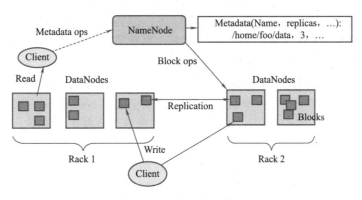

图 5-1　HDFS 体系结构

各组件的功能如下：

（1）Client：负责与 NameNode 交互，获取文件位置信息；与 DataNode 交互，读取或者写入数据；文件切分；管理 HDFS；访问 HDFS。

HDFS 提供了类似 Shell 的命令行方式访问 HDFS 中的数据，也提供了 Java API 作为应用程序访问文件系统的客户端编程接口。

（2）名称节点（NameNode）：该节点又称元数据节点。主要负责管理分布式文件系统的命名空间、集群配置信息和存储块的复制等。NameNode 会将文件系统的 Meta-data 存储在内存中，这些信息主要包括了文件信息、每一个文件对应的数据块信息和每一个数据块在 DataNode 的存储位置等。

（3）数据节点（DataNode）：存储实际的数据块，执行数据块读/写。DataNode 是文件存储的基本单元，它将 Block 存储在本地文件系统中，保存了 Block 的 Meta-data，同时周期性地将所有存在的 Block 信息发送给 NameNode。

（4）第二名称节点（SecondaryNameNode）：分担 NameNode 的工作量；定期合并 Fsimage 和 fsedits，并推送给 NameNode。SecondaryNameNode 并非 NameNode 的热备份，但在紧急情况下，可辅助恢复 NameNode。

5.1.3 HDFS 的概念

1. 块

HDFS 的存储策略是把大数据文件分块并存储在不同的 DataNode 上，通过 NameNode 管理文件分块存储信息。

数据块是磁盘进行数据读/写操作的最小单元。HDFS 系统当前默认的数据块大小是 128 MB（注意：老版本默认为 64 MB）。因而，HDFS 中的文件总是按照 128 MB 被切分成不同的数据块，以块作为存储单位存储于不同的 DataNode 中。

和普通文件系统不同的是，当文件长度小于一个数据块的大小时，该文件是不会占用整个数据块的存储空间的。

HDFS 采用抽象的块概念而非整个文件可以带来以下几个明显的好处：

（1）支持大规模文件存储：一个文件的大小不会受到单个节点的存储容量的限制，通过集群扩展能力可以存储大于网络中任意一个磁盘容量的任意大小文件。

（2）简化系统设计：首先，大大简化了存储管理，因为文件块大小是固定的，这样就可以很容易地计算出一个节点可以存储多少文件块；其次，方便了元数据的管理，元数据不需要和文件块一起存储，可以由其他系统负责管理元数据。

（3）便于数据备份和数据容错，提高了系统可用性。HDFS 默认将文件块副本数设定为 3 份，分别存储在集群不同的节点上。当一个块损坏时，系统会通过 NameNode 获取元数据信息，在其他机器上读取一个副本并自动进行备份，以保证副本的数量维持在正常水平。

2. 名称节点

HDFS 的命名空间（NameSpace）包含目录、文件和块。

名称节点（NameNode）管理文件系统的命名空间，并将所有的文件和目录的元数据保存到 Linux 本地文件系统的目录（由 dfs.namenode.name.dir 参数指定）中，这些信息采用文件命名空间镜像及编辑日志（Edits）方式进行保存，如图 5-2 所示。

```
hadoop@master:~/hadoop-2.7.2/sbin$ cd ~/dfs/name/current/
hadoop@master:~/dfs/name/current$ ls
edits_0000000000000000001-0000000000000000001
edits_0000000000000000002-0000000000000000003
edits_0000000000000000004-0000000000000000006
edits_0000000000000000007-0000000000000000008
edits_0000000000000000009-0000000000000000010
edits_0000000000000000011-0000000000000000011
edits_0000000000000000012-0000000000000000013
edits_0000000000000000014-0000000000000000015
edits_0000000000000000016-0000000000000000016
edits_0000000000000000017-0000000000000000017
edits_inprogress_0000000000000000018
fsimage_0000000000000000016
fsimage_0000000000000000016.md5
fsimage_0000000000000000017
fsimage_0000000000000000017.md5
seen_txid
VERSION
```

图 5-2　名称节点的文件系统的命名空间

此外，NameNode 节点还保存了一个文件，该文件信息中包括哪些数据块以及这些数据块分布在哪些 DataNode 之中。但这些信息并不永久存储于本地文件系统，而是保存在内存中，在 NameNode 启动时从各个 DataNode 收集而成。

1）名称节点的数据结构

在 HDFS 中，NameNode 通过 FsImage 和 Edits 两个核心数据结构管理分布式文件系统的命名空间。客户端对文件系统元数据的任何修改操作，都会被 NameNode 记录下来，保存到 Edits 事务日志文件中。

（1）FsImage 用于维护文件系统树以及文件树中所有文件和文件夹的元数据。

FsImage 文件包含文件系统中所有目录和文件 inode 的序列化形式。每个 inode 是一个文件或目录的元数据的内部表示，并包含文件的复制等级、修改和访问时间、访问权限、块大小以及组成文件的块等信息。对于目录，则存储修改时间、权限和配额元数据。

FsImage 文件没有记录块存储在哪个数据节点。而是由名称节点把这些映射保留在内存中，当数据节点加入 HDFS 集群时，数据节点会把自己所包含的块列表告知给名称节点，此后会定期执行这种告知操作，以确保名称节点的块映射是最新的。

（2）操作日志文件 Edits 用于记录所有针对文件的创建、删除、重命名等操作。

2）名称节点的工作过程

（1）名称节点启动时，将 FsImage 文件中的内容加载到内存中，之后再执行 Edits 文件中的各项操作，使得内存中的元数据和实际的同步（此时 HDFS 系统处于安全模式状态），存在内存中的元数据支持客户端的读操作。一旦在内存中成功建立文件系统元数据的映射，则创建一个新的 FsImage 文件和一个空的 Edits 文件。

（2）在名称节点运行期间，HDFS 的所有更新操作都是直接写到 Edits 中，Edits 文件将会不断变大。

当 Edits 文件非常大的时候，会导致名称节点启动操作非常慢，而在这段时间内 HDFS 系统处于安全模式，一直无法对外提供写操作，影响了用户的使用。

解决这个问题的方法是引入 SecondaryNameNode。

3. 第二名称节点

1）SecondaryNameNode 的作用

第二名称节点（SecondaryNameNode）又称辅助元数据节点或辅助名称节点，一般单独运行在一台机器上，并且它的内存需求和 NameNode 是一样的。

Secondary NameNode 的作用是周期性地将 NameNode 的镜像文件 FsImage 和日志文件 Edits 合并，以此来控制 Edits 的文件大小在合理范围，防止日志文件过大。这样可以缩短集群重启时 NameNode 重建 FsImage 的时间，从而减少名称节点重启的时间。

2）SecondaryNameNode 的工作过程

（1）SecondaryNameNode 会定期和 NameNode 通信，请求其停止使用 Edits 文件，暂时将新的写操作写到一个新的文件 edit.new 上来，这个操作是瞬间完成的，上层写日志的函数完全感觉不到差别，如图 5-3 所示。

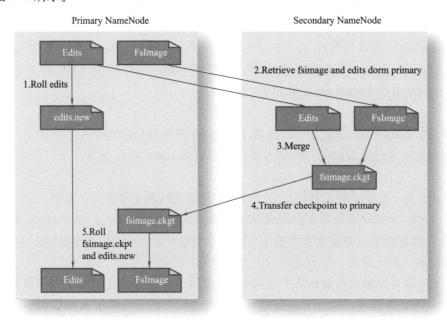

图 5-3　元数据持久化的过程

（2）SecondaryNameNode 通过 HTTP GET 方式从 NameNode 上获取到 FsImage 和 Edits 文件，并下载到本地的相应目录下。

（3）SecondaryNameNode 将下载的 FsImage 载入内存，然后一条一条地执行 Edits 文件中的各项更新操作，使得内存中的 FsImage 保持最新，这个过程就是 Edits 和 FsImage 文件合并。Secondary NameNode 根据配置好的策略（由 fs.checkpoint.period 和 fs.checkpoint.size 参数指定）决定多久做一次合并。

（4）SecondaryNameNode 执行完操作（3）之后，会通过 post 方式将新的 FsImage 文件发送到 NameNode 节点上。

（5）NameNode 将从 SecondaryNameNode 接收到的新的 FsImage 替换旧的 FsImage 文件，同时将 edit.new 替换 Edits 文件，通过这个过程 Edits 就变小了。

合并后的 FsImage 文件也在 Secondary NameNode 中保存一份,以便在 NameNode 中的镜像文件失败时进行恢复。

注意： Secondary NameNode 并不是 NameNode 出现问题时的备份节点。在 NameNode 硬盘损坏的情况下,Secondary NameNode 也可用作数据恢复,但不能恢复全部数据。

4. 数据节点

数据节点（DataNode）是分布式文件系统 HDFS 的工作节点,负责数据的存储和读取,完成计算任务,会根据客户端或者是名称节点的调度进行数据的存储和检索,并且向名称节点定期发送自己所存储的块的列表和心跳信息。

在客户端向 HDFS 写入文件时,大数据文件将被切分为多个数据块,为了保证 HDFS 的高吞吐量,NameNode 将这些数据块的存储任务指派给不同的 DataNode。每个 DataNode 在授受任务之后直接从客户端接收数据,经加密后写入本地 Linux 文件系统的相应目录（由 dfs.datanode.data.dir 参数指定）中。

5.1.4 HDFS 的存储原理

1. 副本冗余存储策略

为了保证系统的容错性和可用性,HDFS 采用了多副本方式对数据进行冗余存储。HDFS 默认保存 3 个副本。

通常一个数据块的多个副本会被分布到不同的数据节点上,其存储策略如下。

（1）第一个副本放置在上传文件的数据节点。如果是集群外提交,则随机挑选一台磁盘不太满、CPU 不太忙的节点。

（2）第二个副本放置在与第一个副本不同的机架的节点上。

（3）第三个副本放置在与第一个副本相同机架的其他节点上。

（4）第四个以上副本随机放置在其他节点上。

2. 机架感知策略

Hadoop 集群节点分布在不同的机架上,同一机架上节点往往通过同一网络交换机连接,在网络带宽方面比跨机架通信有较大优势。但若某一文件数据块的副本同时存储在同一机架上,可能会由于电力或网络故障,导致文件不可用。

HDFS 会尽量让后台读取程序读取离它最近的副本。如果在读取程序所在的同一个机架上有一个副本,那么就读取该副本。当 HDFS 集群跨越多个数据中心时,系统将首先读取本地数据中心的副本。

副本的存放是 HDFS 可靠性和性能的关键。优化的副本存放策略是 HDFS 区分于其他大部分分布式文件系统的重要特性。这种特性需要做大量的调优,并需要经验的积累。HDFS 采用一种称为机架感知（Rack-Aware）的策略来改进数据的可靠性、可用性和网络带宽的利用率。

通过机架感知,NameNode 可确定每个 DataNode 所属的机架 ID,HDFS 会把副本放在不同的机架上。

大型 HDFS 一般运行在跨越多个机架的服务器组成的集群上,不同机架上的两台服务器之间的通信需要经过交换机,D_1 和 D_2 表示不同数据中心（其实就是交换机）,$R_1 \sim R_4$ 表示不同机架（其实还是交换机）,$H_1 \sim H_{12}$ 表示不同的 DataNode,则 H_1 的 rack_id=/D_1/R_1/H_1,如图 5-4 所示。

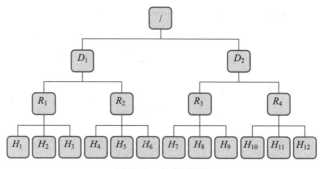

图 5-4 机架感知

通过机架感知，处于工作状态的 HDFS 总是设法确保数据块的 3 个副本（或更多副本）中至少有 2 个在同一机架，至少有 1 个处在不同机架（至少处在 2 个机架上）。

HDFS 系统的机架感知策略的优势是防止由于某个机架失效导致数据丢失，并允许读取数据时充分利用多个机架的带宽。

5.1.5　HDFS 文件的读写过程

HDFS 首先把大数据文件切分成若干个更小的数据块，再把这些数据块分别写入不同 DataNode 节点之中。

1. HDFS 文件的读过程

当客户端需要读某个文件时，客户端先向 NameNode 发送数据读操作请求，并通过 NameNode 获得组成该文件的数据块的位置列表，从而知道每个数据块存储在哪些机架的哪些 DataNode 之中。然后客户端直接从这些 DataNode 读取文件数据。在读数据过程中，NameNode 不参与文件的传输，如图 5-5 所示。

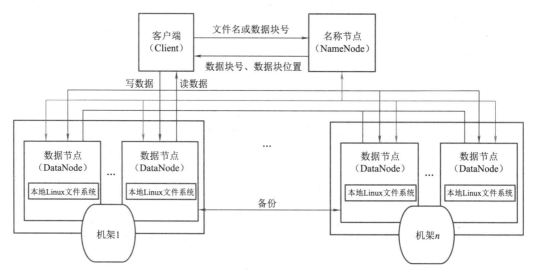

图 5-5　HDFS 文件的读写过程

2. HDFS 文件的写过程

当客户端需要把数据写入一个文件时，首先向 NameNode 发送数据写操作请求，包括文件名和目标路径等部分元数据信息。然后，NameNode 告诉客户端到哪个机架的哪个数据节点进行具体的数据写入操作。最后，客户端直接将文件数据传输给 DataNode，由 DataNode 的后台程序负责把数据保存到 Linux 的本地文件系统之中。在写过程中，NameNode 也不参与文件的传输。

可见，如果某个 DataNode 因软硬件故障而出现宕机问题，HDFS 集群依然可以继续运行。但是，一旦 NameNode 服务器宕机，整个系统将无法运行，即出现"单点故障"问题。

5.1.6 HDFS 高可用性

在 Hadoop 1.x 版本中，NameNode 存在着"单点故障"问题。如果 NameNode 失效了，那么所有基于 HDFS 的客户端读写文件操作均无法完成，因为 NameNode 是唯一存储元数据与文件到数据块映射的地方。而从一个失效的 NameNode 中恢复的步骤繁多、恢复时间太长。

Hadoop 2.x 版本通过在 HDFS 中增加了对高可用性的支持来解决"单点故障"问题。其基本思路就是配置了一对活动—备用 NameNode。当活动 NameNode 失效时，备用 NameNode 就会接管它的任务并开始服务于来自客户端的请求，不会有任何明显中断。HDFS 高可用性体系结构如图 5-6 所示。

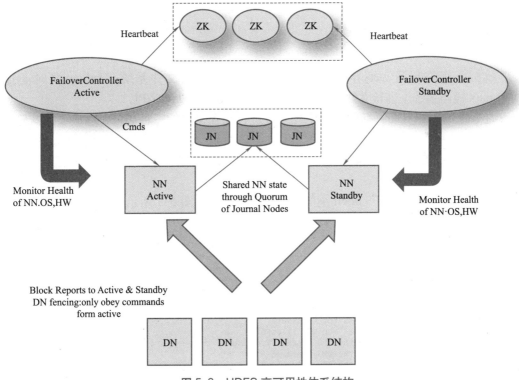

图 5-6　HDFS 高可用性体系结构

各组件的功能如下。

（1）Active NameNode 和 Standby NameNode：两台 NameNode 形成互备，一台处于 Active 状态，为主 NameNode，另外一台处于 Standby 状态，为备 NameNode，只有主 NameNode 才能对外提供读写服务。

(2) 主备切换控制器又称故障转移控制器（ZKFailoverController）：ZKFailoverController 作为独立的进程运行，对 NameNode 的主备切换进行总体控制。ZKFailoverController 能及时检测到 NameNode 的健康状况，在主 NameNode 故障时借助 ZooKeeper 实现自动的主备选举和切换。

(3) ZooKeeper 集群：为主备切换控制器提供主备选举支持。

(4) 共享存储系统：共享存储系统是实现 NameNode 的高可用最为关键的部分，共享存储系统保存了 NameNode 在运行过程中所产生的 HDFS 的元数据。主 NameNode 和备 NameNode 通过共享存储系统实现元数据同步。在进行主备切换时，新的主 NameNode 在确认元数据完全同步之后才能继续对外提供服务。

(5) DataNode 节点：除了通过共享存储系统共享 HDFS 的元数据信息之外，主 NameNode 和备 NameNode 还需要共享 HDFS 的数据块和 DataNode 之间的映射关系。DataNode 会同时向主 NameNode 和备 NameNode 上报数据块的位置信息。

注意：运行 Active NN 和 Standby NN 的机器需要相同的硬件配置。

5.2 用命令方式实现 HDFS 常用操作

5.2.1 HDFS 的基本命令

除了前面介绍的利用 Web 界面可以查看和管理 Hadoop 文件系统，Hadoop 同时还提供了 HDFS 在 Linux 操作系统上进行文件操作的常用 Shell 命令以及 Java API。

Shell 是系统的用户界面，提供了用户与内核进行交互操作的一种接口，它接收用户输入的指令并把它送入内核执行。HDFS Shell 是由一系列类似 Linux Shell 的操作命令组成的。借助这些命令用户可以完成 HDFS 文件的复制、删除和查找，也可以完成 HDFS 与 Linux 本地文件系统的交互等操作。

使用 --help 可以列出 HDFS Shell 全部命令及其用法，如图 5-7 所示。

```
[whzy@master ~]$ hdfs --help
```

```
[whzy@master ~]$ hdfs --help
Usage: hdfs [--config confdir] [--loglevel loglevel] COMMAND
       where COMMAND is one of:
  dfs                  run a filesystem command on the file systems supported in Hadoop.
  classpath            prints the classpath
  namenode -format     format the DFS filesystem
  secondarynamenode    run the DFS secondary namenode
  namenode             run the DFS namenode
  journalnode          run the DFS journalnode
  zkfc                 run the ZK Failover Controller daemon
  datanode             run a DFS datanode
  dfsadmin             run a DFS admin client
  haadmin              run a DFS HA admin client
  fsck                 run a DFS filesystem checking utility
  balancer             run a cluster balancing utility
```

图 5-7 HDFS Shell 命令及其用法

单元 5　Hadoop 分布式文件系统 HDFS

```
jmxget              get JMX exported values from NameNode or DataNode.
mover               run a utility to move block replicas across
                    storage types
oiv                 apply the offline fsimage viewer to an fsimage
oiv_legacy          apply the offline fsimage viewer to an legacy fsimage
oev                 apply the offline edits viewer to an edits file
fetchdt             fetch a delegation token from the NameNode
getconf             get config values from configuration
groups              get the groups which users belong to
snapshotDiff        diff two snapshots of a directory or diff the
                    current directory contents with a snapshot
lsSnapshottableDir  list all snapshottable dirs owned by the current user
                                Use -help to see options
portmap             run a portmap service
nfs3                run an NFS version 3 gateway
cacheadmin          configure the HDFS cache
crypto              configure HDFS encryption zones
storagepolicies     list/get/set block storage policies
version             print the version
```

图 5-7　HDFS Shell 命令及其用法（续）

1. HDFS 的文件操作命令

文件系统命令是 HDFS 最常用的命令，利用其可以查看 HDFS 文件系统的目录结构，上传和下载数据，目录或文件的创建、复制、重命名、显示、查找、统计等。

HDFS 的文件操作命令有三种 Shell 命令方式，其区别如下：

➢ hadoop fs：适用于任何不同的文件系统，比如本地文件系统和 HDFS 文件系统。

➢ hadoop dfs：只能适用于 HDFS 文件系统，现在已经弃用。

➢ hdfs dfs：和 hadoop dfs 的命令作用一样，也只能适用于 HDFS 文件系统。

HDFS 有关文件操作的 Shell 命令一般格式如下：

```
hadoop fs -cmd args
```

其中：

hadoop 是 Hadoop 系统在 Linux 系统中的主命令，它对应的程序文件位于 Hadoop 安装目录的 bin 子目录中。

fs 是子命令，表示执行文件系统操作。

cmd 为具体的文件操作。

args 为操作参数，用来指定操作对象。

注意：通用选项不能省略，必须以英文减号字符"-"开头。

使用 -help 可以列出全部文件系统命令及其用法，如图 5-8 所示。

```
[whzy@master ~]$ hadoop fs -help
```

```
[whzy@master ~]$ hadoop fs -help
Usage: hadoop fs [generic options]
        [-appendToFile <localsrc> ... <dst>]
```

图 5-8　HDFS 文件系统的 help 命令

```
        [-cat [-ignoreCrc] <src> ...]
        [-checksum <src> ...]
        [-chgrp [-R] GROUP PATH...]
        [-chmod [-R] <MODE[,MODE]... | OCTALMODE> PATH...]
        [-chown [-R] [OWNER][:[GROUP]] PATH...]
        [-copyFromLocal [-f] [-p] [-l] <localsrc> ... <dst>]
        [-copyToLocal [-p] [-ignoreCrc] [-crc] <src> ... <localdst>]
        [-count [-q] [-h] <path> ...]
        [-cp [-f] [-p | -p[topax]] <src> ... <dst>]
        [-createSnapshot <snapshotDir> [<snapshotName>]]
        [-deleteSnapshot <snapshotDir> <snapshotName>]
        [-df [-h] [<path> ...]]
        [-du [-s] [-h] <path> ...]
        [-expunge]
        [-find <path> ... <expression> ...]
        [-get [-p] [-ignoreCrc] [-crc] <src> ... <localdst>]
        [-getfacl [-R] <path>]
        [-getfattr [-R] {-n name | -d} [-e en] <path>]
        [-getmerge [-nl] <src> <localdst>]
        [-help [cmd ...]]
        [-ls [-d] [-h] [-R] [<path> ...]]
        [-mkdir [-p] <path> ...]
        [-moveFromLocal <localsrc> ... <dst>]
        [-moveToLocal <src> <localdst>]
        [-mv <src> ... <dst>]
        [-put [-f] [-p] [-l] <localsrc> ... <dst>]
        [-renameSnapshot <snapshotDir> <oldName> <newName>]
        [-rm [-f] [-r|-R] [-skipTrash] <src> ...]
        [-rmdir [--ignore-fail-on-non-empty] <dir> ...]
        [-setfacl [-R] [{-b|-k} {-m|-x <acl_spec>} <path>]|[--set <acl_spec> <pa
th>]]
        [-setfattr {-n name [-v value] | -x name} <path>]
        [-setrep [-R] [-w] <rep> <path> ...]
        [-stat [format] <path> ...]
        [-tail [-f] <file>]
        [-test -[defsz] <path>]
        [-text [-ignoreCrc] <src> ...]
        [-touchz <path> ...]
        [-truncate [-w] <length> <path> ...]
        [-usage [cmd ...]]

-appendToFile <localsrc> ... <dst> :
  Appends the contents of all the given local files to the given dst file. The d
```

图 5-8 HDFS 文件系统的 help 命令（续）

如果要显示某个特定 Shell 命令的帮助信息，则可在 help 命令之后添加该 Shell 命令。例如，要查看 ls 命令的帮助文档，可使用如下形式，如图 5-9 所示。

```
[whzy@master ~]$ hadoop fs -help ls
```

```
[whzy@master ~]$ hadoop fs -help ls
-ls [-d] [-h] [-R] [<path> ...] :
  List the contents that match the specified file pattern. If path is not
  specified, the contents of /user/<currentUser> will be listed. Directory entries
  are of the form:
```

图 5-9 显示文件系统 ls 命令的帮助信息

```
        permissions - userId groupId sizeOfDirectory(in bytes)
modificationDate(yyyy-MM-dd HH:mm) directoryName

and file entries are of the form:
        permissions numberOfReplicas userId groupId sizeOfFile(in bytes)
modificationDate(yyyy-MM-dd HH:mm) fileName

-d  Directories are listed as plain files.
-h  Formats the sizes of files in a human-readable fashion rather than a number
    of bytes.
-R  Recursively list the contents of directories.
```

图 5-9　显示文件系统 ls 命令的帮助信息（续）

2. 系统功能管理类命令 dfsadmin

dfsadmin 命令是一个多任务客户端工具，用来显示 HDFS 运行状态和管理 HDFS。其命令的一般格式如下：

```
hdfs dfsadmin [command]
```

使用 hdfs dfsadmin -help 可以查看所有的可用命令及其用法，如图 5-10 所示。

```
[whzy@master ~]$ hdfs dfsadmin -help
```

```
[whzy@master ~]$ hdfs dfsadmin -help
hdfs dfsadmin performs DFS administrative commands.
Note: Administrative commands can only be run with superuser permission.
The full syntax is:

hdfs dfsadmin
        [-report [-live] [-dead] [-decommissioning]]
        [-safemode <enter | leave | get | wait>]
        [-saveNamespace]
        [-rollEdits]
        [-restoreFailedStorage true|false|check]
        [-refreshNodes]
        [-setQuota <quota> <dirname>...<dirname>]
```

图 5-10　hdfs dfsadmin help 命令

主要的命令有以下几个：

-report：报告集群 DFS 的运行情况。

-safemode：安全模式操作。HDFS 的安全模式指文件系统所处的一种只读的安全模式。HDFS 启动时处于 safemode 状态。

```
$ hdfs dfsadmin -safemode get          # 获取安全模式当前状态信息
$ hdfs dfsadmin -safemode enter        # 进入安全模式
$ hdfs dfsadmin -safemode leave        # 解除安全模式
$ hdfs dfsadmin -safemode wait         # 挂起，直到安全模式结束
```

3. namenode 命令

namenode 命令可以用来进行格式化、升级、回滚等操作。其命令的一般格式如下：

```
hdfs namenode [command]
```

使用 hdfs namenode -help 可以查看所有的可用命令及其用法，如图 5-11 所示。

```
[whzy@master ~]$ hdfs namenode -help
```

```
[whzy@master ~]$ hdfs namenode -help
Usage: java NameNode [-backup] |
        [-checkpoint] |
        [-format [-clusterid cid ] [-force] [-nonInteractive] ] |
        [-upgrade [-clusterid cid] [-renameReserved<k-v pairs>] ] |
        [-upgradeOnly [-clusterid cid] [-renameReserved<k-v pairs>] ] |
        [-rollback] |
        [-rollingUpgrade <rollback|downgrade|started> ] |
        [-finalize] |
        [-importCheckpoint] |
        [-initializeSharedEdits] |
        [-bootstrapStandby] |
        [-recover [ -force] ] |
        [-metadataVersion ] ]
```

图 5-11　hdfs namenode help 命令

4. hdfs 系统检查工具 fsck 命令

fsck 命令运行 HDFS 文件系统检查实用程序，用于检查 dfs 文件的健康状况和与 MapReduce 作业交互。该命令只能运行在 master 上。

其命令的一般格式如下：

```
hdfs fsck [GENERIC_OPTIONS]<path>[-move|-delete|-openforwrite][-files[-blocks
[-locations|-racks]]]
```

使用 hdfs fsck -help 可以查看所有的可用命令及其用法，如图 5-12 所示。

```
[whzy@master ~]$ hdfs fsck -help
```

```
[whzy@master ~]$ hdfs fsck -help
Usage: hdfs fsck <path> [-list-corruptfileblocks | [-move | -delete | -openforwrite] [-files [-blo
cks [-locations | -racks]]]] [-includeSnapshots] [-storagepolicies] [-blockId <blk_Id>]
        <path>   start checking from this path
        -move    move corrupted files to /lost+found
        -delete  delete corrupted files
        -files   print out files being checked
        -openforwrite    print out files opened for write
        -includeSnapshots        include snapshot data if the given path indicates a snapshottable
 directory or there are snapshottable directories under it
        -list-corruptfileblocks print out list of missing blocks and files they belong to
        -blocks print out block report
        -locations      print out locations for every block
        -racks   print out network topology for data-node locations
        -storagepolicies        print out storage policy summary for the blocks
        -blockId        print out which file this blockId belongs to, locations (nodes, racks) of
this block, and other diagnostics info (under replicated, corrupted or not, etc)
```

图 5-12　hdfs fsck help 命令

5. pipes 命令

pipes 命令运行管道作业。

其命令的一般格式如下：

```
bin/hadoop command [genericOptions] [commandOptions]
```

使用 mapred pipes 可以查看所有的可用命令及其用法，如图 5-13 所示。

```
[whzy@master ~]$ mapred pipes
```

```
[whzy@master ~]$ mapred pipes
bin/hadoop pipes
    [-input <path>] // Input directory
    [-output <path>] // Output directory
    [-jar <jar file> // jar filename
    [-inputformat <class>] // InputFormat class
    [-map <class>] // Java Map class
    [-partitioner <class>] // Java Partitioner
    [-reduce <class>] // Java Reduce class
    [-writer <class>] // Java RecordWriter
    [-program <executable>] // executable URI
    [-reduces <num>] // number of reduces
    [-lazyOutput <true/false>] // createOutputLazily
```

图 5-13　mapred pipes 命令

6. job 命令

job 命令与 MapReduce 作业交互。

其命令的一般格式如下：

```
bin/hadoop command [genericOptions] [commandOptions]
```

使用 mapred job 可以查看所有的可用命令及其用法，如图 5-14 所示。

```
[whzy@master ~]$ mapred job
```

```
[whzy@master ~]$ mapred job
Usage: CLI <command> <args>
        [-submit <job-file>]
        [-status <job-id>]
        [-counter <job-id> <group-name> <counter-name>]
        [-kill <job-id>]
        [-set-priority <job-id> <priority>]. Valid values for priorities are: VERY_HIGH HIGH NORMAL LOW VERY_LOW
        [-events <job-id> <from-event-#> <#-of-events>]
        [-history <jobHistoryFile>]
        [-list [all]]
        [-list-active-trackers]
        [-list-blacklisted-trackers]
        [-list-attempt-ids <job-id> <task-type> <task-state>]. Valid values for <task-type> are REDUCE MAP. Valid values for <task-state> are running, completed
        [-kill-task <task-attempt-id>]
        [-fail-task <task-attempt-id>]
        [-logs <job-id> <task-attempt-id>]
```

图 5-14　mapred job 命令

5.2.2　HDFS 文件系统的操作

用 mkdir 命令在根目录下创建一个 test1 目录，查看该目录，如图 5-15 所示。

```
[whzy@master ~]$ hadoop fs -ls /
[whzy@master ~]$ hadoop fs -mkdir  /test1
[whzy@master ~]$ hadoop fs -ls /
```

```
[whzy@master ~]$ hadoop fs -ls /
Found 3 items
drwxr-xr-x   - whzy supergroup          0 2018-11-04 00:56 /test1
drwx------   - whzy supergroup          0 2018-10-20 20:15 /tmp
drwxr-xr-x   - whzy supergroup          0 2018-10-20 20:15 /user
```

图 5-15　创建 test1 目录

用 touchz 命令在 test1 目录下创建一个空文件 a.txt（文件长度为 0），如图 5-16 所示。

```
[whzy@master ~]$ hadoop fs -touchz /test1/a.txt
[whzy@master ~]$ hadoop fs -ls /test1
```

```
[whzy@master ~]$ hadoop fs -ls /test1
Found 1 items
-rw-r--r--   1 whzy supergroup          0 2018-11-04 01:40 /test1/a.txt
```

图 5-16　创建一个空文件 a.txt

在 Linux 系统中创建一个空文件 b.txt，向文件 b.txt 中写入 3 行字符，如图 5-17 所示。

```
[whzy@master ~]$ touch b.txt
[whzy@master ~]$ cat b.txt
[whzy@master ~]$ vi b.txt
[whzy@master ~]$ cat b.txt
```

```
[whzy@master ~]$ vi b.txt
[whzy@master ~]$ cat b.txt
1 aaaaaaaa
2 bbbbbbb
3 cccccc
```

图 5-17　向文件 b.txt 中写入 3 行字符

用 appendToFile 命令把 Linux 系统的本地文件 b.txt 的内容追加到目标文件 /test1/a.txt 中。上传本地文件 b.txt 至 /test1，如图 5-18 所示。

```
[whzy@master ~]$ hadoop fs -appendToFile  b.txt /test1/a.txt
[whzy@master ~]$ hadoop fs -ls /test1
[whzy@master ~]$ hadoop fs -cat /test1/a.txt
```

单元 5 Hadoop 分布式文件系统 HDFS

```
[whzy@master ~]$ hadoop fs -appendToFile  b.txt /test1/a.txt
[whzy@master ~]$ hadoop fs -ls /test1
Found 1 items
-rw-r--r--   1 whzy supergroup         30 2018-11-04 01:41 /test1/a.txt
[whzy@master ~]$ hadoop fs -cat /test1/a.txt
aaaaaaaaaa
bbbbbbb
ccccc
```

图 5-18 使用 appendToFile 命令

上传 Linux 系统的本地文件 b.txt 至 /test1 中，如图 5-19 所示。

```
[whzy@master ~]$ hadoop fs -put b.txt  hdfs:/test1/
[whzy@master ~]$ hadoop fs -ls /test1
```

```
[whzy@master ~]$ hadoop fs -put b.txt  hdfs:/test1/
[whzy@master ~]$ hadoop fs -ls /test1
Found 2 items
-rw-r--r--   1 whzy supergroup         30 2018-11-04 01:41 /test1/a.txt
-rw-r--r--   1 whzy supergroup         30 2018-11-04 01:51 /test1/b.txt
```

图 5-19 上传 Linux 系统的本地文件

上传 Linux 系统的本地文件 b.txt 至 HDFS 文件系统的根目录中，如图 5-20 所示。

```
[whzy@master ~]$ hadoop fs -put b.txt  /
[whzy@master ~]$  hadoop fs -ls /
```

```
[whzy@master ~]$  hadoop fs -ls /
Found 4 items
-rw-r--r--   1 whzy supergroup         30 2018-11-04 01:56 /b.txt
drwxr-xr-x   - whzy supergroup          0 2018-11-04 01:51 /test1
drwx------   - whzy supergroup          0 2018-10-20 20:15 /tmp
drwxr-xr-x   - whzy supergroup          0 2018-10-20 20:15 /user
```

图 5-20 上传 Linux 系统的本地文件到 HDFS 文件系统

将 HDFS 文件系统中的文件 /test1/a.txt 下载到本地文件系统根目录中，文件名修改为 aa.txt。

```
[whzy@master ~]$ hadoop fs -get /test1/a.txt aa.txt
```

或使用 copyToLocal 命令，如将 HDFS 文件系统中的文件 /test1/b.txt 下载到本地文件系统根目录中，文件名修改为 bb.txt，如图 5-21 所示。

```
[whzy@master ~]$ hadoop fs -copyToLocal /test1/b.txt bb.txt
[whzy@master ~]$ ll
```

```
[whzy@master ~]$ hadoop fs -get /test1/a.txt aa.txt
[whzy@master ~]$ ll
total 879708
```

图 5-21 将 HDFS 文件下载到本地文件系统

```
-rw-rw-r--.  1 whzy whzy        0 Oct 20 20:15 =
-rw-r--r--.  1 whzy whzy       30 Nov  4 06:17 aa.txt
-rw-rw-r--.  1 whzy whzy       30 Nov  4 01:17 b.txt
drwxr-xr-x.  2 whzy whzy     4096 Oct 13 21:11 Desktop
drwxr-xr-x.  2 whzy whzy     4096 Oct 13 21:11 Documents
drwxr-xr-x.  2 whzy whzy     4096 Oct 13 21:11 Downloads
drwxr-xr-x. 10 whzy whzy     4096 Oct 15 04:04 hadoop-2.7.3
```

图 5-21　将 HDFS 文件下载到本地文件系统（续）

删除根目录中的文件 b.txt，如图 5-22 所示。为安全起见，执行删除操作后，被删除的文件可放入垃圾目录中。

注意：HDFS 默认关闭了垃圾目录功能。用户可以在 core-site.xml 文件中设置 fs.trash.interval 配置项的值为非零值，即可启用该功能。

```
[whzy@master ~]$ hadoop fs -rm b.txt
[whzy@master ~]$ hadoop fs -ls /
```

```
[whzy@master ~]$ hadoop fs -rm /b.txt
18/11/04 02:05:52 INFO fs.TrashPolicyDefault: Namenode trash configuration: Deletion interval = 0
minutes, Emptier interval = 0 minutes.
Deleted /b.txt
[whzy@master ~]$ hadoop fs -ls /
Found 3 items
drwxr-xr-x   - whzy supergroup          0 2018-11-04 01:51 /test1
drwx------   - whzy supergroup          0 2018-10-20 20:15 /tmp
drwxr-xr-x   - whzy supergroup          0 2018-10-20 20:15 /user
```

图 5-22　删除文件

5.3　安装与配置 Eclipse 集成开发环境

5.3.1　Eclipse 开发环境介绍

Hadoop 的集成开发工具 IDE 常用的有 Eclipse、MyEclipse、Hadoop Studio 等，支持的开发语言有 Java、Python、C++ 等。本节以 Eclipse 为例，介绍搭建 Hadoop 开发平台的操作方法。

Eclipse 是一个跨平台的、开放源代码的、基于 Java 的可扩展的集成开发环境（IDE）。其本身只是一个框架和一组服务，用于通过插件组件构建开发环境。Eclipse 附带了一个标准的插件集（包括 JDK）。最初主要使用 Java 语言开发，通过安装不同的插件，Eclipse 可以支持不同的计算机语言（如 C++ 和 Python），也可以通过 hadoop 插件扩展开发 Hadoop 相关程序。实际工作中，Eclipse Hadoop 插件需要根据 hadoop 集群的版本号进行下载并编译。

使用 Eclipse 可以帮助程序开发人员自动补全语义、方法名、方法参数、语句块等，并且能够实时检查程序语法，提供错误和警告说明等，能够极大地提高开发效率。但使用 Eclipse 会占用较大的系统内存，因此，对于配置不高的计算机不推荐安装 Eclipse。

5.3.2 Eclipse 的安装和配置

1. 下载 Eclipse 安装包及其插件

可以到官网或者下列国内网站下载适合本地计算机环境的 Eclipse 安装包及其插件。

https://www.eclipse.org/download/packages/

http://mirror.bit.edu.cn/eclipse/

http://mirrors.ustc.edu.cn/eclipse/

此处下载的 Eclipse 安装包是 eclipse-java-mars-2-linux-gtk-x86_64.tar.gz，下载的 hadoop-eclipse-plugin 插件为 hadoop-eclipse-plugin-2.7.3.jar。

2. 安装 Eclipse

以 whzy 用户登录 master 虚拟机，打开终端窗口，进入 root 用户的根目录，创建目录 /usr/eclipse，将 Eclipse 压缩包复制到 /usr/eclipse 中并解压。

```
[root@master ~]# mkdir /usr/eclipse
```

授权给 whzy 用户使用目录 /usr/eclipse。

```
[root@master ~]# chown whzy /usr/eclipse
[root@master ~]# su whzy
```

将 Eclipse 压缩包移动到 /usr/eclipse 目录下并解压，其文件和目录结构如图 5-23 所示。

```
[whzy@master ~]$ mv /home/whzy/software/eclipse/eclipse-java-mars-2-linux-gtk-x86_64.tar.gz   /usr/eclipse
[whzy@master ~]$ cd /usr/eclipse
[whzy@master eclipse]$ tar -xvf   eclipse-java-mars-2-linux-gtk-x86_64.tar.gz
[whzy@master eclipse]$ cd ./eclipse
[whzy@master eclipse]$ ls -l
```

```
[whzy@master eclipse]$ ll
total 440
-rw-rw-r--.  1 whzy whzy 135587 Feb 18  2016 artifacts.xml
drwxrwxr-x.  4 whzy whzy   4096 Feb 18  2016 configuration
drwxrwxr-x.  2 whzy whzy   4096 Feb 18  2016 dropins
-rwxr-xr-x.  1 whzy whzy  79058 Feb 12  2016 eclipse
-rw-rw-r--.  1 whzy whzy    449 Feb 18  2016 eclipse.ini
drwxrwxr-x. 70 whzy whzy  12288 Feb 18  2016 features
-rwxr-xr-x.  1 whzy whzy 140566 Feb 12  2016 icon.xpm
drwxrwxr-x.  4 whzy whzy   4096 Feb 18  2016 p2
drwxrwxr-x. 17 whzy whzy  49152 Feb 18  2016 plugins
drwxrwxr-x.  2 whzy whzy   4096 Feb 18  2016 readme
[whzy@master eclipse]$
```

图 5-23 Eclipse 的目录和文件

3. 安装 hadoop-eclipse-plugin 插件

将 hadoop-eclipse-plugin-2.7.1.jar 文件复制到 eclipse 安装目录的 plugins 文件夹下。

```
[whzy@master eclipse]$ mv /home/whzy/software/eclipse/hadoop-eclipse-plugin-2.7.3.jar /usr/eclipse/eclipse/plugins
```

4. 运行并配置 Eclipse

(1) 进入 /usr/eclipse，运行 Eclipse。

```
[whzy@master eclipse]$ ./eclipse
```

(2) 在 Eclipse 创建项目。打开 Eclipse，需要填写 workspace（工作空间）用来指定程序保存的位置，这里选择默认的工作空间 /home/whzy/workspace，如图 5-24 所示。

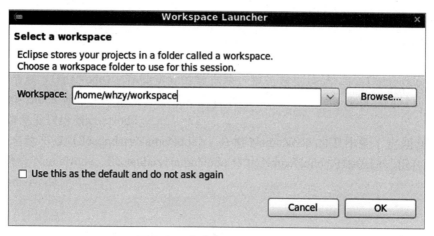

图 5-24 指定程序保存的位置

单击 OK 按钮，打开图 5-25 所示的界面。

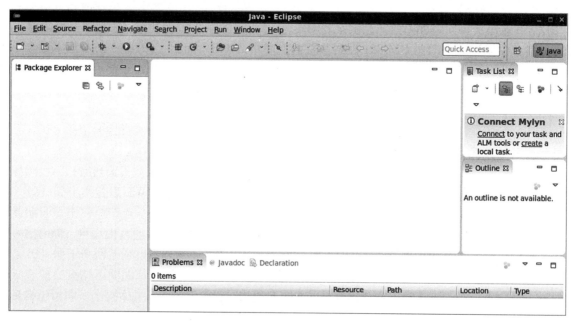

图 5-25 Eclipse 的工作界面

(3) 创建 Java 项目 hadoop。选择顶部菜单 File → New → Java Project 命令，弹出图 5-26 所示的对话框，在 Project name 文本框中输入项目名称 hadoop。

单元 5　Hadoop 分布式文件系统 HDFS

单击 Next 按钮弹出图 5-27 所示的对话框，单击 Finish 按钮。

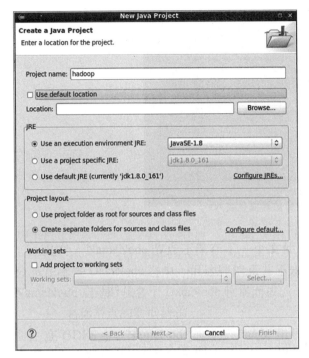

图 5-26　创建 Java 项目

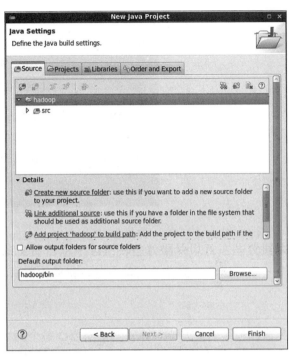

图 5-27　创建 Java 项目

（4）在 hadoop 项目下创建 lib 文件夹。在图 5-28 中选中 hadoop 项目后右击，在弹出的快捷菜单中选择 New → Folder 命令，弹出 New Folder 对话框，在 Folder name 文本框中输入 lib，如图 5-29 所示，单击 Finish 按钮完成创建第三方库依赖文件夹 lib。

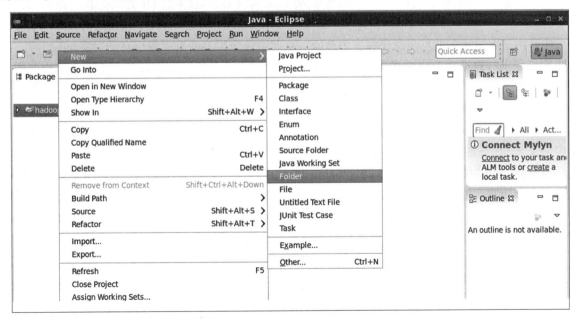

图 5-28　创建项目的文件夹

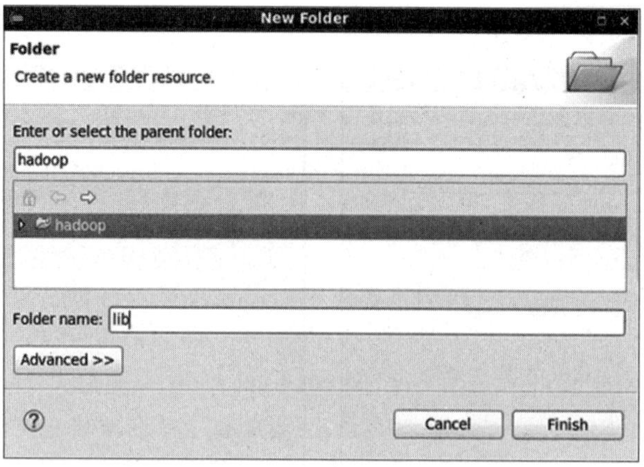

图 5-29 创建第三方库依赖文件夹 lib

(5) 导入项目所依赖的第三方类库（Hadoop 的相关 jar 包）到 lib 文件夹。Java API 的 jar 包都在放在已经安装好的 hadoop 文件夹中，此处路径为 /hadoop-2.7.3/share/hadoop。

①将核心包 hadoop-hdfs-2.7.3.jar 复制到 Java 项目 hadoop 下的 lib 文件夹中。

```
[whzy@master ~]$ cd /home/whzy/hadoop-2.7.3/share/hadoop/hdfs
[whzy@master hdfs]$ cp hadoop-hdfs-2.7.3.jar /home/whzy/workspace/hadoop/lib/
```

②将 /home/whzy/hadoop-2.7.3/share/hadoop/hdfs/lib/ 下的所有 jar 包复制到 Java 项目 hadoop 下的 lib 文件夹中，如图 5-30 所示。

```
[whzy@master hdfs]$ cd lib/
[whzy@master lib]$ cp -r * /home/whzy/workspace/hadoop/lib/
```

③将核心包 hadoop-common-2.7.3.jar 复制到 Java 项目 hadoop 下的 lib 文件夹中。

```
[whzy@master lib]$ cd /home/whzy/hadoop-2.7.3/share/hadoop/common
[whzy@master common]$ cp hadoop-common-2.7.3.jar   /home/whzy/workspace/hadoop/lib/
```

④ 将 /home/whzy/hadoop-2.7.3/share/hadoop/common/lib/ 下的所有 jar 包复制到 Java 项目 hadoop 下的 lib 文件夹中。

```
[whzy@master common]$ cd lib/
[whzy@master lib]$ cp -r * /home/whzy/workspace/hadoop/lib/
```

另打开一个终端窗口，执行如下命令查看 hadoop 项目所导入的 jar 包，如图 5-31 所示。

```
[whzy@master lib]$ ls /home/whzy/workspace/hadoop/lib/
```

刷新 Eclipse 中的项目 hadoop，得到图 5-32 所示的窗口。

(6) 修改 Eclipse 环境变量。把 lib 文件夹下的所有 jar 包添加到项目的构建路径，以修改环境变量。右击 hadoop 项目，在弹出的快捷菜单中选择 Build Path → ConfigureBuild Path 命令，如图 5-33 所示。

弹出图 5-34 所示的 Properties for hodoop 对话框，单击 Add External JARs 按钮，选择路径 /home/whzy/workspace/hadoop/lib，如图 5-35 所示，按 [Ctrl+A] 组合键全部选择，单击 OK 按钮完成添加，如图 5-36 所示。

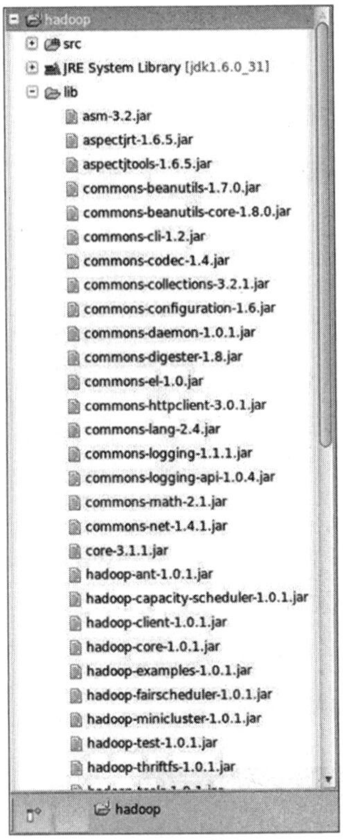

图 5-30　导入项目需要的 jar 包

```
[whzy@master lib]$  ls /home/whzy/workspace/hadoop/lib/
activation-1.1.jar                    jackson-core-asl-1.9.13.jar
alsa                                  jackson-jaxrs-1.9.13.jar
apacheds-i18n-2.0.0-M15.jar           jackson-mapper-asl-1.9.13.jar
apacheds-kerberos-codec-2.0.0-M15.jar jackson-xc-1.9.13.jar
api-asn1-api-1.0.0-M20.jar            java-xmlbuilder-0.4.jar
api-util-1.0.0-M20.jar                jaxb-api-2.2.2.jar
asm-3.2.jar                           jaxb-impl-2.2.3-1.jar
avro-1.7.4.jar                        jersey-core-1.9.jar
commons-beanutils-1.7.0.jar           jersey-json-1.9.jar
commons-beanutils-core-1.8.0.jar      jersey-server-1.9.jar
commons-cli-1.2.jar                   jets3t-0.9.0.jar
commons-codec-1.4.jar                 jettison-1.1.jar
commons-collections-3.2.2.jar         jetty-6.1.26.jar
commons-compress-1.4.1.jar            jetty-util-6.1.26.jar
commons-configuration-1.6.jar         jsch-0.1.42.jar
commons-digester-1.8.jar              jsp-api-2.1.jar
commons-httpclient-3.1.jar            jsr305-3.0.0.jar
commons-io-2.4.jar                    junit-4.11.jar
commons-lang-2.6.jar                  kbd
commons-logging-1.1.3.jar             log4j-1.2.17.jar
commons-math3-3.1.1.jar               mockito-all-1.8.5.jar
commons-net-3.1.jar                   modules
                                      netty-3.6.2.Final.jar
crda                                  paranamer-2.3.jar
curator-client-2.7.1.jar              protobuf-java-2.5.0.jar
curator-framework-2.7.1.jar           security
curator-recipes-2.7.1.jar             servlet-api-2.5.jar
firmware                              slf4j-api-1.7.10.jar
gson-2.2.4.jar                        slf4j-log4j12-1.7.10.jar
```

图 5-31　查看“hadoop”项目所导入的 jar 包

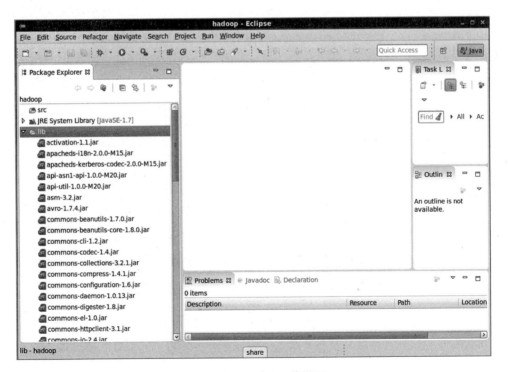

图 5-32　Eclipse 工作界面

图 5-33 修改 Eclipse 环境变量

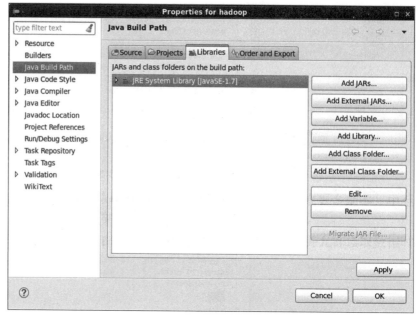

图 5-34 添加外部 JAR 包

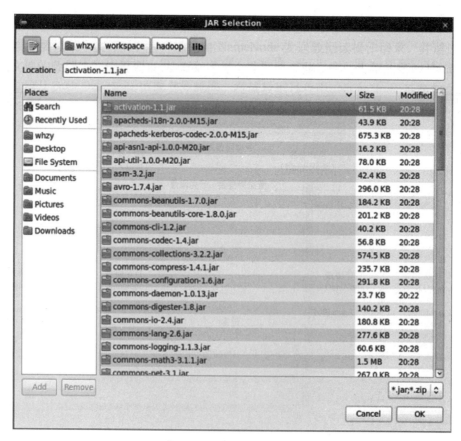

图 5-35 选择外部 jar 包

单元 5　Hadoop 分布式文件系统 HDFS

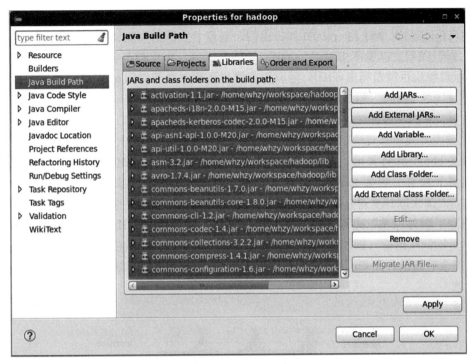

图 5-36　添加 jar 包

再次单击 OK 按钮，完成 jar 包的添加。可以看到图 5-37 所示的项目结构。

(7) 此时新建 Java 类，就可以使用 Hadoop API 了。

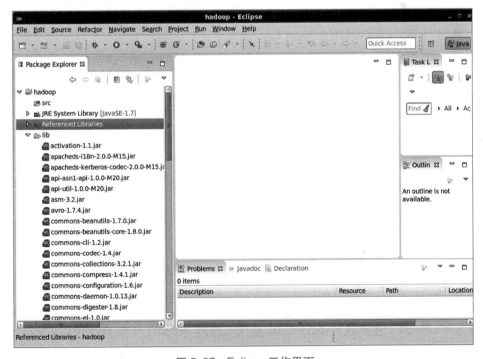

图 5-37　Eclipse 工作界面

5.4 编程实现 HDFS 常用操作

5.4.1 HDFS Java API 简介

用 Eclipse 编写 Java 程序，Hadoop 可以通过 HDFS Java API 与 HDFS 进行交互。HDFS Java API 位于 org.apache.hadoop.fs 包中，这些 API 能够支持的操作包括文件操作（读取文件、在 HDFS 中新建文件并写入、重命名文件、删除 HDFS 上的文件、上传本地文件到 HDFS）和目录操作（在 HDFS 上创建目录、删除目录、读取某个目录下的所有文件）等。HDFS Java API 的主要接口见表 5-1，HDFS Java API 的主要类见表 5-2。

表 5-1 HDFS Java API 的主要接口

接口	描述
CanSetDropBehind	用于配置是否取消数据流的缓存机制
CanSetReadahead	用于设置是否预读数据流
CanUnbuffer	FSDataInputStreams 类实现该接口，以表明它们可以清除请求的缓冲
FsConstants	FileSystem 相关的常数
PositionedReadable	允许按位置读的流
Seekable	允许查找的流
Syncable	flush/sync 操作的接口
VolumeId	一个能指示磁盘位置的接口

表 5-2 HDFS Java API 的主要类

类名	描述
AbstractFileSystem	HDFS 抽象类，应用程序可以用 FileContext 访问 HDFS 文件，而不能直接使用此类。通过 AbstractFileSystem，应用程序可以使用 URI 定义 HDFS 文件的访问路径
AvroFSInput	使 FSDataInputStream 适应 Avro's SeekableInput 接口
BlockLocation	代表块的位置和所在节点信息，例如块副本系数
BlockStorageLocation	用于包装 BlockLocation，允许为每个副本添加 VolumeId
ChecksumFileSystem	提供校验和文件的基本操作，例如，为 HDFS 文件创建校验和文件
ContentSummary	用来存储一个目录或文件的内容摘要
FileChecksum	抽象类，代表 HDFS 文件的校验和
FileContext	该类提供访问 HDFS 文件系统的一系列操作方法，如 create、open、list 文件
FileStatus	代表一个文件的状态，为客户提供相应的操作接口
FileSystem	一个通用文件系统的 API，其实例代表客户端要访问的文件系统，它的直接派生类有 FilterFileSystem、FTFileSystem、NativeAzureFileSystem、NativeS3FileSystem、RawLocalFileSystem、S3FileSystem、ViewFileSystem

续表

类 名	描 述
FileUtil	一个文件处理工具的集合
FSDataInputStream	对输入流中的输入缓冲进行打包的工具
FSDataOutputStream	对输出流中的输出缓冲进行打包的工具
FsSeverDefaults	为客户端提供服务器的各配置项的默认值
FsStatusshi	代表一个文件系统的状态,包括容量、剩余空间和已用空间
HdfsVolumeld	HDFS 的卷的 ID,用来区别一个数据节点上的数据目录之间的差异
LocalFileSystem	封装了针对本地文件系统的一些操作。如 copyFromLocalFile 和 copyToLocalFile
LocatedFileStatus	定义一个 FileStatus,封装一个文件的各块对应的位置
Path	一个文件或目录的路径

5.4.2 HDFS Java API 的一般用法

在客户端应用程序中,使用 HDFS Java API 的一般步骤如下。

1. 实例化 Configuration

Configuration 类位于 org.apache.hadoop.conf 包中,它封装了客户端或服务器的配置。每个配置选项是一个键/值对,通常以 XML 格式保存。

实例化 Configuration 类的代码如下:

```
Configuration conf=new Configuration();
```

2. 实例化 FileSystem

FileSystem 类是客户端访问文件系统的入口,是 Hadoop 为客户端提供的一个抽象的文件系统,可以是 Hadoop 的 HDFS,也可以是 Amazon 的 S3。DistributedFileSystem 类是 FileSystem 类的一个具体实现,是 HDFS 真正的客户端 API。

实例化 FileSystem 类并返回默认的文件系统的代码如下:

```
FileSytem fs=FileSystem.get(conf);
```

3. 设置目标对象的路径

HDFS API 提供 Path 类封装 HDFS 文件路径。Path 类位于 org.apache.hadoop.fs 包中。
设置目标对象路径的代码如下。

```
Path path=new Path("/test1");
```

4. 执行文件或目录操作

得到 FileSystem 实例之后,就可以使用该实例提供的方法成员来执行相应的操作,例如打开文件、创建文件、重命名文件、删除文件或检测文件是否存在等。

5.4.3 HDFS Java API 的编程实践

使用 HDFS Java API 编程实现创建目录 test2。

操作步骤如下：
(1) 启动 Hadoop 集群，在终端执行 jps 命令，查看 Hadoop 集群是否已经启动。
(2) 打开 Eclipse 开发工具。

```
[whzy@master ~]$ cd /usr/eclipse/eclipse
[whzy@master ~]$ ./eclipse
```

创建名为 hadoop1 的 Java 项目，右击 hadoop1 项目，在弹出的快捷菜单中选择 New → Package 命令（见图 5-38），在弹出的对话框中输入包名称"com.hdfs"，单击 Finish 按钮。

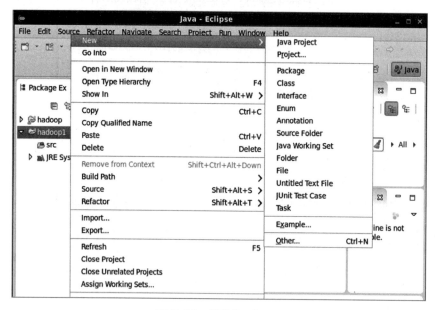

图 5-38　创建 Package

(3) 新建 Java 类。选中包名并右击，在弹出的快捷菜单中选择 New → Class 命令（见图 5-39），在弹出的对话框中输入类名称 hdfsTEST，单击 Finish 按钮，如图 5-39～图 5-41 所示。

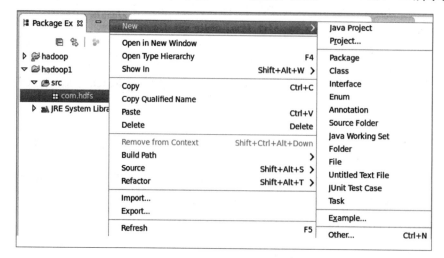

图 5-39　创建 hdfsTEST 类

单元 5　Hadoop 分布式文件系统 HDFS

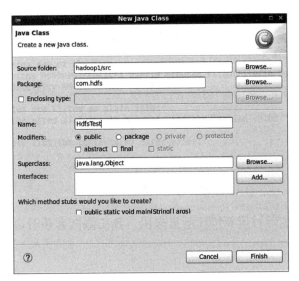

图 5-40　创建类 "hdfsTEST"

图 5-41　代码编辑窗口

（4）在 hadoop1 项目目录下创建文件夹 Lib，按照 5.3.2 节介绍的方法将项目所需要用到的 jar 包加载到该目录下。

（5）编写程序。

```
package com.hdfs;
import java.net.URI;
import org.apache.hadoop.conf.Configuration;
import org.apache.hadoop.fs.FileSystem;
import org.apache.hadoop.fs.Path;
import org.junit.Before;
import org.junit.Test;
public class HdfsTest {
    // 获取 Hadoop FileSystem 对象
    private FileSystem fs=null;
    /**
     * 初始化环境变量
     */
    @Before
    public void init() throws Exception {
        /*
```

```
     * new URI("hdfs://192.168.39.128:9000"):连接 Hadoop 连接 RUL
     * new Configuration():使用 Hadoop 默认配置
     * "root":登录用户
     */
    fs=FileSystem.get(new URI("hdfs://192.168.39.128:9000"),new Configuration(),"root");
}
/*
 * 创建目录
 */
@Test
public void testMkdir() throws Exception {
    boolean flag=fs.mkdirs(new Path("/javaApi/mk/dir1/dir2"));
    System.out.println(flag ? "创建成功" : "创建失败");
}
}
```

(6) 在项目栏最右侧，右击要运行的方法 testMKdir，在弹出的快捷菜单中选择 Run As → JunitTest 命令。

(7) 在命令终端执行 Hadoop fs –ls –R /javaApi 命令进行验证。

习题

1. HDFS 中的文件块默认保存（　　）份。
   A. 1　　　　　　　B. 2　　　　　　　C. 3　　　　　　　D. 不确定

2. 上传一个 500 MB 的文件 data.txt 到以 Hadoop 2.6 搭建的集群上。这个文件会占用（　　）个 HDFS 文件块。
   A. 3　　　　　　　B. 4　　　　　　　C. 5　　　　　　　D. 8

3. 有多种浏览 HDFS 文件目录的方式，以下不正确的是（　　）。
   A. 通过 HDFS 命令　　　　　　　　　B. 通过 Web 浏览器
   C. 通过 Eclipse 中的 Project Explorer　　D. 通过 SSH 客户端工具

4. 下列（　　）命令可以显示出 HDFS 文件系统中在线的数据节点。
   A. hdfs disadmin –report –live　　　　B. hdfs dfsadmin –report –active
   C. hdfs disadmin –report –dead　　　　D. hdfs dfsadmin –report –decommissioning

5. 下列（　　）命令可以显示出 HDFS 目录 /user/root 中的内容。
   A. hdfs dfs -dir /user/root/　　　　　B. hdfs dfs –report /user/root
   C. hdfs dfs –ls /user/root/　　　　　 D. hdfs dfs –display /user/root/

6. 在 Hadoop 官方的示例程序包 hadoop-mapreduce-examples-2.6.4.jar 中，封装了一些常用的测试模块。可以获得文件中单词长度的中位数的模块是（　　）。
   A. wordcount　　　　　　　　　　　B. wordmean
   C. wordmedian　　　　　　　　　　　D. wordstandarddeviation

7. 向 Hadoop 集群提交 MapReduce 任务时，可以使用（　　）命令。
   A. hadoop submit　　　　　　　　B. hadoop put
   C. hadoop jar　　　　　　　　　　D. mapreduce jar
8. 以 hadoop jar 提交 MapReduce 任务时，如果命令行中指定的输出目录已经存在，执行的结果将会是（　　）。
   A. 覆盖原目录　　　　　　　　　　B. 自动创建新目录
   C. 报错并中断任务　　　　　　　　D. 以上都不是
9. 当提交某个 MapReduce 任务后，在任务列表中显示该任务的状态（state）值为 ACCEPTED，这表示（　　）。
   A. 正在接受中　　　　　　　　　　B. 正在执行中
   C. 等待执行中　　　　　　　　　　D. 任务恢复中
10. 下列关于配置机架感知的叙述中正确的是（　　）。
    A. 如果一个机架出问题，不会影响数据读写
    B. 写入数据时会写到不同机架的 DataNode
    C. MapReduce 会根据机架获取离自己比较近的网络数据
    D. 以上都正确
11. 试述 HDFS 的特点，主要应用在哪些场合？
12. 简述 HDFS 的体系结构。
13. 试述 HDFS 中的名称节点和数据节点的具体功能。
14. 试述 HDFS 中的块和普通文件系统中的块的区别。
15. 试述 HDFS 的冗余数据保存策略。
16. 简述 HDFS 读取和写入数据的流程。
17. HDFS 只设置唯一名称节点，简述这样设置带来的局限性以及克服的方法。
18. 操作题：云盘系统的实现。

云盘是基于云计算理念推出的企业数据网络存储和管理解决方案，利用互联网后台数据中心的海量计算和存储能力为企业和个人提供数据汇总分发、存储备份和管理等服务。开发一个基于 Hadoop 的小型的云盘系统，其基本功能如图 5-42 所示。云盘系统的用户信息包含用户名和密码，可存储在 MySQL 数据库或 HDFS 中，用户上传到 HDFS 中的文件只能被该用户访问。

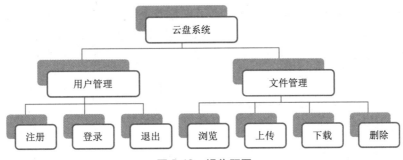

图 5-42　操作题图

单元 6

MapReduce

学习目标

- 掌握 MapReduce 的概念和主要思想。
- 了解 MapReduce 构架和流程。
- 理解 Map 和 Reduce 的概念。
- 能够理解 MapReduce 编程思想,会编写 MapReduce 版本 WordCount 程序。
- 理解 YARN 的设计思路,了解 YARN 的体系结构。

6.1 MapReduce 概述

Hadoop MapReduce 是一个使用非常简单的并行计算框架,基于它写出来的应用程序能够运行在由上千个服务器组成的大型集群上,并以一种可靠容错的方式并行处理大规模数据集(大于 1 TB)。适用于处理那些数据量大、数据种类少的任务。

目前,MapReduce 共有两个版本,MapReduce(又称 MapReduce v1)和 YARN(又称 MapReduce v2),MapReduce 对应 Hadoop 版本为 Hadoop 1.x 和 0.21.x、0.22.x,特点是简单易用。YARN 对应 Hadoop 版本为 Hadoop 2.x。两者的区别是在 Hadoop 2.x 中,将资源管理功能剥离出来成为一种通用的分布式应用管理框架 YARN,但其中的 MapReduce 仍然是一个纯分布式计算框架。MapReduce v2 可以很好地兼容 MapReduce v1 的应用程序。

MapReduce 的主要特点如下:

(1) 大规模并行计算。
(2) 适用于大型数据集。
(3) 高容错性和高可靠性。

(4) 合理的资源调度。

6.1.1 MapReduce 的设计思想

MapReduce 的设计思想主要有以下两点。

(1) MapReduce 采用了"计算向数据靠拢"策略，而不是"数据向计算靠拢"，其优点是避免了移动数据需要的大量网络传输开销。

(2) MapReduce 采用"分而治之，迭代汇总"策略。一个存储在分布式文件系统中的大规模数据集，会被切分成许多独立的分片(split)，这些分片可以交给不同机器上的多个 Map 任务并行处理，然后再将各自的结果归约（Reduce）成最终结果。这种并行计算框架的优点是减少整个操作的时间。

在分布式计算中，MapReduce 框架负责处理了并行编程中分布式存储、工作调度、负载均衡、容错均衡、容错处理以及网络通信等复杂问题，把处理过程高度抽象为两个函数：Map 和 Reduce，Map 是把一组数据一对一地映射为另外一组数据，其映射的规则由一个函数来指定。Reduce 是对一组数据进行归约，归约的规则由一个函数来指定。

一个 MapReduce 作业通常会把输入的数据集切分为若干独立的数据块，由 Map 任务（Task）以完全并行的方式来处理。框架会对 Map 的输出先进行排序，然后把结果输入给 Reduce 任务，最后返回给客户端。通常作业的输入和输出都会被存储在文件系统中。整个框架负责任务的调度和监控，以及重新执行已经失败的任务。

6.1.2 MapReduce 的体系结构

MapReduce 框架采用了 Master/Slave 架构，包括一个 Master 和若干个 Slave，Master 上运行 JobTracker，Slave 上运行 TaskTracker。MapReduce 体系结构如图 6-1 所示。

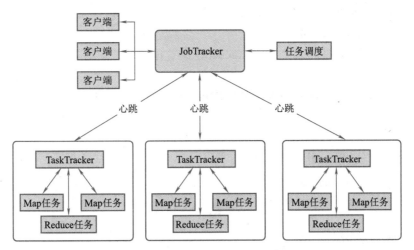

图 6-1 MapReduce 的体系结构

客户端编写 MapReduce 程序，配置作业，提交作业。
JobTracker 初始化作业，分配作业，与 TaskTracker 通信，协调整个作业的执行。

TaskTracker 保持与 JobTracker 的通信，在分配的数据片段上执行 Map 任务或 Reduce 任务。

HDFS 保存作业的数据、配置信息等，保存最后的结果。

各组件的功能如下：

1）Client

用户编写 MapReduce 程序通过 Client 提交到 JobTracker 端。用户可通过 Client 提供的一些接口查看作业运行状态。

在 Hadoop 内部用"作业(Job)"表示 MapReduce 程序。一个 MapReduce 程序可对应若干个作业，而每个作业会被分解为若干个 Map/Reduce 任务(Task)。

2）JobTracker

JobTracker 负责资源监控和作业调度。

JobTracker 监控所有 TaskTracker 与 Job 的健康状况，一旦发现失败，就将相应的任务转移到其他节点。

JobTracker 会跟踪任务的执行进度、资源使用量等信息，并将这些信息告诉任务调度器，而调度器会在资源出现空闲时，选择合适的任务去使用这些资源。

在 Hadoop 中，任务调度器是一个可插拔的模块，用户可以根据自己的需要设计相应的调度器。

3）TaskTracker

TaskTracker 会周期性地通过"心跳(Heartbet)"将本节点上资源的使用情况和任务的运行进度汇报给 JobTracker，同时接收 JobTracker 发送过来的命令并执行相应的操作（如启动新任务、杀死任务等）。

TaskTracker 使用"slot 槽"等量划分本节点上的资源量。一个 Task 获取到一个 slot 后才有机会运行。

slot 代表计算资源(如 CPU、内存等)。slot 分为 Map slolt 和 Reduce slot，分别供给 Map Task 和 Reduce Task 使用。

TaskTracker 通过 slot 数目（可配置参数）限定 Task 的并发度。

4）任务调度器（TaskScheduler）

TaskScheduler 的作用就是将各个 TaskTracker 上的空闲 slot 分配给 Task 使用。

5）Task

Task 分为 Map Task 和 Reduce Task 两种，均由 TaskTracker 启动。

6.1.3　MapReduce 的工作过程

MapReduce 的工作过程如图 6-2 所示。

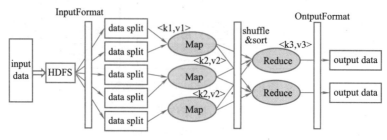

图 6-2　MapReduce 的工作过程

不同的 Map 任务之间不会进行通信。

不同的 Reduce 任务之间也不会发生任何信息交换。

用户不能显式地从一台机器向另一台机器发送消息。

所有的数据交换都是通过 MapReduce 框架自身去实现的。

1. Split（分片）

首先把需要处理的数据文件上传到 HDFS 上，这些数据会被分为好多个小的分片（Split），然后每个分片对应一个 Map 任务。之后 Map 的计算结果会暂存到一个内存缓冲区内，该缓冲区默认为 100 MB。等缓存的数据达到一个阈值（默认是 80%）时，会在磁盘中创建一个文件，开始向文件中写入数据。

HDFS 以固定大小的 Block 块（默认是 128 MB）为基本单位存储数据。MapReduce 最小的计算单位是 Split。Split 是一个逻辑概念，它只包含一些元数据信息，比如数据起始位置、数据长度、数据所在节点等。Split 的划分方法完全由用户自己决定。分片的数量取决于节点数。

关于 Split 与 Block 的对应关系存在几个简单的结论：

（1）一个 Split 不会包含零点几或者几点几个 Block，一定是包含大于或等于 1 的整数个 Block。

（2）一个 Split 不会包含两个 File 的 Block，不会跨越 File 边界。

（3）Split 和 Block 的关系是一对多的关系，Split 默认与 Block 一一对应。

2. Map

Map 任务的输入数据的格式是键值对的形式。Map 在往内存缓冲区中写入数据时会根据 key 进行排序，同样溢写到磁盘的文件中的数据也是排好序的。最后 Map 任务结束时可能会产生多个数据文件，然后把这些数据文件再根据归并排序合并成一个大的文件。

Hadoop 为每个 Split 创建一个 Map 任务，Split 的多少决定了 Map 任务的数目。大多数情况下，理想的分片大小是一个 Block 块的大小。

3. Shuffle

MapReduce 主要分为 Map 操作和 Reduce 操作，Reduce 会接收从不同节点输出的 Map 中间数据。为了方便计算，MapReduce 框架会确保每个 Reduce 的输入都是按 key 排序的。系统执行排序的过程（将 Map 输出作为输入传给 Reduce）称为 Shuffle（即混洗），Shuffle 过程如图 6-3 所示。

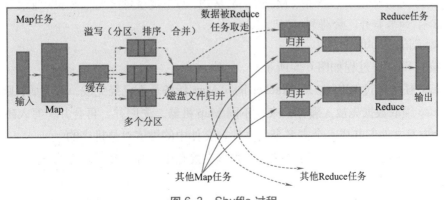

图 6-3　Shuffle 过程

Shuffle 的职责：把 Map 的输出结果有效地传送到 Reduce 端。

Shuffle 过程包含 Map 端的 Shuffle 过程和 Reduce 端的 Shuffle 过程。

1）Map 端的 Shuffle 过程

Map 函数开始产生输出时，并不是简单地将它写到磁盘，而是利用缓冲的方式写到内存并进行预排序以提高效率。

（1）每个 Map 任务都分配有一个内存缓冲区，存储着 Map 的输出结果。MapReduce 默认缓存为 100 MB。

（2）当缓冲区快满的时候会将缓冲区的数据以一个临时文件的方式存放到本地磁盘。缓存设置溢写比例为 40%。在 Map 任务全部结束之前进行归并。归并得到一个大的文件，放在本地磁盘。文件归并时，如果溢写文件数量大于预定值（默认是 3）则可以再次启动 Combiner，少于 3 不需要。

（3）当所有 Map 结束后，再对已有的临时文件做合并（Combine），生成最终的输出文件，然后等待 Reduce 来取数据。

（4）JobTracker 会一直监测 Map 任务的执行，并通知 Reduce 任务来领取数据。

Map 端的 Shuffle 过程如图 6-4 所示。

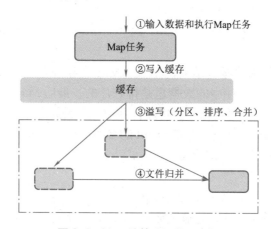

图 6-4 Map 端的 Shuffle 过程

注意：合并（Combine）和归并（Merge）的区别：两个键值对 < "a",1> 和 <"a",1>，如果合并，会得到 < "a",2>；如果归并，会得到 < "a",<1,1>>。

2）Reduce 端的 Shuffle 过程

Reduce 端的 Shuffle 过程如图 6-5 所示。

（1）Reduce 任务通过 RPC 向 JobTracker 询问 Map 任务是否已经完成，若完成，则领取数据。

（2）Reduce 领取数据先放入缓存，来自不同 Map 机器，先归并，再合并，写入磁盘。

（3）多个溢写文件归并成一个或多个大文件，文件中的键值对是排序的。

（4）当数据很少时，不需要溢写到磁盘，直接在缓存中归并，然后输出给 Reduce。

4. Reduce

（1）接收数据。通过 HTTP 方式请求 Map 所在的节点获取 Map 的输出文件。Reduce 会接收到不同 Map 任务传来的数据，文件的格式也是键值对的形式，并且每个 Map 传来的数据都是有序的，通过对 key 进行 hash 运算的方式把数据分配到不同的 Reduce 中去，这样对每个分片的数据进行 hash 运算。

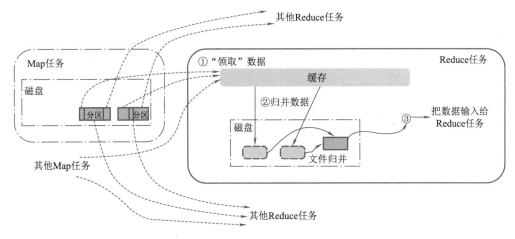

图 6-5 Reduce 端的 Shuffle 过程

（2）合并数据。如果 Reduce 端接收的数据量比较小，则直接复制到 Reduce 的内存缓冲区中，如果数据量超过了该缓冲区大小的一定比例，则对数据先合并再溢写到磁盘中。

（3）归约数据。随着溢写文件的增多，后台线程会将它们合并成一个更大的有序的文件（合并因子默认为 10，即将 10 个文件合并成一个文件）。

最优的 Reduce 任务个数取决于集群中可用的 reduce 任务槽 (slot) 的数目。通常设置比 Reduce 任务槽数目稍微小一些的 Reduce 任务个数（这样可以预留一些系统资源处理可能发生的错误）。

注意：在开发中只需要对中间 Map 和 Reduce 的逻辑进行编程就可以了，中间分片、排序、合并、分配都由 MapReduce 框架自动完成。

6.1.4 MapReduce 的工作过程示例——词频统计

WordCount 是 Hadoop 自带的 MapReduce 示例程序，主要是用于统计一个文本文件中单词出现的次数。完整的代码可在安装目录中找到。

类似应用场景有如何统计一批文本文件（规模为 TB 级或者 PB 级）中所有单词出现的次数？首先，分别统计每个文件中单词出现的次数，然后累加不同文件中同一个单词出现的次数。

类似应用场景还有在搜索引擎中统计最流行的 K 个搜索词，统计搜索词频率，帮助优化搜索词提示。

1. WordCount 程序任务

（1）输入：一个包含大量单词的文本文件。此处用如下测试数据。

```
Hello World Bye World
Hello Hadoop Bye Hadoop
Bye Hadoop Hello Hadoop
```

（2）输出：文件中每个单词及其出现次数（频数），并按照单词字母顺序排序，每个单词和其频数占一行，单词和频数之间有间隔。

```
Bye 3
Hadoop 4
Hello 3
World 2
```

2.WordCount 设计思路

（1）需要检查 WordCount 程序任务是否可以采用 MapReduce 来实现。

（2）确定 MapReduce 程序的设计思路。

（3）确定 MapReduce 程序的执行过程。

3.WordCount 执行过程

假设执行词频统计任务的 MapReduce 作业中，有 3 个执行 Map 任务的 worker 和 1 个执行 Reduce 任务的 worker，任务文档中有 3 行内容，每行分配给一个 Map 任务来处理。

（1）分片。分片的数量取决于节点数，现有 3 个执行 Map 任务的 worker，故把任务文档中的内容分成 3 个 Split。这里 3 行文本分别给 3 个 Split。

（2）Map。每个 Split 对应一个 Map 任务。这里每行文本分配给一个 Map 任务来处理。

在 MapReduce 中，没有一个值是单独存在的，每个值都会有一个键与其关联，键是值的标识。值和键成对出现，称为键值对（key-value）。

在 MapReduce 编程中，键值对表示为 <key, value> 的形式。

如 <1, Hello World Bye World> 表示第 1 行是"Hello World Bye World"，<Hadoop,1> 表示"Hadoop"出现 1 次。

在 MapReduce 编程中，核心的函数是 Map 函数和 Reduce 函数，这两个函数由用户负责实现，功能是按一定的映射规则将输入的 <key1, value1> 对转换成另一个或一批 <key2, value2> 对输出，如表 6-1 所示。

表 6-1　Map 函数和 Reduce 函数

函数	输入	输出	说明
Map	$<k_1,v_1>$ 如 < 行号,"a b c">	List($<k_2,v_2>$) 如 <"a",1> <"b",1> <"c",1>	①将小数据集进一步解析成一批 <key,value> 对，输入 Map 函数中进行处理 ②每一个输入的 $<k_1,v_1>$ 会输出一批 $<k_2,v_2>$。$<k_2,v_2>$ 是计算的中间结果
Reduce	$<k_2,\text{List}(v_2)>$ 如 <"a",<1,1,1>>	$<k_3,v_3>$ <"a",3>	输入的中间结果 $<k_2,\text{List}(v_2)>$ 中的 List(v_2) 表示是一批属于同一个 k_2 的 value

Map 过程如图 6-6 所示。

（3）Shuffle 过程如图 6-7 所示。

（4）Reduce 过程。用户有定义 Combiner 时的 Reduce 过程如图 6-8 所示。

图 6-9 所示为一个每个分片包含多行文本的 WordCount 执行过程。

单元 6　MapReduce

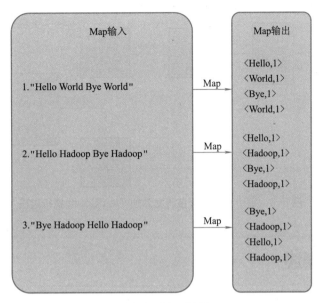

图 6-6　Map 过程

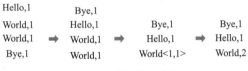

图 6-7　Shuffle 过程

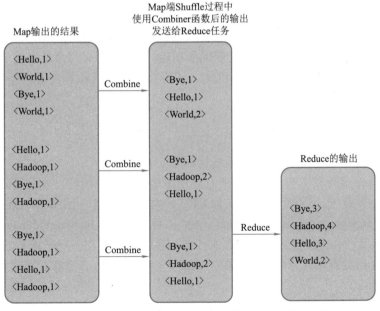

图 6-8　用户有定义 Combiner 时的 Reduce 过程示意图

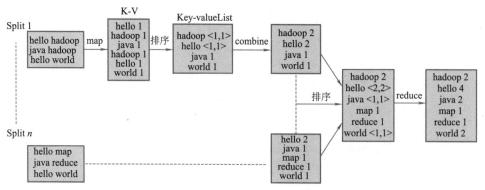

图 6-9 每个分片包含多行文本的 WordCount 执行过程

6.2 YARN 概述

6.2.1 YARN 的设计思想

1. MapReduce1.0 的局限性

MapReduce 1.0 既是一个计算框架,也是一个资源管理调度框架。MapReduce 存在单点故障、可扩展性差(JobTracker 任务过重,内存开销大,节点数上限为 4 000 个)、容易出现内存溢出(分配资源只考虑 MapReduce 任务数,不考虑 CPU、内存等资源)、资源划分不合理(强制划分为 slot)和版本耦合等问题。

2. YARN 的设计思想

Hadoop 2.0 以后,MapReduce 1.0 中的资源管理调度功能被单独分离出来,形成了一个纯粹的资源管理调度框架 YARN。被剥离了资源管理调度功能的 MapReduce 1.0 就变成了 MapReduce 2.0,它是运行在 YARN 之上的一个纯粹的计算框架,不再自己负责资源调度管理服务,而是由 YARN 为其提供资源管理调度服务。

6.2.2 YARN 的体系结构

YARN 采用 Master/Slave 架构,其体系结构如图 6-10 所示。

ResourceManager 运行在主节点,负责所有应用程序之间资源调度、分配和监控。NodeManager(NM)运行在从节点上,监视其资源(如 CPU、内存、磁盘、网络等)使用情况并将结果报告给 ResourceManager。ApplicationMaster(AM)协调来自 ResourceManager 的资源,并与 NodeManager 一起执行和监视任务,只有在有任务正在执行时存在。对于所有的 applications,RM 拥有绝对的控制权和对资源的分配权。而每个 AM 则会和 RM 协商资源,同时和 NodeManager 通信来执行和监控 Task。

各组件的功能如下:

(1)集群的资源管理器 ResourceManager(RM)。ResourceManager 接收用户提交的作业,按照作业的上下文信息以及从 NodeManager 收集来的容器状态信息,启动调度过程,为用户作业启动一个 ApplicationMaster。它主要包括两个组件，即调度器（Resource Scheduler）和应用程序管理器（Applications Manager）。

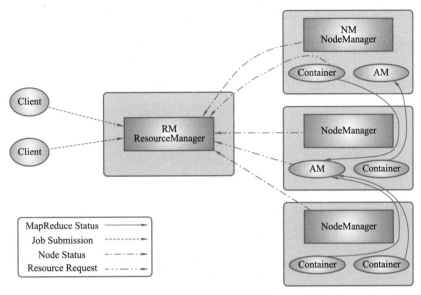

图 6-10　YARN 的体系结构

（2）节点管理器 NodeManager（NM）。它是驻留在一个 YARN 集群中的每个节点上的代理，主要负责容器生命周期管理；监控每个容器的资源（如 CPU、内存等）使用情况；跟踪节点健康状况；以"心跳"的方式与 ResourceManager 保持通信；向 ResourceManager 汇报作业的资源使用情况和每个容器的运行状态；接收来自 ApplicationMaster 的启动/停止容器的各种请求。

注意：NodeManager 主要负责管理抽象的容器，只处理与容器相关的事情，而不具体负责每个任务（Map 任务或 Reduce 任务）自身状态的管理。

（3）ApplicationMaster（AM），负责系统中所有应用程序的管理工作，主要包括应用程序提交、与调度器协商资源以启动 ApplicationMaster、监控 ApplicationMaster 运行状态并在失败时重新启动等。

为应用程序申请资源，并分配给内部任务。

任务调度、监控与容错。

ApplicationMaster 的主要功能是：

①当用户作业提交时，ApplicationMaster 与 ResourceManager 协商获取资源，ResourceManager 会以容器的形式为 ApplicationMaster 分配资源。

②把获得的资源进一步分配给内部的各个任务（Map 任务或 Reduce 任务），实现资源的"二次分配"。

③与 NodeManager 保持交互通信进行应用程序的启动、运行、监控和停止，监控申请到的资源的使用情况，对所有任务的执行进度和状态进行监控，并在任务发生失败时执行失败恢复（即重新申请资源重启任务）。

④定时向 ResourceManager 发送"心跳"消息，报告资源的使用情况和应用的进度信息。

⑤当作业完成时，ApplicationMaster 向 ResourceManager 注销容器，执行周期完成。

（4）容器 Container。集群中的资源抽象。作为动态资源分配单位，每个容器中都封装了某个节点上的一定数量的 CPU、内存、磁盘、网络等资源，从而限定每个应用程序可以使用的资源量。

6.2.3　YARN 的工作流程

YARN 的工作流程如图 6-11 所示。

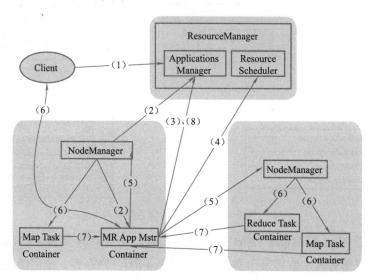

图 6-11　YARN 的工作流程

（1）用户编写客户端应用程序，向 YARN 提交应用程序，提交的内容包括 ApplicationMaster 程序、启动 ApplicationMaster 的命令、用户程序等。

（2）YARN 中的 ResourceManager 负责接收和处理来自客户端的请求，为应用程序分配一个容器，该容器用于运行 ApplicationMaster。

（3）启动中的 ApplicationMaster 向 ResourceManager 注册自己，启动成功后与 RM 保持心跳。

（4）ApplicationMaster 采用轮询的方式向 ResourceManager 发送请求，申请相应数目的 Container。

（5）ResourceManager 以"容器"的形式向提出申请的 ApplicationMaster 分配资源。申请成功的 Container，由 ApplicationMaster 进行初始化。Container 的启动信息初始化后，AM 与对应的 NodeManager 通信，要求 NM 启动 Container。AM 与 NM 保持心跳，从而对 NM 上运行的任务进行监控和管理。

（6）在容器中启动任务（运行环境、脚本）。Container 运行期间，ApplicationMaster 对 Container 进行监控。Container 通过 RPC 协议向对应的 AM 汇报自己的进度和状态等信息。

（7）各个任务向 ApplicationMaster 汇报自己的状态和进度。应用运行期间，Client 直接与 AM 通信获取应用的状态、进度更新等信息。

（8）应用程序运行完成后，ApplicationMaster 向 ResourceManager 的应用程序管理器注销自己，并允许属于它的 Container 被收回。

6.3 在集群中运行 MapReduce 任务

6.3.1 Hadoop 官方示例包中的测试程序

在集群服务器的本地目录 /hadoop-2.7.3/share/hadoop/mapreduce/ 中有 Hadoop 官方提供的示例包 hadoop-mapreduce-examples-2.7.3.jar，这个包中封装了一些基准测试程序，如表 6-2 所示。可以运行基准测试程序来判断一个 Hadoop 集群是否已经正确安装。

表 6-2　Hadoop 官方示例包中的基准测试程序

模块名称	内容
multifilewc	统计多个文件中单词的数量
pi	应用 quasi-Monte Carlo 算法估算圆周率 π 的值
randomtextwriter	在每个数据节点随机生成 1 个 10 GB 的文本文件
wordcount	对输入文件中的单词进行频数统计
wordmean	计算输入文件中单词的平均长度
wordmedian	计算输入文件中单词长度的中位数
wordstandarddeviation	计算输入文件中单词长度的标准差

6.3.2 提交 MapReduce 任务给集群运行

通常使用 hadoop jar 命令提交 MapReduce 任务给集群运行。hadoop jar 命令的基本语法格式为：

```
hadoop jar <jar> [mainClass] args
```

例如在 4.5 节为检查集群是否启动成功就使用了 hadoop jar 命令来运行 pi 实例。

```
[whzy@master ~]$ cd ~/hadoop-2.7.3/share/hadoop/mapreduce/
[whzy@master    mapreduce]$    hadoop jar ~/hadoop-2.7.3/share/hadoop/mapreduce/hadoop-mapreduce-examples-2.7.3.jar pi 10 10
```

或

```
[whzy@master    mapreduce]$    hadoop jar \ ~/hadoop-2.7.3/share/hadoop/mapreduce/hadoop-mapreduce-examples-2.7.3.jar \
  pi\
  10\
  10
```

hadoop jar 命令后面的附带参数较多，本例中，hadoop 为主命令，jar 为子命令，后面紧跟打包后带绝对路径的文件名 hadoop-mapreduce-examples-2.7.3.jar，pi 为主类名，第一个 10 为 map 的总数，第二个 10 为每个 map 的测算次数，值越大，计算结果精度越高。"\"表示续行。

执行完后会看到图 6-12 所示的结果，它是 hadoop jar 命令执行 MapReduce 任务时的日志输出，其中一些关键信息描述了执行的过程和状态。

```
Number of Maps = 10
Samples per Map = 10
Wrote input for Map #0
Wrote input for Map #1
Wrote input for Map #2
Wrote input for Map #3
Wrote input for Map #4
Wrote input for Map #5
Wrote input for Map #6
Wrote input for Map #7
Wrote input for Map #8
Wrote input for Map #9
Starting Job
19/08/07 10:07:27 INFO client.RMProxy: Connecting to ResourceManager at wz/192.168.0.95:8032
19/08/07 10:07:28 INFO input.FileInputFormat: Total input paths to process : 10
19/08/07 10:07:28 INFO mapreduce.JobSubmitter: number of splits:10
19/08/07 10:07:28 INFO mapreduce.JobSubmitter: Submitting tokens for job: job_1565143433055_0001
19/08/07 10:07:28 INFO impl.YarnClientImpl: Submitted application application_1565143433055_0001
19/08/07 10:07:28 INFO mapreduce.Job: The url to track the job: http://wz:8088/proxy/application_1565143433055_0001/
19/08/07 10:07:28 INFO mapreduce.Job: Running job: job_1565143433055_0001
19/08/07 10:07:35 INFO mapreduce.Job: Job job_1565143433055_0001 running in uber mode : false
19/08/07 10:07:35 INFO mapreduce.Job:  map 0% reduce 0%
19/08/07 10:07:47 INFO mapreduce.Job:  map 20% reduce 0%
19/08/07 10:07:48 INFO mapreduce.Job:  map 60% reduce 0%
19/08/07 10:07:55 INFO mapreduce.Job:  map 100% reduce 0%
19/08/07 10:07:57 INFO mapreduce.Job:  map 100% reduce 100%
19/08/07 10:07:57 INFO mapreduce.Job: Job job_1565143433055_0001 completed successfully
19/08/07 10:07:57 INFO mapreduce.Job: Counters: 49
        File System Counters
                FILE: Number of bytes read=226
                FILE: Number of bytes written=1332298
                FILE: Number of read operations=0
                FILE: Number of large read operations=0
                FILE: Number of write operations=0
                HDFS: Number of bytes read=2560
                HDFS: Number of bytes written=215
                HDFS: Number of read operations=43
                HDFS: Number of large read operations=0
                HDFS: Number of write operations=3
        Job Counters
                Launched map tasks=10
                Launched reduce tasks=1
                Data-local map tasks=10
                Total time spent by all maps in occupied slots (ms)=82901
                Total time spent by all reduces in occupied slots (ms)=6387
                Total time spent by all map tasks (ms)=82901
                Total time spent by all reduce tasks (ms)=6387
                Total vcore-milliseconds taken by all map tasks=82901
                Total vcore-milliseconds taken by all reduce tasks=6387
                Total megabyte-milliseconds taken by all map tasks=84890624
        Job Counters
                Launched map tasks=10
                Launched reduce tasks=1
                Data-local map tasks=10
                Total time spent by all maps in occupied slots (ms)=82901
                Total time spent by all reduces in occupied slots (ms)=6387
                Total time spent by all map tasks (ms)=82901
                Total time spent by all reduce tasks (ms)=6387
                Total vcore-milliseconds taken by all map tasks=82901
                Total vcore-milliseconds taken by all reduce tasks=6387
                Total megabyte-milliseconds taken by all map tasks=84890624
                Total megabyte-milliseconds taken by all reduce tasks=6540288
```

图 6-12　hadoop jar 命令运行结果

```
Map-Reduce Framework
    Map input records=10
    Map output records=20
    Map output bytes=180
    Map output materialized bytes=280
    Input split bytes=1380
    Combine input records=0
    Combine output records=0
    Reduce input groups=2
    Reduce shuffle bytes=280
    Reduce input records=20
    Reduce output records=0
    Spilled Records=40
    Shuffled Maps =10
    Failed Shuffles=0
    Merged Map outputs=10
    GC time elapsed (ms)=1745
    CPU time spent (ms)=4800
    Physical memory (bytes) snapshot=2728484864
    Virtual memory (bytes) snapshot=22962987008
    Total committed heap usage (bytes)=2120220672
Shuffle Errors
    BAD_ID=0
    CONNECTION=0
    IO_ERROR=0
    WRONG_LENGTH=0
    WRONG_MAP=0
    WRONG_REDUCE=0
File Input Format Counters
    Bytes Read=1180
File Output Format Counters
    Bytes Written=97
Job Finished in 29.695 seconds
Estimated value of Pi is 3.20000000000000000000
```

图 6-12 hadoop jar 命令运行结果（续）

job_1565143433055_0001：作业号。

```
19/08/07 10:07:55 INFO mapreduce.Job:  map 100% reduce 0%
```

表示 Map 操作完成的进度，map 100% reduce 0%：表示 Map 操作完成，Reduce 操作尚未开始。

```
19/08/07 10:07:57 INFO mapreduce.Job:  map 100% reduce 100%
```

map 100% reduce 100%：表示 Reduce 操作完成。

```
19/08/07 10:07:57 INFO mapreduce.Job: Job job_1565143433055_0001 completed successfully
```

表示作业成功完成。

Map input records=10：表示 Map 的输入记录有 10 条。

Map output records=20：表示 Map 的输出记录有 20 条。

Reduce input records=20：表示 Reduce 的输入记录有 20 条。

Reduce output records=0：表示 Reduce 的输出记录有 0 条。

Job Finished in 29.695 seconds：表示作业的用时是 29.695 秒。

最后输出结果是：Estimated value of Pi is 3.20000000000000000000

注意： hadoop jar 和 yarn jar 的区别：hadoop jar 按 mr1 或 yarn 运行 job，决定是否配置 yarn。yarn jar 按 yarn 方式运行 job，必须启动 dfs。如果配置了 yarn，则两种方式运行效果是一样的。

6.4 在 Eclipse 中配置 MapReduce 环境

在完成 Eclipse 的安装和配置后，还需要配置 MapReduce 环境。

（1）增加 Map/Reduce 功能区，如图 6-13 和图 6-14 所示。

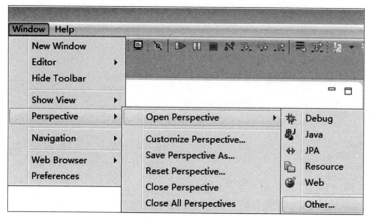

图 6-13 增加 Map/Reduce 功能区一

图 6-14 增加 Map/Reduce 功能区二

（2）增加 Hadoop 集群的连接，如图 6-15、图 6-16 和图 6-17 所示。
（3）新建 MapReduce 工程，导入 MapReduce 运行依赖的相关 Jar 包。导入方法参考 5.3.2 节内容。

单元 6　MapReduce

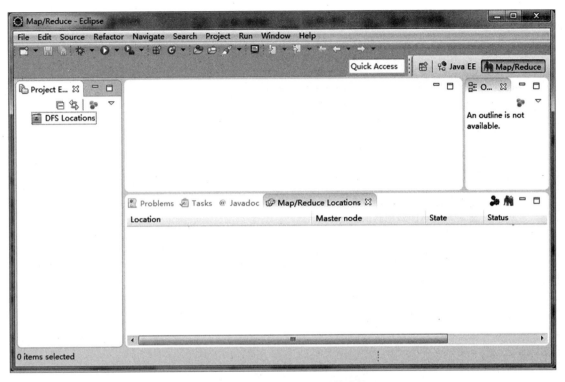

图 6-15　增加 Hadoop 集群的连接一

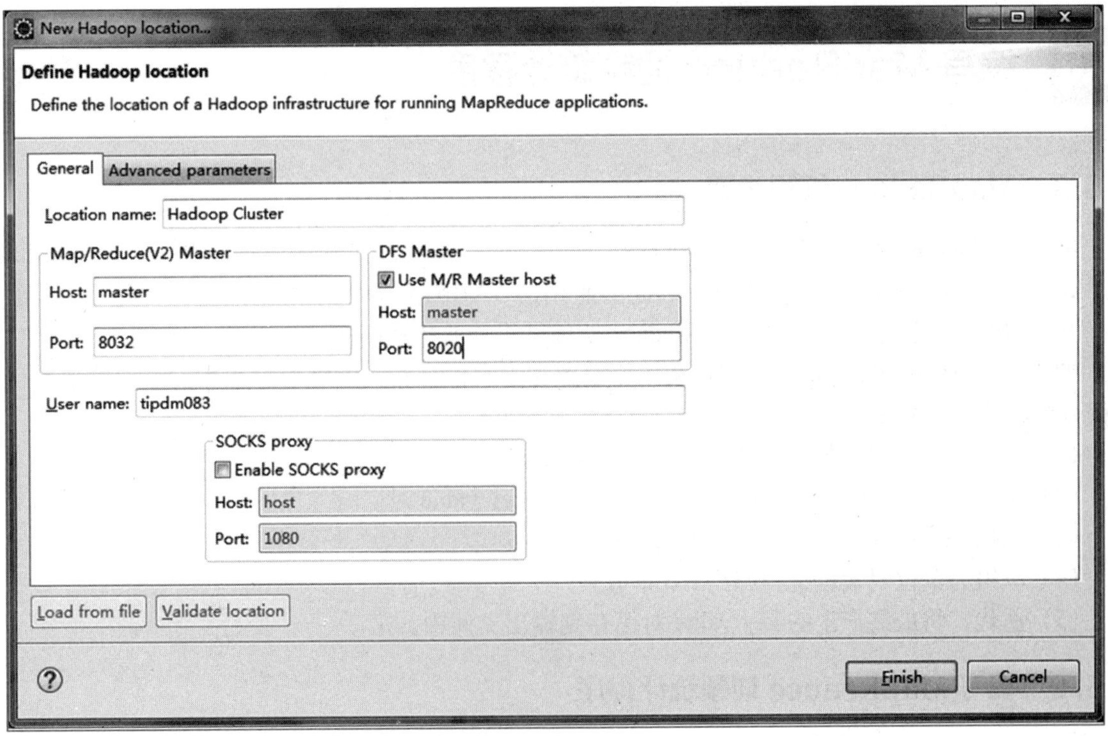

图 6-16　增加 Hadoop 集群的连接二

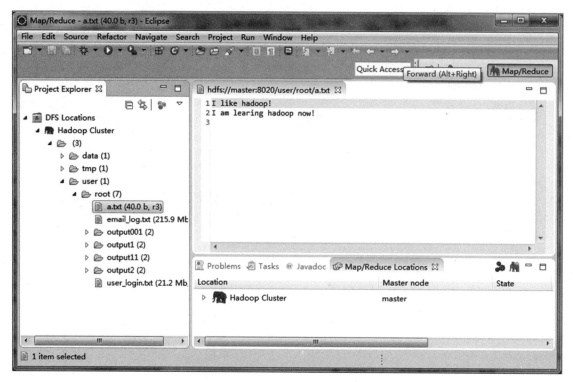

图 6-17 增加 Hadoop 集群的连接三

6.5 编写 MapReduce 词频统计程序

6.5.1 MapReduce 编程步骤

编写在 Hadoop 中依赖 Yarn 框架执行的 MapReduce 程序,并不需要自己开发 MRAppMaster 和 YARNRunner,因为 Hadoop 已经默认提供通用的 YARNRunner 和 MRAppMaster 程序,大部分情况下只需要编写相应的 Map 处理和 Reduce 处理过程的业务程序即可。

编写一个 MapReduce 程序并不复杂,关键点在于掌握分布式的编程思想和方法,主要将计算过程分为以下五个步骤:

(1) 迭代。遍历输入数据,并将其解析成 key/value 对。
(2) 将输入 key/value 对映射 (map) 成另外一些 key/value 对。
(3) 依据 key 对中间数据进行分组 (grouping)。
(4) 以组为单位对数据进行归约 (reduce)。
(5) 迭代。将最终产生的 key/value 对保存到输出文件中。

6.5.2 编写 MapReduce 词频统计程序

编写 Map 和 Reduce 类,其中 Map 过程需要继承 org.apache.hadoop.mapreduce 包中的 Mapper 类,

并重写其 map 方法；Reduce 过程需要继承 org.apache.hadoop.mapreduce 包中的 Reduce 类，并重写其 reduce 方法。

```java
import org.apache.hadoop.conf.Configuration;
import org.apache.hadoop.fs.Path;
import org.apache.hadoop.io.IntWritable
import org.apache.hadoop.io.Text;
import org.apache.hadoop.mapreduce.Job;
import org.apache.hadoop.mapreduce.Mapper;
import org.apache.hadoop.mapreduce.Reducer;
import org.apache.hadoop.mapreduce.lib.input.TextInputFormat;
import org.apache.hadoop.mapreduce.lib.output.TextOutputFormat;
import org.apache.hadoop.mapreduce.lib.partition.HashPartitioner;

import java.io.IOException;
import java.util.StringTokenizer;

public class WordCount {
    public static class TokenizerMapper extends Mapper<Object,Text,Text, IntWritable> {
        private final static IntWritable one=new IntWritable(1);
        private Text word=new Text();
        //map 方法，划分一行文本，读一个单词写出一个<单词,1>
        public void map(Object key, Text value, Context context)throws IOException, InterruptedException {
            StringTokenizer itr=new StringTokenizer(value.toString());
            while (itr.hasMoreTokens()) {
                word.set(itr.nextToken());
                context.write(word, one);              // 写出<单词,1>
            }
        }
    }
    // 定义 reduce 类，对相同的单词，把它们<K,VList>中的 VList 值全部相加
    public static class IntSumReducer extends Reducer<Text,IntWritable,Text,IntWritable> {
        private IntWritable result=new IntWritable();
        public void reduce(Text key,Iterable<IntWritable>values,Contextcontext) throws IOException, InterruptedException {
            int sum=0;
            for(IntWritable val:values){
                sum+=val.get();
```

```java
                    // 相当于 <Hello,1><Hello,1>，将两个 1 相加
            }
            result.set(sum);
            context.write(key, result);
            // 写出这个单词和这个单词出现次数 <单词,单词出现次数>
        }
    }
    public static void main(String[] args) throws Exception {    // 主方法，函数入口
        Configuration conf=new Configuration();                   // 实例化配置文件类
        Job job=new Job(conf, «WordCount»);                       // 实例化 Job 类
        job.setInputFormatClass(TextInputFormat.class);           // 指定使用默认输入格式类
        TextInputFormat.setInputPaths(job, args[0]);              // 设置待处理文件的位置
        job.setJarByClass(WordCount.class);                       // 设置主类名
        job.setMapperClass(TokenizerMapper.class);                // 指定使用上述自定义 Map 类
        job.setCombinerClass(IntSumReducer.class);                // 指定开启 Combiner 函数
        job.setMapOutputKeyClass(Text.class);                     // 指定 Map 类输出的 <K,V>, K 类型
        job.setMapOutputValueClass(IntWritable.class);            // 指定 Map 类输出的 <K,V>, V 类型
        job.setPartitionerClass(HashPartitioner.class);           // 指定使用默认的 HashPartitioner 类
        job.setReducerClass(IntSumReducer.class);                 // 指定使用上述自定义 Reduce 类
        job.setNumReduceTasks(Integer.parseInt(args[2]));         // 指定 Reduce 个数
        job.setOutputKeyClass(Text.class);                        // 指定 Reduce 类输出的 <K,V>,K 类型
        job.setOutputValueClass(Text.class);                      // 指定 Reduce 类输出的 <K,V>,V 类型
        job.setOutputFormatClass(TextOutputFormat.class);         // 指定使用默认输出格式类
        TextOutputFormat.setOutputPath(job,new Path(args[1]));    // 设置输出结果文件位置
        System.exit(job.waitForCompletion(true) ? 0 : 1);         // 提交任务并监控任务状态
    }
}
```

6.5.3 打包提交代码运行

使用 Eclipse 开发工具把工程打成 jar 包，然后把 jar 包和输入文件上传到 HDFS。

假定打包后的文件名为 hdpAction.jar，主类 WordCount 位于包 njupt 下，则可使用如下命令向 YARN 集群提交本应用。

```
./yarn jar hdpAction.jar   njupt.WordCount   /word   /wordcount   4
```

其中，yarn 为命令；jar 为命令参数，后面紧跟打包后的代码地址；njupt 为包名；WordCount 为主类名；/word 为输入文件在 HDFS 中的位置，/wordcount 为输出文件在 HDFS 中的位置。

程序运行成功后，可以通过控制台上的显示内容查看运行结果，或者直接在 hdfs 上查看结果。

习题

1. 启动 Yarn 的命令是（ ）。
   A. start-all.sh
   B. start-hadoop.sh
   C. start-Yarn.sh
   D. 都不对

2. 在词频统计（WordCount）的执行过程中，（ ）模块负责进行单词的拆分与映射。
   A. Mapper
   B. Reducer
   C. Driver
   D. Main

3. MapReducer 程序最后输出的结果通常都是按键值进行排序的，那么排序工作发生在 MapReducer 执行过程中的（ ）阶段。
   A. Map
   B. Shuffle
   C. Reduce
   D. Combiner

4. 在驱动类中，使用方法（ ）设置输入数据的格式。
   A. setOutputFormat
   B. setOutputKeyValue
   C. setInputFormat
   D. setJarByClass

5. 以 MapReduce 统计学员的平均成绩，如果输出结果的格式为"学生姓名平均成绩"，例如"Alice89.5"，那么通过（ ）选用输出键值对格式。
   A. job.setOutputKeyClass(Text.class);job.setOutputVvalueClass(Text.class);
   B. job.setOutputKeyClass(IntWritable.class);job.setOutputValueClass(Text.class);
   C. job.setOutputKeyClass(Text.class);job.setOutputValueClass(LongWritable.class);
   D. job.setOutputKeyClass(Text.class);job.setOutputValueClass(DoubleWritable.class);

6. 在 MapReduce 程序中，Mapper 模块中的自定义类 MyMapper 继承自（ ）父类。
   A. Mapper
   B. Reducer
   C. Combiner
   D. Partitioner

7. 在 MapReduce 程序中，必须包含的模块有（ ）。
   A. Mapper、Combiner、Reducer
   B. setup、Mapper、Reducer
   C. Mapper、Reducer
   D. Mapper、Reducer、cleanup

8. 在 MapReduce 程序中，Reducer 类中包括的函数有（ ）。
   A. startup、reduce、end
   B. setup、reduce、cleanup
   C. start、run、reduce、end
   D. startup、run、end

9. 有一组数据（W,2,C,2,8,S,W），如果用 MapReduce 程序对其中的每个元素进行计数，那么在输出的键值对结果中，键的排列顺序应该是（ ）。
   A. 8、2、C、S、W
   B. 2、8、C、S、W
   C. C、S、W、8、2
   D. 2、8、W、C、S

10. 在 Job 类中对输入键值对格式进行设置时，如果 Mapper 的输入格式与 Reducer 的输出格式一样，那么可以省略（　　　　）设置。

　　A. job.setOutputKeyClass( ) 与 job.setOutputValueClass( )

　　B. job.setMapOutputKeyClass( ) 与 job.setMapOutputValueClass( )

　　C. job.setReduceOutputKeyClass( ) 与 job.setReduceOutputValueClass( )

　　D. 以上都不能省略

11. 下列关于 Combiner 的描述，正确的是（　　　　）。

　　A. 在 MapReduce 作业流程中可随意添加 Combiner

　　B. 添加了 Combiner 意味着 MapReduce 程序的运行效率得到了优化

　　C. Combiner 可以代替 Reducer

　　D. 应谨慎使用 Combiner

12. 下列（　　　　）情况适合添加 Combiner。

　　A. MapReduce 程序求平均值　　　　　　　B. MapReduce 程序求和

　　C. MapReduce 程序求中位数　　　　　　　D. MapReduce 程序对数据进行排序

13. 下列属于 Hadoop 内置数据类型的是（　　　　）。

　　A. IntegerWritable　　B. StringWritable　　C. ListWritable　　D. MapWritable

14. 关于自定义数据类型，下列说法正确的是（　　　　）。

　　A. 自定义数据类型必须继承 Writable 接口

　　B. 自定义 MapReduce 的 key 需要继承 Writable 接口

　　C. 自定义 MapReduce 的 value 需要继承 WritableComparable 接口

　　D. 自定义数据类型必须实现 readFields(DataInput datainput) 方法

15. 设置 MapReduce 参数传递的正确方式是（　　　　）。

　　A. 通过变量赋值进行传递　　　　　　　　B. 通过 get( ) 和 set( ) 方法传递

　　C. 通过 conf.set("argName",args[n]) 传递　　D. 通过 job.set("argName",args[n]) 传递

16. 在 Mapper 类的 setup 函数里，下列（　　　　）方式可以用来获取参数值。

　　A. context.get("argName")　　　　　　　　B. configuration.get("argName")

　　C. context.getConfiguration.getInt("argName")　　D. context.getConfiguration.get("argNme")

17. Hadoop 序列化的特点有（　　　　）。

　　A. 紧凑，快速，互扩展，互操作　　　　　B. 紧凑，快速

　　C. 互扩展　　　　　　　　　　　　　　　D. 互操作

18. 下列说法正确的是（　　　　）。

　　A. Combiner 发生在 Reduce 端

　　B. MappReduce 默认的输入格式是 KeyValueInputFormat

　　C. Partitioner 的作用是对 key 进行分区

　　D. 自定义值类型需要实现 WritableComparable 接口

19. MapReduce 默认的输出格式是（　　）。
    A. SequenceFileOutputFormat   B. TextOutputFormat
    C. NullOutputFormat   C. MapFileOutputFormat
20. Hadoop Java API 创建文件夹的方法是（　　）。
    A. listStatus(Path f)   B. delete(Path f)
    C. mkdirs(Path f)   C. open(Path f)
21. 简述 MapReduce 的体系结构。
22. 简述 MapReduce 的执行过程。
23. 简述 Yarn 的体系结构。
24. 简述 Yarn 和 MapReduce 的异同。
25. 是否所有 MapReduce 程序都需要经过 Map 和 Reduce 两个过程？如果不是，请举例说明。
26. 试设计一个基于 MapReduce 的算法，求出数据集中的最大值。
27. 操作题：设计两个文本文件的内容，编写 MapReduce 程序实现对两个文本文件中的数据进行合并、去重和排序。
28. 操作题：设计两张表的内容，编写 MapReduce 程序实现对两张表的 reduce 端的 Join 操作。

单元 7

分布式协调服务器 ZooKeeper

学习目标

- 理解 ZooKeeper 的主要概念和特征，培育学生协同合作的团队意识。
- 理解 ZooKeeper 的工作原理和数据模型。
- 掌握 ZooKeeper 安装部署的方法。
- 熟练掌握 ZooKeeper 的一些常用 Shell 操作命令。

7.1 ZooKeeper 概述

7.1.1 ZooKeeper 简介

1. 引入 ZooKeeper 的原因

在 HDFS 和 YARN 以及后面学习的 HBase、Storm、Flume 和 Spark 中都存在"单点故障"问题。Hadoop 2.x 中使用了 Hadoop HA，即通过设置多个主节点，其中一个主节点是 Active，其他备用主节点在 Active 主节点宕机时，备份主节点可自动切换接替 Active 主节点的工作。实现这个切换的核心角色就是 ZooKeeper。ZooKeeper 可以帮助集群选举出一个 Master 作为集群的总管，并保证在任何时刻总有唯一 Master 在运行，这就避免了 Master 的"单点失效"问题。HBase 使用 ZooKeeper 的事件处理确保整个集群只有一个 Hmaster、察觉 HRegionServer 联机和宕机、存储访问控制列表等。

2. ZooKeeper 的作用

ZooKeeper 是一个分布式的、开放源码的应用程序协调服务框架，是 Google 的 Chubby 一个开源的实现，是 Hadoop 和 HBase 的重要组件。

ZooKeeper 主要用来解决分布式集群中应用系统的一致性问题。它能提供基于类似于文件系统的目录节点树方式的数据存储，但 ZooKeeper 并不是用来专门存储数据的，它的作用主要是维护和监控存储数据的状态变化。通过监控这些数据状态的变化，从而可以达到基于数据的集群管理，如统一命名服务、状态同步服务、集群管理、分布式应用配置项的管理等。

ZooKeeper 包含一个简单的原语集，提供 Java 和 C 的接口。ZooKeeper 的目标就是封装好复杂易出错的关键服务，将简单易用的接口和性能高效、功能稳定的系统提供给用户。

3. ZooKeeper 的特点

ZooKeeper 有如下特点。

（1）一致性：为客户端展示同一视图，这是 ZooKeeper 最重要的功能。

（2）可靠性：如果消息被一台服务器接受，那么它将被所有服务器接受。

（3）实时性：ZooKeeper 不能保证两个客户端能同时得到刚更新的数据，如果需要最新数据，应该在读数据之前调用 sync( ) 接口。

（4）等待无关（wait-free）：慢的或者失效的 Client 不干预快速的 Client 的请求。

（5）原子性：更新只能成功或者失败，没有中间状态。

（6）顺序性：所有 Server，同一消息发布顺序一致。

ZooKeeper 的官网首页如图 7-1 所示，地址为 http://zookeeper.apache.org/。

ZooKeeper 安装包下载地址为 http://zookeeper.apache.org/releases.html。

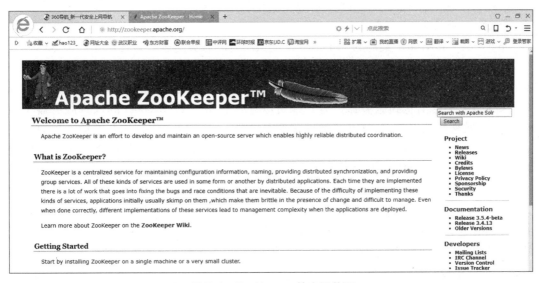

图 7-1　ZooKeeper 的官网首页

7.1.2　ZooKeeper 的体系结构

1. ZooKeeper 的体系结构

ZooKeeper 的体系结构如图 7-2 所示。ZooKeeper 集群是一个由多个 Server 组成的集群，其中，一个 Leader，多个 Follower。全局数据一致，分布式读写，每个 Server 在内存中存储了一份数据副本；ZooKeeper 启动时，将从实例中选举一个 Leader；Leader 负责处理数据更新等操作，一个更新操作成功，当且仅当大多数 Server 在内存中成功修改数据。Leader 既可以为客户端提供写服务又能提供读服务，Follower 和 Observer 都只能提供读服务。写操作必须得到 Leader 的同意后才能执行。

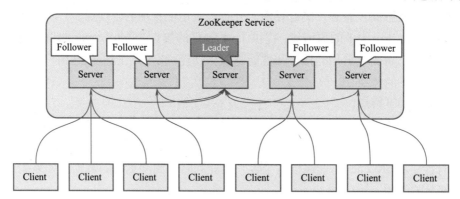

图 7-2 ZooKeeper 的体系结构

ZooKeeper 有一个很重要的特性：集群中只要有过半的机器是正常工作的，那么整个集群对外就是可用的。正是基于这个特性，建议将 ZooKeeper 集群的机器数量控制为奇数较为合适。

ZooKeeper Server 数目一般为奇数（3、5、7），这是因为 Leader 选举算法采用了 Paxos 协议，该协议的核心思想是当多数 Server 写成功，则任务数据写成功。也就是说：如果有 3 个 Server，则 2 个写成功即可；如果有 4 或 5 个 Server，则 3 个写成功即可。

2. ZooKeeper 的部分术语

（1）Server：ZooKeeper 集群的一个节点，提供所有的服务给客户。图中每一个 Server 代表一个安装 ZooKeeper 服务的机器。组成 ZooKeeper 服务的服务器必须彼此了解。它们维护一个内存中的状态图像，以及持久存储中的事务日志和快照，只要大多数服务器可用，ZooKeeper 服务就可用。

（2）Client：发送消息到服务器。客户端可以连接到整个 ZooKeeper 的任意服务器上（除非 leaderServes 参数被显式设置，Leader 不允许接受客户端连接）。客户端使用并维护一个 TCP 连接，通过这个连接发送请求、接受响应、获取观察的事件以及发送心跳。如果这个 TCP 连接中断，客户端将自动尝试连接到另外的 ZooKeeper 服务器。客户端第一次连接到 ZooKeeper 服务器时，接受这个连接的 ZooKeeper 服务器会为这个客户端建立一个会话。当这个客户端连接到另外的服务器时，这个会话会被新的服务器重新建立。

（3）Leader：ZooKeeper 启动时，将从实例中选举一个 Leader（Paxos 协议）。Leader 负责进行投票的发起和决议、处理数据更新（Zab 协议）等操作，一个更新操作成功的标志是当且仅当大多数 Server 在内存中成功修改数据。

（4）Follower：用于接收客户请求并向客户端返回结果，在选举过程中参与投票。

（5）Observer：接受客户端的连接，并将写请求转发给 Leader 节点。Observer 不参与投票。增加 Observer 的原因是当集群节点数目逐渐增大，为了支持更多的客户端，需要增加更多 Server，而 Server 增多会导致投票阶段延迟增大，影响性能。通过加入更多不参与投票的 Observer 节点，既能提高伸缩性，同时也不影响吞吐量。

（6）Learner：Follower 和 Observer 统称为 Learner。在 ZooKeeper 中，Leader 和 Learner 之间的交互采用的是一种典型 1+N 的线程模型，即一个线程用来处理连接请求，然后 N 个线程用来处理彼此之间的 IO。

3. ZooKeeper 写流程

客户端首先和一个 Server（Follower 或 Observer）通信，发起写请求，然后 Server 将写请求转发给 Leader，Leader 再将写请求转发给其他 Server，Server 在接收到写请求后写入数据并响应 Leader，Leader 在接收到大多数写成功回应后，认为数据写成功，然后响应 Client。

7.1.3 ZooKeeper 的数据模型

1. ZooKeeper

ZooKeeper 将所有数据存储在内存中，从而可以实现高吞吐量和低延迟。

ZooKeeper 的数据模型在结构上跟 Linux 系统的文件目录结构非常相似，采用树状目录结构（Znode Tree），命名符合常规文件系统规范，如图 7-3 所示。

树中每个节点在 ZooKeeper 中称为 Znode，通常以二进制的格式存储小型数据。ZooKeeper 规定节点的数据大小不能超过 1 MB，但实际上数据量应尽可能小，否则会导致 ZooKeeper 的性能明显下降。如果确实需要存储大量数据，一般解决方法是在另外的分布式数据库（如 Redis）中保存该数据，然后在 Znode 中只保留该数据在数据库中存储位置的索引即可。

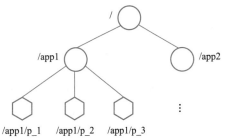

图 7-3 ZooKeeper 的数据模型

Znode 具有文件和目录两种特点，必须以斜杠（/）开头，并且其有唯一的路径标识。例如 /app1/p_1 和 /app2。

注意：这里的节点是指数据节点 Znode，即数据模型中的数据单元，而不是机器节点。

2. ZooKeeper 的节点 Znode

每个 Znode 都会保存自己的数据内容，同时还会保存一系列属性信息，主要有以下几类。

Stat：描述 Znode 的版本、权限等状态信息。

Data：与该 Znode 关联的数据。

Children：该 Znode 节点的子节点。

1) 版本号

Znode 中的数据可以有多个版本，如某个路径下存有多个数据版本，那么查询这个路径下的数据就需要带上版本。多个客户端对同一个 Znode 进行操作时，版本号的使用就会显得尤为重要。Stat 中记录了 Znode 的三个数据版本，分别是：

dataVersion：数据版本号，每次对节点进行 set 操作，dataVersion 的值都会增加 1（即使设置的是相同的数据）。

Cversion：当前 Znode 子节点的版本号。当 Znode 的子节点有变化时，Cversion 的值就会增加 1。

Aversion：当前 Znode 的 ACL（Access Control List）版本号。

2) 事务 ID

Zxid：(ZooKeeper Transaction Id)。对于 ZooKeeper 每次的变化都会产生唯一的事务 id。通过 Zxid 可以确定更新操作的先后顺序。例如，如果 Zxid1 小于 Zxid2，说明 Zxid1 操作先于 Zxid2 发生。

注意：Zxid 对于整个 ZK 都是唯一的，即使操作的是不同的 Znode。

cZxid：Znode 被创建时产生的事务 id。

mZxid：Znode 被修改的事务 id，即每次对 Znode 的修改都会更新 mZxid。

通过 get 命令可以获得节点的属性。

先启动 ZooKeeper 的客户端。

```
/home/whzy/zookeeper-3.4.12/bin/zkCli.sh
```

在 ZK 提示符下执行 get 命令。

```
get  /app1/p_1
p_1
cZxid=0x20000000e
ctime=Thu Jun 30 20:41:55 HKT 2018
mZxid=0x20000000e
mtime=Thu Jun 30 20:41:55 HKT 2018
pZxid=0x20000000e
cversion=0
dataVersion=0
aclVersion=0
ephemeralOwner=0x0
dataLength=4
numChildren=0
```

3）Znode 的类型

Znode 的类型在创建时确定并且之后不能再修改。Znode 有两种类型：临时节点（ephemeral znode）和持久节点（persistent znode）。

临时节点：它的生命周期和客户端会话绑定，一旦客户端会话失效，那么这个客户端创建的所有临时节点都会被移除。临时节点不可以有子节点。

持久节点：是指一旦这个 Znode 被创建了，除非主动进行 Znode 的移除操作，否则这个 Znode 将一直保存在 ZooKeeper 上。它不依赖于客户端会话，只有当客户端明确要删除该持久节点时才会被删除。

ZooKeeper 还允许用户为每个节点添加一个特殊的属性：SEQUENTIAL。

一旦节点被标记上这个属性，那么在这个节点被创建的时候，ZooKeeper 会自动在其节点名后面追加上一个整型数字，这个整型数字是一个由父节点维护的自增数字。

给临时节点标记上顺序属性就得到临时顺序节点（EPHEMERAL_SEQUENTIAL）；给持久节点标记上顺序属性就得到持久顺序节点（PERSISTENT_SEQUENTIAL）。

3. 事件监听器（watcher）

ZooKeeper 允许用户在特定的 Znode 上注册 watcher，并且在特定事件触发时，ZooKeeper 服务端会将事件通知到感兴趣的客户端上。

7.1.4　ZooKeeper 的工作原理

ZooKeeper 的核心是原子广播，这个机制保证了各个 Server 之间的同步。实现这个机制的协议为 ZAB 协议，ZAB（ZooKeeper Atomic Broadcast）协议是为分布式协调服务 ZooKeeper 专门设计的一种支持崩溃恢复的原子广播协议。基于该协议，ZooKeeper 实现了一种主备模式的系统架构来保持集群中各个副本之间的数据一致性。

ZAB 协议有两种基本的模式：恢复模式和广播模式。

当整个服务框架在启动过程中，或是当 Leader 服务器出现网络中断、崩溃退出与重启等异常情况时，ZAB 协议就会进入恢复模式并选举产生新的 Leader 服务器。当选举产生了新的 Leader 服务器，同时集群中已经有过半的机器与该 Leader 服务器完成了状态同步之后，ZAB 协议就会退出恢复模式。

注意：状态同步是指数据同步，用来保证集群中存在过半的机器能够和 Leader 服务器的数据状态保持一致。状态同步保证了 Leader 和 Server 具有相同的系统状态。

当集群中已经有过半的 Follower 服务器完成了和 Leader 服务器的状态同步，那么整个服务框架就可以进入消息广播模式。

当一台同样遵守 ZAB 协议的服务器启动后加入到集群中时，如果此时集群中已经存在一个 Leader 服务器在负责进行消息广播，那么新加入的服务器就会自觉地进入数据恢复模式（找到 Leader 所在的服务器，并与其进行数据同步），然后一起参与到消息广播流程中去。

ZooKeeper 被设计成只允许唯一的 Leader 服务器进行事务请求的处理。Leader 服务器在接收到客户端的事务请求后，会生成对应的事务提案并发起一轮广播协议。如果集群中的其他机器接收到客户端的事务请求，那么这些非 Leader 服务器会首先将这个事务请求转发给 Leader 服务器。

为了保证事务的顺序一致性，ZooKeeper 采用了递增的事务 id 号（Zxid）标识事务。所有提议（proposal）都在被提出的时候加上了 Zxid。Zxid 是一个 64 位数字，它的高 32 位是 epoch，用来标识 Leader 关系是否改变，每次一个 Leader 被选出来，它都会有一个新的 epoch，标识当前属于哪个 leader 的统治时期；低 32 位用于递增计数。

7.2 ZooKeeper 集群安装部署

本节中 ZooKeeper 的安装环境如下：
➢ ZooKeeper 安装包：zookeeper-3.4.12.tar.gz。
➢ JDK：jdk-8u161-linux-x64.tar.gz。
➢ Hadoop 安装包：hadoop-2.7.3.tar.gz。

注意：①安装 ZooKeeper 之前需要 Hadoop 已经正常启动。②ZooKeeper 需要分别部署在 Master 和 Slave、Slave2 三个节点上。

7.2.1 在 Master 节点上安装 ZooKeeper

在 Master 节点上，移动并解压 ZooKeeper 安装包 zookeeper-3.4.12.tar.gz。

```
[whzy@master ~]$ cd software/Hadoop
[whzy@master Hadoop]$ mv zookeeper-3.4.12.tar.gz ~/
[whzy@master hadoop]$ cd
[whzy@master ~]$ tar -zxvf ~/zookeeper-3.4.12.tar.gz ~/
```

```
[whzy@master ~]$ cd zookeeper-3.4.12
[whzy@master zookeeper-3.4.12]$ ll
```

执行 ll 命令，显示图 7-4 所示的 ZooKeeper 文件和目录结构。

```
[whzy@master zookeeper-3.4.12]$ ll
total 1624
drwxr-xr-x.  2 whzy whzy    4096 Mar 26  2018 bin
-rw-rw-r--.  1 whzy whzy   87945 Mar 26  2018 build.xml
drwxr-xr-x.  2 whzy whzy    4096 Mar 26  2018 conf
drwxr-xr-x. 10 whzy whzy    4096 Mar 26  2018 contrib
drwxr-xr-x.  2 whzy whzy    4096 Mar 26  2018 dist-maven
drwxr-xr-x.  6 whzy whzy    4096 Mar 26  2018 docs
-rw-rw-r--.  1 whzy whzy    1709 Mar 26  2018 ivysettings.xml
-rw-rw-r--.  1 whzy whzy    8197 Mar 26  2018 ivy.xml
drwxr-xr-x.  4 whzy whzy    4096 Mar 26  2018 lib
-rw-rw-r--.  1 whzy whzy   11938 Mar 26  2018 LICENSE.txt
-rw-rw-r--.  1 whzy whzy    3132 Mar 26  2018 NOTICE.txt
-rw-rw-r--.  1 whzy whzy    1585 Mar 26  2018 README.md
-rw-rw-r--.  1 whzy whzy    1770 Mar 26  2018 README_packaging.txt
drwxr-xr-x.  5 whzy whzy    4096 Mar 26  2018 recipes
drwxr-xr-x.  8 whzy whzy    4096 Mar 26  2018 src
-rw-rw-r--.  1 whzy whzy 1483366 Mar 26  2018 zookeeper-3.4.12.jar
-rw-rw-r--.  1 whzy whzy     819 Mar 26  2018 zookeeper-3.4.12.jar.asc
-rw-rw-r--.  1 whzy whzy      33 Mar 26  2018 zookeeper-3.4.12.jar.md5
-rw-rw-r--.  1 whzy whzy      41 Mar 26  2018 zookeeper-3.4.12.jar.sha1
```

图 7-4 ZooKeeper 的文件和目录结构

7.2.2 配置 ZooKeeper 属性文件

1. 在 Master 节点上配置服务器核心属性

集群中的每台机器都需要感知整个集群是由哪几台机器组成的，在配置文件中，可以按照这样的格式，每行写一个机器配置：server.id=host:port:port，其中，id 为 Server ID，标识 host 机器在集群中的机器序号。

需要利用 zoo_sample.cfg 文件复制生成一个系统配置文件 zoo.cfg。

```
[whzy@master zookeeper-3.4.12]$ cd conf
[whzy@master conf]$ cp zoo_sample.cfg zoo.cfg
```

用 gedit 编辑系统配置文件 zoo.cfg。

```
[whzy@master conf]$ gedit zoo.cfg
```

将下面的代码追加到配置文件 zoo.cfg 中。

```
server.1=master:2888:3888
server.2=slave:2888:3888
server.3=slave2:2888:3888
```

注意：在 ZooKeeper 集群中任意一台机器上的 zoo.cfg 文件的内容都是一致的。

2. 在 Master 节点和 Slave 节点、Slave2 节点上分别添加 myid 文件

在每个 ZooKeeper 机器上，需要在数据目录（dataDir 参数）下创建一个 myid 文件，myid 文

件中只有一个数字，即该节点对应的 server.id 中的 id 编号，id 的范围是 1~255。

创建目录 /tmp/zookeeper，在该目录下创建 myid 文件。

```
[whzy@master ~]$ mkdir /home/whzy/tmp/zookeeper
```

此处，Master 对应的 myid 文件中的值是 1；Slave 对应的 myid 文件中的值是 2；Slave2 对应的 myid 文件中的值是 3。

(1) 在 Master 节点上，编辑系统配置文件。

```
[whzy@master ~]$ mkdir -p /tmp/zookeeper
[whzy@master ~]$ gedit /tmp/zookeeper/myid
```

将下面的内容添加到 myid 中。

```
1
```

(2) 在 Slave 节点上，编辑系统配置文件。

```
[whzy@slave ~]$ mkdir -p /tmp/zookeeper
[whzy@slave ~]$ gedit /tmp/zookeeper/myid
```

将下面的内容添加到 myid 中。

```
2
```

(3) 在 Slave2 节点上，编辑系统配置文件。

```
[whzy@slave2 ~]$ mkdir -p /tmp/zookeeper
[whzy@slave2 ~]$ gedit /tmp/zookeeper/myid
```

将下面的内容添加到 myid 中。

```
3
```

7.2.3 将 Master 节点上的 ZooKeeper 安装文件复制到 Slave 节点和 Slave2 节点上

将 Master 节点上的 ZooKeeper 安装文件复制到 Slave 节点上。

```
[whzy@master ~]$ scp -r ~/zookeeper-3.4.12 slave:~/
```

将 Master 节点上的 ZooKeeper 安装文件复制到 Slave2 节点上。

```
[whzy@master ~]$ scp -r ~/zookeeper-3.4.12 slave2:~/
```

7.2.4 启动 ZooKeeper 集群

分别在三个节点进入 bin 目录，启动 ZooKeeper 服务进程。

(1) 登录 Master 节点，进入 ZooKeeper 安装目录启动服务，如图 7-5 所示。

```
[whzy@master ~]$ cd zookeeper-3.4.12
```

```
[whzy@master zookeeper-3.4.12]$ bin/zkServer.sh start
```

```
[whzy@master zookeeper-3.4.12]$ bin/zkServer.sh start
ZooKeeper JMX enabled by default
Using config: /home/whzy/zookeeper-3.4.12/bin/../conf/zoo.cfg
Starting zookeeper ... STARTED
```

图 7-5　在 Master 节点上启动服务

（2）登录 Slave 节点和 Slave2 节点，进入 ZooKeeper 安装目录启动服务，如图 7-6 所示。

```
[whzy@slave ~]$ cd zookeeper-3.4.12
[whzy@slave zookeeper-3.4.12]$ bin/zkServer.sh start
```

```
[whzy@slave ~]$ cd zookeeper-3.4.12
[whzy@slave zookeeper-3.4.12]$ bin/zkServer.sh start
ZooKeeper JMX enabled by default
Using config: /home/whzy/zookeeper-3.4.12/bin/../conf/zoo.cfg
Starting zookeeper ... STARTED
[whzy@slave zookeeper-3.4.12]$
```

图 7-6　在 Slave 节点上启动服务

7.2.5　测试 ZooKeeper 集群

1. 使用 jps 命令

可在每个节点上运行 jps，通过查看运行的进程判断 ZooKeeper 集群是否启动成功。

在 Master 节点的终端执行 jps 命令，如果出现 QuorumPeerMain 进程，代表该节点 ZooKeeper 安装成功，如图 7-7 所示。

```
[whzy@master zookeeper-3.4.12]$ jps
```

```
[whzy@master zookeeper-3.4.12]$ jps
2597 NameNode
2791 SecondaryNameNode
2952 ResourceManager
4313 Jps
3947 QuorumPeerMain
```

图 7-7　在 Master 节点测试 ZooKeeper 集群

在 Slave 节点和 Slave2 节点的终端上执行 jps 命令，如果出现了 QuorumPeerMain 进程，代表该节点 ZooKeeper 安装成功，如图 7-8 所示。

```
[whzy@slave zookeeper-3.4.12]$ jps
```

```
[whzy@slave zookeeper-3.4.12]$ jps
2484 DataNode
3575 Jps
3528 QuorumPeerMain
2603 NodeManager
```

图 7-8　在 Slave 节点测试 ZooKeeper 集群

2. 使用 ZooKeeper 客户端命令

使用下面的 ZooKeeper 客户端命令可以测试 ZooKeeper 服务是否可用。

```
[whzy@master zookeeper-3.4.12]$ bin/zkCli.sh -server master:2181
```

如果安装并启动成功，执行上面命令进入交互终端后，输入 help 命令能查看当前交互客户端支持的命令，如图 7-9 所示。

```
[zk: localhost:2181(CONNECTED) 0] help
ZooKeeper -server host:port cmd args
        connect host:port
        get path [watch]
        ls path [watch]
        set path data [version]
        rmr path
        delquota [-n|-b] path
        quit
        printwatches on|off
        create [-s] [-e] path data acl
        stat path [watch]
        close
        ls2 path [watch]
        history
        listquota path
        setAcl path acl
        getAcl path
        sync path
        redo cmdno
        addauth scheme auth
        delete path [version]
        setquota -n|-b val path
```

图 7-9　常用的 ZooKeeper Shell 命令

其中，[zk:localhost:2181(CONNECTED) 0] 前缀表示已经成功连接 ZooKeeper。

7.3　ZooKeeper 的简单操作

7.3.1　使用 zkServer.sh 脚本进行的操作

使用 zkServer.sh 脚本可以对 ZooKeeper 集群进行如下操作。

```
bin/zkServer.sh start       // 启动 ZK 服务
bin/zkServer.sh status      // 查看 ZK 服务状态
bin/zkServer.sh stop        // 停止 ZK 服务
bin/zkServer.sh restart     // 重启 ZK 服务
```

（1）分别在三个节点启动 ZooKeeper 服务进程。

登录 Master 节点，启动 ZooKeeper 服务。

```
[whzy@master ~]$ cd zookeeper-3.4.12
[whzy@master zookeeper-3.4.12]$ bin/zkServer.sh start
```

（2）分别在三个节点依次执行脚本查看 ZooKeeper 当前状态信息，一个节点是 Leader 状态，两个节点是 Follower 状态，如图 7-10、图 7-11、图 7-12 所示。

```
[whzy@master zookeeper-3.4.12]$ bin/zkServer.sh status
```

```
[whzy@master ~]$ zookeeper-3.4.12/bin/zkServer.sh status
ZooKeeper JMX enabled by default
Using config: /home/whzy/zookeeper-3.4.12/bin/../conf/zoo.cfg
Mode: leader
```

图 7-10　查看 Master 节点的 ZooKeeper 当前状态

```
[whzy@master zookeeper-3.4.12]$ bin/zkServer.sh status
```

```
[whzy@slave ~]$ zookeeper-3.4.12/bin/zkServer.sh status
ZooKeeper JMX enabled by default
Using config: /home/whzy/zookeeper-3.4.12/bin/../conf/zoo.cfg
Mode: follower
```

图 7-11　查看 Slave 节点的 ZooKeeper 当前状态

```
[whzy@slave2 ~]$ zookeeper-3.4.12/bin/zkServer.sh status
ZooKeeper JMX enabled by default
Using config: /home/whzy/zookeeper-3.4.12/bin/../conf/zoo.cfg
Mode: follower
```

图 7-12　查看 Slave2 节点的 ZooKeeper 当前状态

（3）分别在三个节点依次执行脚本关闭 ZooKeeper 服务，如图 7-13 所示。

```
[whzy@master zookeeper-3.4.12]$ bin/zkServer.sh stop
```

```
[whzy@master zookeeper-3.4.12]$ bin/zkServer.sh stop
ZooKeeper JMX enabled by default
Using config: /home/whzy/zookeeper-3.4.12/bin/../conf/zoo.cfg
Stopping zookeeper ... STOPPED
```

图 7-13　关闭 Master 节点的 ZooKeeper 服务

（4）分别在三个节点依次执行脚本重启 ZooKeeper 服务，如图 7-14 所示。

```
[whzy@master zookeeper-3.4.12]$ bin/zkServer.sh restart
```

```
[whzy@master zookeeper-3.4.12]$ bin/zkServer.sh restart
ZooKeeper JMX enabled by default
Using config: /home/whzy/zookeeper-3.4.12/bin/../conf/zoo.cfg
ZooKeeper JMX enabled by default
Using config: /home/whzy/zookeeper-3.4.12/bin/../conf/zoo.cfg
Stopping zookeeper ... no zookeeper to stop (could not find file /tmp/zookeeper/zookeeper_server.pid)
ZooKeeper JMX enabled by default
Using config: /home/whzy/zookeeper-3.4.12/bin/../conf/zoo.cfg
Starting zookeeper ... STARTED
```

图 7-14　重启 Master 节点的 ZooKeeper 服务

7.3.2　ZooKeeper 的常用 Shell 命令

ZooKeeper 命令行工具能够实现简单的对 ZooKeeper 进行访问、数据创建、数据修改等操作。在操作之前需要使用 zkCli.sh -server 127.0.0.1:2181 连接到 ZooKeeper 服务，连接成功后，系统会输出 ZooKeeper 的相关环境以及配置信息。最后可以通过输入一些命令操作 ZooKeeper，常用的 ZooKeeper Shell 命令如图 7-9 所示。

(1) 启动 ZooKeeper 服务后，在其中一台机器上执行客户端脚本可连接到 ZooKeeper 服务。

```
[whzy@master zookeeper-3.4.12]$ bin/zkCli.sh -server slave:2181,slave2:2181
```

(2) 使用 ls 命令查看当前 ZooKeeper 中所包含的内容。

```
ls /
```

(3) 使用 create 命令在客户端 shell 下创建目录，并查看。

```
create /testZk " "
ls /
```

(4) 使用 set 命令向 /testZk 目录写数据。

```
set /testZk 'aaa'
```

(5) 使用 get 命令读取 /testZk 目录数据。

```
get /testZk
```

(6) 使用 rmr 命令删除 /testZk 目录，并查看。

```
rmr /testZk
ls /
```

(7) 使用 quit 命令退出客户端。

```
quit
```

习题

1. ZooKeeper 的作用是什么？
2. 在 ZooKeeper 中，Observer 的作用是什么？
3. 简述 ZooKeeper 的选举机制。
4. Znode 由哪几部分组成？
5. 简述 ZooKeeper 的工作原理。
6. 操作题：实现 Zookeeper 集群的扩容和缩容。

扩容的操作步骤为:(1) 新增节点配置（如增加节点是 192.168.39.131），复制其他任意节点配置，在配置文件中增加 server.4=192.168.39.131:2888:3888，然后创建 myid 文件;(2) 启动新扩容节点;(3) 查看扩容节点数据是否同步完成;(4) 待扩容节点同步完成后，将此节点的配置同步到其他节点（或在其他节点配置增加上面介绍的 server.4 配置），按照 myid 从小到大，依次重启 Zookeeper。

缩容的操作步骤为：减配置，下线对应节点，其他节点按照 myid 从小到大依次重启。

7. 操作题：搭建 Hadoop HA 高可用集群。

单元 8

分布式数据库 HBase

学习目标

- 了解 HBase 与 Hadoop 生态系统中其他部分的关系。
- 理解 HBase 与传统的关系数据库的区别。
- 理解并掌握 HBase 数据模型。
- 理解 HBase 的体系结构,掌握其实现原理和运行机制。
- 熟练掌握 HBase 集群的安装部署方法。
- 熟练掌握 HBase Shell 常用命令的用法。

8.1 HBase 概述

8.1.1 HBase 简介

1. 引入 HBase 的原因

Hadoop 使用 HDFS 存储各种格式的大数据,并使用 MapReduce 处理大数据。但它只能执行批量处理,并且只能以顺序方式访问数据,不能随机访问数据,这意味着即使是最简单的搜索工作,也必须搜索整个数据集。而 HBase 可以以随机方式访问大数据。

HBase(Hadoop Database)是一个构建在 HDFS 之上的、分布式的、高可靠性、高性能、面向列、可伸缩的开源数据库,它是 Google BigTable 的开源实现,主要用于随机、实时读写大数据。它的目标就是拥有一张大表,支持亿行亿列。HBase 主要依靠横向扩展,通过不断增加廉价的商用服务器,来增加计算和存储能力。利用 HBase 技术可在廉价 PC Server 上搭建起大规模结构化存储集群。

HBase 介于关系型和非关系型数据库之间,实现非结构化和半结构化的数据存储,是一款比较流行的 NoSQL 数据库。HBase 主要解决非关系型数据存储问题。

2. HBase 与其他组件的关系

在 Hadoop 2.0 生态系统中 HBase 与其他组件的关系见图 2-3。HBase 位于结构化存储层，HDFS 为 HBase 提供了高可靠性的底层存储支持；MapReduce 为 HBase 提供了高性能的批处理能力，可用来处理 HBase 中的海量数据；ZooKeeper 为 HBase 提供了稳定服务和 failover 机制；Pig 和 Hive 还为 HBase 提供了高层语言支持，使得在 HBase 上进行数据统计处理变的非常简单；Sqoop 则为 HBase 提供了方便的 RDBMS 数据导入功能，使得传统数据库数据向 HBase 中迁移变得非常方便。

3. HBase 的特点

（1）大：一个表可以有上亿行，上百万列。

（2）面向列：面向列族的存储和权限控制，列独立检索。

（3）稀疏：值为空的列并不占用存储空间，因此，表可以设计得非常稀疏。

（4）数据多版本：每个单元中的数据可以有多个版本。默认情况下，版本号自动分配，版本号就是单元格插入时的时间戳。

（5）无模式：每一行都有一个可以排序的主键和任意多的列，列可以根据需要动态增加，同一张表中不同的行可以有截然不同的列。

（6）数据类型单一：HBase 中的数据都是字符串，没有类型。

4. HBase 与传统关系数据库的区别

（1）数据类型：关系数据库采用关系模型，HBase 采用了更加简单的数据模型，它把数据存储为未经解释的字符串。

（2）数据操作：关系数据库中包含了丰富的操作，其中会涉及复杂的多表连接。HBase 操作则只有简单地插入、查询、删除、清空等，不存在复杂的表与表之间的关系。

（3）存储模式：关系数据库是基于行模式存储的。HBase 是基于列存储的，每个列族都由几个文件保存，不同列族的文件是分离的。

（4）数据索引：关系数据库通常可以针对不同列构建复杂的多个索引，以提高数据访问性能。HBase 只有一个索引——行键，HBase 中的所有访问或者通过行键访问，或者通过行键扫描，从而使得整个系统不会慢下来。

（5）数据维护：在关系数据库中，更新操作会用最新的当前值替换记录中原来的旧值，旧值被覆盖后就不会存在。在 HBase 中执行更新操作时，并不会删除数据旧的版本，而是生成一个新的版本，旧的版本仍然保留。

（6）可伸缩性：关系数据库很难实现横向扩展，纵向扩展的空间也比较有限。HBase 就是为了实现灵活的水平扩展而开发的，能够轻易地通过在集群中增加或者减少硬件数量实现性能的伸缩。

HBase 的官方网站为 http://hbase.apache.org/，如图 8-1 所示。

8.1.2 HBase 的数据模型

1. Hbase 的数据模型

HBase 可以看作键值存储数据库、面向列族的数据库，数据的存储结构不同于传统的关系型数据库。

图 8-1　HBase 的官方网站

HBase 以表的形式存储数据。HBase 的表是一个稀疏的、长期存储的（存在 HDFS 上）、多维度的、排序的映射表。表由行和列族组成，列族由若干个列组成，表结构如图 8-2 所示。

图 8-2　HBase 的表结构

图 8-2 中的表由两个列族（Personal 和 Office）组成，每个列族都有两个列（如 Personal:Name）。包含数据的实体称为单元格，行根据行键进行排序。

HBase 数据模型中常用到的概念如下。

（1）行。数据以行的形式存储在 HBase 的表中。

（2）行键（RowKey）。行键是数据行在表中的唯一标识，并作为检索记录的主键。

表中的行根据行键进行排序，数据按照行键的字典序进行存储。

行键可以是任意字符串（最大长度 64 KB），总是以字节码形式存储。

所有对表的访问都要通过行键。在 HBase 中访问表中的行只有三种方式：通过某个行键访问、通过给定行键的范围访问、全表扫描。

（3）列族（Column Family）。在行中的数据都是根据列族分组的。列族是 HBase 表的基本访问控制单元。

由于列族会影响存储在 HBase 中的数据的物理布置，所以列族会在创建表的时候就被定义好，不易被修改，个数也不能太多（几十个）。

每个列族可以有一个或多个列，列不需要在表定义时给出，新的列族成员可以随后按需、动态加入。

HBase 的列式存储就是数据根据列族分开存储（每个列族对应一个 Store），这种设计非常适合于数据分析的情形。

（4）列限定符（Column Qualifier）。存储在列族中的数据通过列限定符或列来寻址。

列和行键一样，数据是没有类型的，并且列全部以字节码形式存储。

（5）时间戳（TimeStamp）。时间戳是给定值的一个版本号标识，每个值都会对应一个时间戳，时间戳是和每个值同时写入 HBase 存储系统中的。在默认情况下，时间戳表示数据服务在写入数据时的时间，但可以在将数据放入单元格时指定不同的时间戳值。

（6）单元格（Cell）。单元格是 HBase 存储数据的具体地址。根据行键、列族和列可以映射到一个对应的单元格。每个单元格可能有多个版本，它们之间用时间戳区分。所以，单元格可由行键、列族、限定符、时间戳唯一决定。例如，图 8-2 中一个单元格的键为 ["c-10001", "Personal", "MobilePhone", 117184619081]，值为"15111111111"。

单元格中的数据都是以字节码的形式存储的。

（7）区域（Region）。HBase 自动把表按行划分成多个区域，每个区域会保存一个表中某段连续的数据。

每个表一开始只有一个区域，随着数据不断插入表，区域不断增大；当增大到一个阈值时，区域就会等分成两个新的区域；当表中的行不断增多，就会有越来越多的区域。这样一张完整的表被保存在多个区域上。

2. HBase 表设计要点

（1）行键是 HBase 表结构设计中最重要的一件事情，行键决定了应用程序如何与 HBase 表进行交互。如果没设计好行键还会影响从 HBase 中读出数据的性能。

（2）HBase 的表结构很灵活，而且不关心数据类型，用户可以以 byte 数组的形式存储任何数据。

（3）存储在相同列族中的数据具有相同的特性（易于理解）。

（4）HBase 主要是通过行键建立索引。

（5）HBase 不支持多行事务，所有尽量在一次 API 请求操作中获取到结果。

（6）HBase 中的键可以通过提取其 hash 值保证键长度是固定的并均匀分布，但是这样做会牺牲键的数据排序和可读性。

（7）列限定符和列族名称的长度都会影响 I/O 的读写性能和发送给客户端的数据量，所以给它们命名时应尽量简短。

8.1.3　HBase 的物理存储

1. Region

（1）Table 中所有行都按照 row key 的字典序排列。

（2）Table 在行的方向上分隔为多个 Region。

每个表开始只有一个 Region，随着数据增多，Region 不断增大，当增大到一个阈值（每个 Region 最佳大小取决于单台服务器的有效处理能力，建议为 1～2GB）时，Region 就会等分为两个新的 Region。之后会有越来越多的 Region。

Region 拆分操作非常快，接近瞬间，因为拆分之后的 Region 读取的仍然是原存储文件，直到"合并"过程把存储文件异步地写到独立的文件之后，才会读取新文件。

（3）Region 是 HBase 中分布式存储和负载均衡的最小单元，不同 Region 分布到不同 RegionServer 上。同一个 Region 不会被分拆到多个 Region 服务器。每个 Region 服务器存储 10～1 000 个 Region。

（4）Region 虽然是分布式存储的最小单元，但并不是存储的最小单元。Region 由一个或者多个 Store 组成，每个 Store 保存一个列族。每个 Store 又由一个 MemStore 和 0 至多个 StoreFile 组成，StoreFile 包含 Hfile。

MemStore 存储在内存中，StoreFile 存储在 HDFS 上。

2. Region 的定位——客户端访问数据时的"三级寻址"

（1）元数据表（.META. 表）：记录了用户数据表的 Region 位置信息。

当 HBase 表很大时，.META. 表会被分裂成多个 Region，保存了 HBase 中所有用户数据表的 Region 位置信息。

HRegion 元数据被存储在 .META. 表中。

存储了 Region 和 Region 服务器的映射关系。

（2）根数据表（-ROOT- 表）：记录了 .META. 表的 Region 位置信息。

-ROOT- 表永远不会被分隔，它只有唯一一个 Region。通过 -ROOT- 表可以访问 .META. 表中的数据。

（3）ZooKeeper 文件：记录了 -ROOT- 表的位置信息。

所有客户端访问用户数据前，需要首先访问 ZooKeeper 服务器获得 -ROOT- 表的位置，然后访问 -ROOT- 表获得 .META. 表的位置，最后根据 .META. 表中的信息确定用户数据存放的位置，如图 8-3 所示。

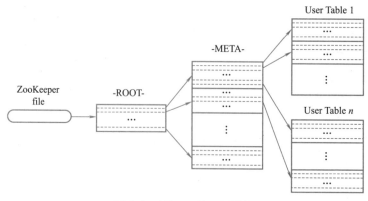

图 8-3　HBase 的三层结构

这个三层结构可以保存的用户数据表的 Region 数目的计算方法是：(-ROOT- 表能够寻址的 .META. 表的 Region 个数)×(每个 .META. 表的 Region 可以寻址的用户数据表的 Region 个数)。

为了加快访问速度，.META. 表的所有 Region 全部保存在内存中。客户端会将查询过的位置信息缓存起来，同时，需要解决缓存失效问题。如果客户端根据缓存信息还访问不到数据，则询问相关 .META. 表的 Region 服务器，试图获取数据的位置，如果还是失败，则询问 -ROOT- 表相关的 .META. 表在哪里。最后，如果前面的信息全部失效，则通过 ZooKeeper 重新定位 HRegion 的信息。

8.1.4 HBase 的体系结构

HBase 由 HMaster 和 HRegionServer 组成，遵从主从服务器架构。HBase 将逻辑上的表划分成多个数据块（即 HRegion）存储在 HRegionServer 中。HMaster 负责管理所有的 HRegionServer，它本身并不存储任何数据，而只是存储数据到 HRegionServer 的映射关系（元数据）。HBase 使用 HDFS 作为底层存储，HBase 集群中的所有节点通过 ZooKeeper 进行协调，并处理 HBase 运行期间可能遇到的各种问题。HBase 的体系结构如图 8-4 所示。

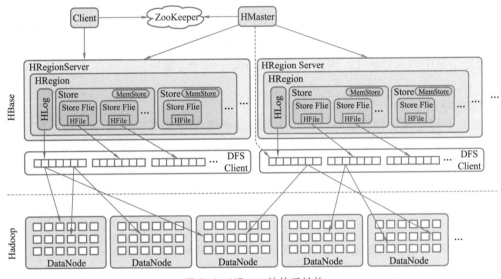

图 8-4　HBase 的体系结构

1. 客户端

HBase Client 使用 HBase 的 RPC 机制与 HMaster 和 HRegionServer 进行通信，提交请求和获取结果。对于管理类操作，Client 与 HMaster 进行远程过程调用；对于数据读写类操作，Client 与 HRegionServer 进行远程过程调用。

客户端包含访问 HBase 的接口，同时在缓存中维护着已经访问过的 Region 位置信息，用来加快后续数据访问过程。

2. ZooKeeper 服务器

ZooKeeper 帮助选举出一个 HMaster 作为集群的总管，并保证在任何时刻总有唯一 HMaster 在运行，避免了 HMaster 的"单点失效"问题。

通过将集群各节点状态信息注册到 ZooKeeper 中，使得 HMaster 可随时感知各个

HRegionServer 的健康状态。

3. HMaster

主服务器 HMaster 主要负责管理所有的 HRegionServer，告诉其需要维护哪些 HRegion，并监控所有 HRegionServer 的运行状态。

（1）管理用户对表的增加、删除、修改、查询等操作；
（2）实现不同 HRegionServer 之间的负载均衡；
（3）在 Region 分裂或合并后，负责重新调整 Region 的分布；
（4）对发生故障失效的 HRegionServer 上的 Region 进行迁移。

4. HRegionServer

HBase 中的所有数据从底层来说一般都是保存在 HDFS 中的，用户通过一系列 HRegionServer 获取这些数据。在分布式集群中，HRegionServer 一般跟 DataNode 在同一个节点上，目的是实现数据的本地性，提高读写效率。集群一个节点上一般只运行一个 HRegionServer，且每一个区段的 HRegion 只会被一个 HRegionServer 维护。

HRegionServer 主要负责响应用户 I/O 请求，向 HDFS 文件系统读写数据，是 HBase 中最核心的模块。HRegionServer 内部管理了一系列 HRegion 对象，每个 HRegion 对应了逻辑表中的一个连续数据段。HRegion 由多个 HStore 组成，每个 HStore 对应了逻辑表中的一个列族的存储，每个列族其实就是一个集中的存储单元。因此，为了提高操作效率，最好将具备共同 I/O 特性的列放在一个列族中。

5. HRegion

当表的大小超过预设值的时候，HBase 会自动将表划分为不同的区域，每个区域包含表中所有行的一个子集。对用户来说，每个表是一堆数据的集合，靠主键（RowKey）区分。从物理上来说，一张表被拆分成了多块，每一块就是一个 HRegion。一般用表名 + 开始 / 结束主键区分每个 HRegion，一个 HRegion 会保存一个表中某段连续的数据，一张完整的表数据是保存在多个 HRegion 中的。

6. HStore

HStore 是 HBase 存储的核心，由 MemStore 和 StoreFiles 两部分组成。

MemStore 是内存缓冲区，用户写入的数据首先会放入 MemStore。

当 MemStore 满了以后会 Flush 成一个 StoreFile（底层实现是 HFile）。

当 StoreFile 的文件数量增长到一定阈值后，会触发 Compact 合并操作，将多个 StoreFiles 合并成一个 StoreFile，合并过程中会进行版本合并和数据删除操作。也就是说，HBase 其实只有增加数据，所有的更新和删除操作都是在后续的 Compact 过程中进行的。

当 StoreFiles Compact 后，会逐步形成越来越大的 StoreFile，当单个 StoreFile 大小超过一定阈值后，会触发 Split 操作，同时把当前的 HRegion 分成 2 个 HRegion，父 HRegion 会下线，新分出的 2 个子 HRegion 会被 HMaster 分配到相应的 HRegionServer，使得原先 1 个 HRegion 的负载压力分流到 2 个 HRegion 上。

7. HLog

每个 HRegionServer 中都有一个 HLog 对象，它是一个实现了 Write Ahead Log 的预写日志类。在每次用户操作将数据写入 MemStore 时，也会写一份数据到 HLog 文件中。HLog 文件会定期滚动刷新，并删除旧的文件（已持久化到 StoreFile 中的数据）。

当 HMaster 通过 ZooKeeper 感知到某个 HRegionServer 意外终止时，HMaster 首先会处理遗留的 HLog 文件，将其中不同 HRegion 的 HLog 数据进行拆分，分别放到相应 HRegion 的目录下，然后再将失效的 HRegion 重新分配，领取到这些 HRegion 的 HRegionServer 在加载 HRegion 的过程中，会发现有历史 HLog 需要处理，因此会 Replay HLog 中的数据到 MemStore 中，然后 Flush 到 StoreFiles，完成数据恢复。

8.1.5 HBase 的工作原理

HBase 使用 MemStore 和 StoreFile 存储对表的更新。数据在更新时首先写入 HLog 和 MemStore。MemStore 中的数据是排序的，当 MemStore 累计到一定阈值时，就会创建一个新的 MemStore，并且将旧的 MemStore 添加到 Flush 队列，由单独的线程 Flush 到磁盘上，成为一个 StoreFile。与此同时，系统会在 Zookeeper 中记录一个 CheckPoint，表示这个时刻之前的数据变更已经持久化了。当系统出现意外时，可能导致 MemStore 中的数据丢失，此时使用 HLog 来恢复 CheckPoint 之后的数据。HRegionServer 数据存储关系如图 8-5 所示。

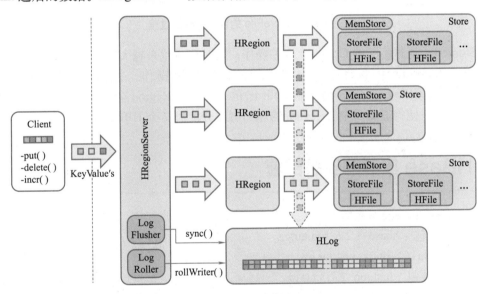

图 8-5　HRegionServer 数据存储关系图

StoreFile 是只读的，一旦创建后就不可以再修改。因此 HBase 的更新其实是不断追加的操作。当一个 Store 中的 StoreFile 达到一定阈值后，就会进行一次合并操作，将对同一个 key 的修改合并到一起，形成一个大的 StoreFile。当 StoreFile 的大小达到一定阈值后，又会对 StoreFile 进行切分操作，等分为两个 StoreFile。

1. 用户读取数据过程

（1）Client 访问 ZooKeeper，查找 -ROOT- 表，获取 .META. 表信息。

（2）从 .META. 表查找，获取存放目标数据的 HRegion 信息，从而找到对应的 HRegionServer。

（3）通过 HRegionServer 获取需要查找的数据。

（4）HRegionServer 的内存分为 MemStore 和 BlockCache 两部分，MemStore 主要用于写数据，

BlockCache 主要用于读数据。读请求先到 MemStore 中查数据，未查到就到 BlockCache 中查，再查不到就会到 StoreFile 上读，并把读的结果放入 BlockCache。

2. 用户写入数据过程

（1）Client 通过 ZooKeeper 的调度，向 HRegionServer 发出写数据请求，在 HRegion 中写数据。

（2）数据被写入 HRegion 的 MemStore，直到 MemStore 达到预设阈值。

（3）MemStore 中的数据被 Flush 成一个 StoreFile。

（4）随着 StoreFile 文件的不断增多，当其数量增长到一定阈值后，触发 Compact 合并操作，将多个 StoreFile 合并成一个 StoreFile，同时进行版本合并和数据删除，如图 8-6 所示。

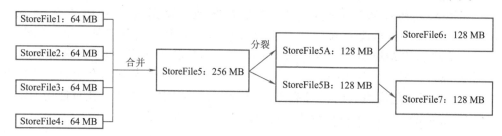

图 8-6　StoreFile 的合并和分裂过程

（5）StoreFiles 通过不断的 Compact 合并操作，逐步形成越来越大的 StoreFile。

（6）单个 StoreFile 大小超过一定阈值后，触发 Split 操作，把当前 HRegion Split 成 2 个新的 HRegion。父 HRegion 会下线，新 Split 出的 2 个子 HRegion 会被 HMaster 分配到相应的 HRegionServer 上，使得原先 1 个 HRegion 的压力得以分流到 2 个 HRegion 上。

8.2　HBase 集群的安装部署

本节中 HBase 的安装环境如下：
- HBase 安装包：hbase-1.2.6-bin.tar.gz。
- JDK：jdk-8u161-linux-x64.tar.gz。
- Hadoop 安装包：hadoop-2.7.3.tar.gz。
- ZooKeeper 安装包：zookeeper-3.4.12.tar.gz。

注意：①安装 HBase 之前需要 Hadoop 和 ZooKeeper 已经正常启动。②HBase 需要分别部署在 Master 和 Slave、Slave2 三个节点上。③下面所有的操作都使用 whzy 用户。

8.2.1　在 Master 节点上安装 HBase

在 Master 节点上，进入 /home/whzy/software/Hadoop 目录，移动并解压 HBase 安装包 hbase-1.2.6-bin.tar.gz。

```
[whzy@master ~]$ cd /home/whzy/software/Hadoop
[whzy@master Hadoop]$ mv software/hadoop/hbase-1.2.6-bin.tar.gz ~/
[whzy@master Hadoop]$ cd
```

```
[whzy@master ~]$ tar -zxvf ~/hbase-1.2.6-bin.tar.gz
[whzy@master ~]$ cd hbase-1.2.6
```

执行 ll 命令，看到 HBase 包含的文件和目录如图 8-7 所示。

```
[whzy@master hbase-1.2.6]$ ll
total 340
drwxr-xr-x.  4 whzy whzy   4096 Jan 28  2016 bin
-rw-r--r--.  1 whzy whzy 129552 May 28  2017 CHANGES.txt
drwxr-xr-x.  2 whzy whzy   4096 May 28  2017 conf
drwxr-xr-x. 12 whzy whzy   4096 May 29  2017 docs
drwxr-xr-x.  7 whzy whzy   4096 May 28  2017 hbase-webapps
-rw-rw-r--.  1 whzy whzy    261 May 29  2017 LEGAL
drwxrwxr-x.  3 whzy whzy   4096 Nov 19 01:18 lib
-rw-rw-r--.  1 whzy whzy 143082 May 29  2017 LICENSE.txt
-rw-rw-r--.  1 whzy whzy  42115 May 29  2017 NOTICE.txt
-rw-r--r--.  1 whzy whzy   1477 Dec 26  2015 README.txt
```

图 8-7　HBase 的文件和目录

8.2.2　在 Master 节点上配置 HBase

1. 修改环境变量 hbase-env.sh

进入 HBase 安装主目录，然后修改配置文件。

```
[whzy@master hbase-1.2.6]$  cd conf
[whzy@master conf]$ gedit hbase-env.sh
```

在文件中找到下面一行内容。

```
# export JAVA_HOME=/usr/java/jdk1.6.0/
```

将该行内容做如下修改并保存。

```
export JAVA_HOME=/usr/java/jdk1.8.0_161/
```

2. 修改配置文件 hbase-site.xml

```
[whzy@master conf]$ gedit hbase-site.xml
```

用下面的内容替换原先 hbase-site.xml 中的内容。

```xml
<?xml version="1.0"?>
<?xml-stylesheet type="text/xsl" href="configuration.xsl"?>
<configuration>
   <property>
      <name>hbase.cluster.distributed</name>
      <value>true</value>
   </property>
   <property>
      <name>hbase.rootdir</name>
      <value>hdfs://master:9000/hbase</value>
```

```
        </property>
        <property>
            <name>hbase.zookeeper.quorum</name>
            <value>master,slave,slave2</value>
        </property>
        <property>
            <name>hbase.zookeeper.property.dataDir</name>
            <value>/home/whzy/hbase-1.2.6/data/zkData</value>
        </property>
</configuration>
```

3. 创建数据目录

```
[whzy@master ~]$ mkdir -p hbase-1.2.6/data/zkData/
```

4. 设置 regionservers

```
[whzy@master conf]$ gedit regionservers
```

将文件中的 localhost 修改为：

```
slave
slave2
```

或者

slave 的 IP 地址。
slave2 的 IP 地址。

5. 设置环境变量

修改系统配置文件。

```
[whzy@master conf]$ cd
[whzy@master ~]$ gedit ~/.bash_profile
```

将下面代码添加到文件末尾。

```
export HBASE_HOME=/home/whzy/hbase-1.2.6
export PATH=$HBASE_HOME/bin:$PATH
export HADOOP_CLASSPATH=$HBASE_HOME/lib/*
```

然后执行 source 命令使之生效。

```
[whzy@master ~]$ source ~/.bash_profile
```

8.2.3 将 HBase 安装文件复制到 Slave 和 Slave2 节点上

使用下面的命令将 HBase 安装文件复制到 Slave 节点。

```
[whzy@master ~]$ scp -r ~/hbase-1.2.6 slave:~/
```

使用下面的命令将 HBase 安装文件复制到 Slave2 节点。

```
[whzy@master ~]$ scp -r ~/hbase-1.2.6 slave2:~/
```

8.2.4 启动 HBase

进入 Master 节点的 HBase 安装主目录，启动 HBase。

```
[whzy@master ~]$ /home/whzy/hbase-1.2.6/bin/start-hbase.sh
```

执行命令后显示图 8-8 所示的输出。

```
[whzy@master ~]$ ./hbase-1.2.6/bin/start-hbase.sh
master: starting zookeeper, logging to /home/whzy/hbase-1.2.6/bin/../logs/hbase-whzy-zookeeper-master.out
starting master, logging to /home/whzy/hbase-1.2.6/logs/hbase-whzy-master-master.out
Java HotSpot(TM) 64-Bit Server VM warning: ignoring option PermSize=128m; support was removed in 8.0
Java HotSpot(TM) 64-Bit Server VM warning: ignoring option MaxPermSize=128m; support was removed in 8.0
slave: starting regionserver, logging to /home/whzy/hbase-1.2.6/bin/../logs/hbase-whzy-regionserver-slave.out
slave: Java HotSpot(TM) 64-Bit Server VM warning: ignoring option PermSize=128m; support was removed in 8.0
slave: Java HotSpot(TM) 64-Bit Server VM warning: ignoring option MaxPermSize=128m; support was removed in 8.0
```

图 8-8 启动 HBase

8.2.5 验证 HBase

1. 用 jps 查看进程是否启动

在 Master 节点上执行 jps 命令查看 Java 进程，会发现多了 HMaster 和 HQuorumPeer 两个进程，有 HMaster 进程代表 Master 节点安装 HBase 成功，如图 8-9 所示。

```
[whzy@master ~]$ jps
```

在 Slave 节点上执行 jps 命令查看 Java 进程，有 HRegionServer 进程代表该节点安装 HBase 成功，如图 8-10 所示。

```
[whzy@master ~]$ jps
4129 ResourceManager
6034 HQuorumPeer
6100 HMaster
3780 NameNode
6309 Jps
3975 SecondaryNameNode
```

```
2989 HRegionServer
2475 NodeManager
2370 DataNode
3227 Jps
```

图 8-9 用 jps 查看 master 节点 HMaster 进程是否启动　　图 8-10 用 jps 查看 slave 节点 HRegionServer 进程是否启动

2. 用 Web UI 界面查看 HBase 集群是否启动

打开 Firefox 浏览器。

```
[whzy@master ~]$ firefox
```

在地址栏中输入 http://master:16010，显示图 8-11 所示的 HBase 管理页面，表明 HBase 已经启动成功。

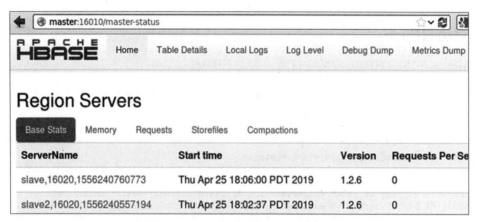

图 8-11　用 Web UI 界面查看 HBase 集群是否启动

8.2.6　停止 HBase

使用 stop-hbase.sh 可停止 HBase 运行。

```
[whzy@master ~]$ /home/whzy/hbase-1.2.6/bin/stop-hbase.sh
```

8.3　常用的 HBase Shell 命令

HBase 提供了多种 API 来操作 HBase，如 HBase Shell、Java API 等，本节只介绍 HBase Shell。当 HBase 启动后，就可以使用 HBase Shell 对 HBase 进行各种操作，如图 8-12 所示。

```
[whzy@master bin]$ hbase shell
```

```
[zkpk@master bin]$ hbase shell
2017-12-12 19:50:50,497 INFO  [main] Configuration.deprecation: hadoop.native.li
b is deprecated. Instead, use io.native.lib.available
HBase Shell; enter 'help<RETURN>' for list of supported commands.
Type "exit<RETURN>" to leave the HBase Shell
Version 0.98.9-hadoop2, r96878ece501b0643e879254645d7f3a40eaf101f, Mon Dec 15 23
:00:20 PST 2014

hbase(main):001:0>
```

图 8-12　使用 HBase Shell 命令

注意：如果有 kerberos 认证，需要事先使用相应的 keytab 进行认证（使用 kinit 命令），认证成功之后再使用 hbase shell 进入，然后可以使用 whoami 命令查看当前用户。

1. 创建表

HBase 中用 create 命令创建表，其语法格式为。

```
create <table>,{NAME=><family>,VERSIONS=><VERSIONS>}
```

创建 student 表，属性有 Sname、Ssex、Sage、Sdept、course，结果如图 8-13 所示。

```
hbase(main):001:0> create 'student','Sname','Ssex','Sage','Sdept','course'
```

```
hbase(main):001:0> create 'student','Sname','Ssex','Sage','Sdept','course'
SLF4J: Class path contains multiple SLF4J bindings.
SLF4J: Found binding in [jar:file:/home/zkpk/hbase-0.98.9-hadoop2/lib/slf4j-log4
j12-1.6.4.jar!/org/slf4j/impl/StaticLoggerBinder.class]
SLF4J: Found binding in [jar:file:/home/zkpk/hadoop-2.5.2/share/hadoop/common/li
b/slf4j-log4j12-1.7.5.jar!/org/slf4j/impl/StaticLoggerBinder.class]
SLF4J: See http://www.slf4j.org/codes.html#multiple_bindings for an explanation.
2017-12-12 20:04:06,119 WARN  [main] util.NativeCodeLoader: Unable to load nativ
e-hadoop library for your platform... using builtin-java classes where applicabl
e
0 row(s) in 3.2630 seconds

=> Hbase::Table - student
hbase(main):002:0>
```

图 8-13 创建表

HBase 的表中会有一个系统默认的属性作为行键，无须自行创建，默认为 put 命令中表名后第一个数据。

可以用 list 命令列举表。

```
hbase(main):002:0> list
```

2. 查看表的基本信息和修改表的结构

创建完 student 表后，可通过 describe 命令查看表的基本信息，其语法格式为。

```
describe <table>
```

执行结果如图 8-14 所示。

```
hbase(main):002:0> describe 'student'
```

```
hbase(main):002:0> describe 'student'
Table student is ENABLED
COLUMN FAMILIES DESCRIPTION
{NAME => 'Sage', DATA_BLOCK_ENCODING => 'NONE', BLOOMFILTER => 'ROW', REPLICATIO
N_SCOPE => '0', VERSIONS => '1', COMPRESSION => 'NONE', MIN_VERSIONS => '0', TTL
 => 'FOREVER', KEEP_DELETED_CELLS => 'FALSE', BLOCKSIZE => '65536', IN_MEMORY =>
 'false', BLOCKCACHE => 'true'}
{NAME => 'Sdept', DATA_BLOCK_ENCODING => 'NONE', BLOOMFILTER => 'ROW', REPLICATI
ON_SCOPE => '0', VERSIONS => '1', COMPRESSION => 'NONE', MIN_VERSIONS => '0', TT
L => 'FOREVER', KEEP_DELETED_CELLS => 'FALSE', BLOCKSIZE => '65536', IN_MEMORY =
> 'false', BLOCKCACHE => 'true'}
{NAME => 'Sname', DATA_BLOCK_ENCODING => 'NONE', BLOOMFILTER => 'ROW', REPLICATI
ON_SCOPE => '0', VERSIONS => '1', COMPRESSION => 'NONE', MIN_VERSIONS => '0', TT
L => 'FOREVER', KEEP_DELETED_CELLS => 'FALSE', BLOCKSIZE => '65536', IN_MEMORY =
> 'false', BLOCKCACHE => 'true'}
{NAME => 'Ssex', DATA_BLOCK_ENCODING => 'NONE', BLOOMFILTER => 'ROW', REPLICATIO
N_SCOPE => '0', VERSIONS => '1', COMPRESSION => 'NONE', MIN_VERSIONS => '0', TTL
 => 'FOREVER', KEEP_DELETED_CELLS => 'FALSE', BLOCKSIZE => '65536', IN_MEMORY =>
 'false', BLOCKCACHE => 'true'}
{NAME => 'course', DATA_BLOCK_ENCODING => 'NONE', BLOOMFILTER => 'ROW', REPLICAT
```

图 8-14 查看表的基本信息

如果需要修改表的结构，可以用 alter 命令实现，但必须先用 disable 禁用表，修改完后用 enable 使之生效。

3. 向表中插入数据

HBase 中用 put 命令向表中添加数据，其语法格式为。

```
put <table>,<rowkey>,<family:column>, <value>,<timestamp>
```

例如，向 student 表添加学号为 95001，名字为 LiYing 的一行数据，其行键为 95001，结果如图 8-15 所示。

```
put 'student','95001','Sname','LiYing'
```

```
hbase(main):003:0> put 'student','95001','Sname','LiYing'
0 row(s) in 0.6000 seconds
```

图 8-15　用 put 命令向表中添加数据

注意： 一次只能为一个表的一行数据的一个列（即一个单元格）添加一个数据。直接用 shell 命令插入数据效率很低，在实际应用中，一般都是利用编程操作数据。

为 95001 行下的 course 列族的 math 列添加一个数据，结果如图 8-16 所示。

```
put 'student','95001','course:math','80'
```

```
hbase(main):023:0> put 'student','95001','course:math','80'
0 row(s) in 0.0030 seconds
```

图 8-16　用 put 命令向表中的列添加数据

4. 查看数据

HBase 中用 get 和 scan 命令查看数据。

（1）get 命令用于查看表的某行记录或某一个单元格数据。其语法格式如下：

```
get <table>,<rowkey>,[<family:column>,…]
```

例如：

```
get 'student','95001'
```

返回的是 student 表 95001 行的数据，结果如图 8-17 所示。

```
hbase(main):024:0> get 'student','95001'
COLUMN                CELL
 Sage:                timestamp=1442912525676, value=20
 Sdept:               timestamp=1442912586483, value=CS
 Sname:               timestamp=1442912495442, value=LiYing
 Ssex:                timestamp=1442912510852, value=male
 course:math          timestamp=1442912802499, value=80
5 row(s) in 0.0080 seconds
```

图 8-17　用 get 命令查看数据

（2）scan 命令用于查看某个表的全部数据。其语法格式如下：

```
scan <table>,{COLUMNS=>[ <family:column>,…],LIMIT=>num}
```

例如：

```
scan 'student'
```

返回的是 student 表的全部数据，结果如图 8-18 所示。

```
hbase(main):025:0> scan 'student'
ROW                    COLUMN+CELL
 95001                 column=Sage:, timestamp=1442912525676, value=20
 95001                 column=Sdept:, timestamp=1442912586483, value=CS
 95001                 column=Sname:, timestamp=1442912495442, value=LiYing
 95001                 column=Ssex:, timestamp=1442912510852, value=male
 95001                 column=course:math, timestamp=1442912802499, value=80
1 row(s) in 0.0120 seconds
```

图 8-18 用 scan 命令查看数据

可以添加 STARTROW、TIMERANGE 和 FITLER 等高级功能。

例如，扫描 student 表的前 3 条数据。

```
scan 'student',{LIMIT=>3}
```

（3）查询表中数据行数的语法格式如下：

```
count <table>,{INTERVAL=>intervalNum,CACHE=>cacheNum}
```

其中，INTERVAL 设置多少行显示一次及对应的 rowkey，默认为 1000；CACHE 每次去取的缓存区大小，默认是 10，调整该参数可提高查询速度。

例如，查询 student 表中的行数，每 10 条显示一次，缓存区为 50，命令如下：

```
count 'student',{INTERVAL=>10,CACHE=>50}
```

5. 删除数据

HBase 中用 delete 和 deleteall 命令删除数据。

（1）Delete 命令用于删除行中的某个数据。其语法格式如下：

```
delete <table>,<rowkey>,<family:column>,<timestamp>
```

例如，删除 student 表中 95001 行下的 Ssex 列的所有数据，结果如图 8-19 所示。

```
delete 'student','95001','Ssex'
```

```
hbase(main):026:0> delete 'student','95001','Ssex'
0 row(s) in 0.0020 seconds

hbase(main):027:0> get 'student','95001'
COLUMN               CELL
 Sage:               timestamp=1442912525676, value=20
 Sdept:              timestamp=1442912586483, value=CS
 Sname:              timestamp=1442912495442, value=LiYing
 course:math         timestamp=1442912802499, value=80
4 row(s) in 0.0120 seconds
```

图 8-19 用 Delete 命令删除数据

(2) Deleteall 命令用于删除一行数据。其语法格式如下：

```
deleteall <table>,<rowkey>,<family:column>,<timestamp>
```

例如，删除 student 表中 95001 行的全部数据，结果如图 8-20 所示。

```
deleteall 'student','95001'
```

```
hbase(main):028:0> deleteall 'student','95001'
0 row(s) in 0.0020 seconds

hbase(main):029:0> scan 'student'
ROW                          COLUMN+CELL
0 row(s) in 0.0030 seconds
```

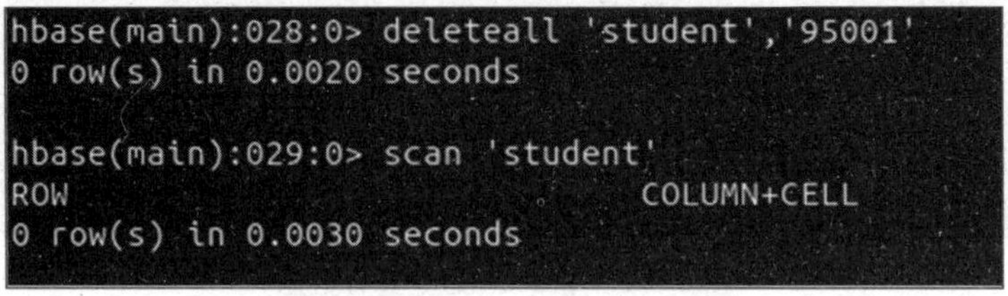

图 8-20　用 Deleteall 命令删除数据

(3) 删除表中所有数据的语法格式如下：

```
truncate <table>
```

例如：

```
truncate 'student'
```

6. 删除表

删除表分两步：第一步先使用 disable 让该表不可用，第二步用 drop 命令删除表。例如：

```
disable 'student'
drop 'student'
```

结果如图 8-21 所示。 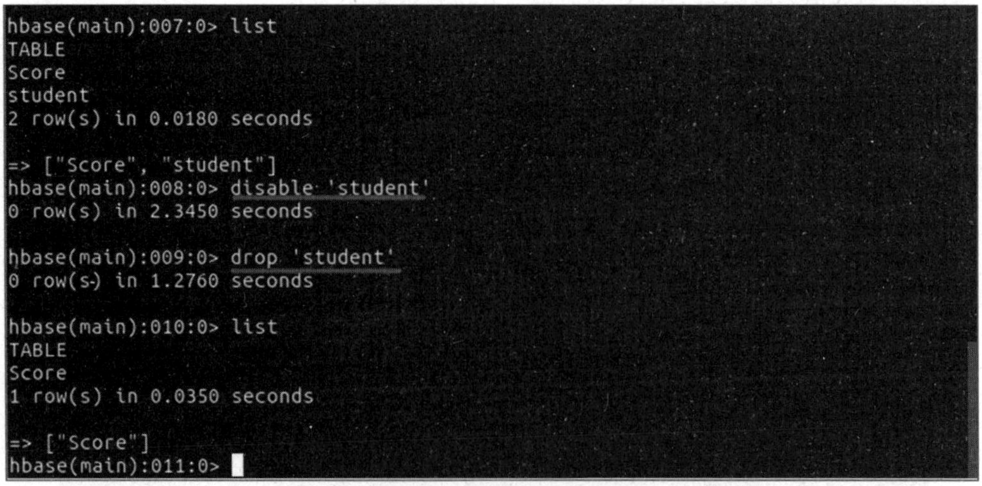

```
hbase(main):007:0> list
TABLE
Score
student
2 row(s) in 0.0180 seconds

=> ["Score", "student"]
hbase(main):008:0> disable 'student'
0 row(s) in 2.3450 seconds

hbase(main):009:0> drop 'student'
0 row(s) in 1.2760 seconds

hbase(main):010:0> list
TABLE
Score
1 row(s) in 0.0350 seconds

=> ["Score"]
hbase(main):011:0>
```

图 8-21　删除表的方法

7. 查询表的历史数据

查询表的历史版本，需要两步。

(1) 在创建表时，指定保存的版本数（假设指定为 5）。

```
create 'teacher',{NAME=>'username',VERSIONS=>5}
```

(2) 插入数据然后更新数据，使其产生历史版本数据。

```
put 'teacher','91001','username','Mary'
put 'teacher','91001','username','Mary1'
put 'teacher','91001','username','Mary2'
put 'teacher','91001','username','Mary3'
put 'teacher','91001','username','Mary4'
put 'teacher','91001','username','Mary5'
```

注意：这里插入数据和更新数据都是用 put 命令。

(3) 查询时，指定查询的历史版本数。默认会查询出最新的数据（有效取值为 1 到 5）。

```
get 'teacher','91001',{COLUMN=>'username',VERSIONS=>5}
```

查询结果如图 8-22 所示。

```
hbase(main):020:0> get 'teacher','91001',{COLUMN=>'username',VERSIONS=>5}
COLUMN                    CELL
 username:                timestamp=1469451374420, value=Mary5
 username:                timestamp=1469451369561, value=Mary4
 username:                timestamp=1469451366448, value=Mary3
 username:                timestamp=1469451363530, value=Mary2
 username:                timestamp=1469451351102, value=Mary1
5 row(s) in 0.0290 seconds

hbase(main):021:0> get 'teacher','91001',{COLUMN=>'username',VERSIONS=>3}
COLUMN                    CELL
 username:                timestamp=1469451374420, value=Mary5
 username:                timestamp=1469451369561, value=Mary4
 username:                timestamp=1469451366448, value=Mary3
3 row(s) in 0.0310 seconds

hbase(main):022:0>
```

图 8-22 查询表的历史数据

8. 退出 HBase 数据库表操作

执行 exit 命令即可退出数据库表操作。

```
exit
```

注意：这里退出 HBase 数据库是退出对数据库表的操作，而不是停止启动 HBase 数据库后台运行。

习题

1. HBase 和传统数据库有何区别？
2. 简述 HBase 与 Hadoop 生态其他组件的关系。
3. 简述 HBase 的数据模型。
4. 简述 HBase 系统基本架构以及每个组成部分的作用。
5. 简述 HBase 的数据分区机制。
6. 在 HBase 三层结构下，客户端是如何访问到数据的？
7. HBase 是一个（　　　）的大数据储存的 Hadoop 数据库。
   A. 可分布、可扩展　　　　　　　　　B. 可分布、不可扩展
   C. 不可分布、可扩展　　　　　　　　D. 不可分布、不可扩展
8. HBase 的 Row Key 指的是（　　　）。
   A. 列键　　　　　B. 行健　　　　　C. 键值　　　　　D. 键值对
9. 在 HBase 的安装目录的 bin 目录下，执行 ./start-hbase.sh 启动的进程是（　　　）。
   A.Master　　　　B.Worker　　　　C.DataNode　　　　D.HMaster
10. 操作题：在 HBase 集群中用 HBase Shell 命令完成以下操作。
（1）列出 HBase 中所有表的相关信息。
（2）自己设计一个员工信息表，在 HBase 中创建该表，向已经创建好的表中添加和删除指定的列和列簇。
（3）向员工信息表中插入数据，全表扫描。
（4）查看指定行键和列簇的数据；以行键为单位，查询表的行数。
（5）删除员工信息表中某个行键的某列数据、删除全表数据、删除表。

单元 9

数据仓库 Hive

学习目标

- 了解数据仓库的概念。
- 了解 Hive 的体系结构。
- 了解 Hive 的工作原理。
- 能熟练安装配置 Hive。
- 能熟练掌握 MySQL 的相关操作。
- 能熟练掌握 Hive Shell 的相关操作。

9.1 Hive 概述

9.1.1 数据仓库简介

数据仓库（Data Warehouse）是一个面向主题的、集成的、相对稳定的、反映历史变化的数据集合，用于支持管理决策，其体系结构如图 9-1 所示。

联机事务处理 OLTP 即关系数据库，能对记录即时地增加、删除、修改、查询。

传统数据库用于事务处理，又称操作型处理，是指对数据库联机进行日常操作，即对一个或一组记录的查询和修改，主要为企业特定的应用服务。用户关心的是响应时间、数据的安全性和完整性。

联机分析处理 OLAP 是数据仓库的核心部分。

数据仓库是对于大量已经由 OLTP 形成的数据的一种分析型的数据库。数据仓库用于决策支持、商业智能，又称分析型处理，它是建立新型决策支持系统的基础。

数据仓库是在数据库应用到一定程度之后而对历史数据的加工与分析。

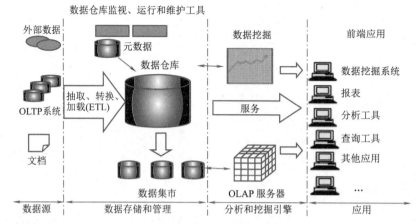

图 9-1 数据仓库的体系结构

数据仓库有如下四个特点。

1. 主题性

数据仓库一般从用户实际需求出发，将不同平台的数据源按设定主题进行划分整合，与传统的面向事务的操作型数据库不同，具有较高的抽象性。面向主题的数据组织方式，就是在较高层次对分析对象数据的一个完整、统一并一致的描述，能完整及统一地刻画各个分析对象所涉及的有关企业的各项数据，以及数据之间的联系。

2. 集成性

数据仓库中存储的数据大部分来源于传统数据库，但并不是将原有数据简单地直接导入，而是需要进行预处理。这是因为事务型数据中的数据一般都是有噪声的、不完整的和数据形式不统一的。这些"脏数据"的直接导入将对在数据仓库基础上进行的数据挖掘造成混乱。"脏数据"在进入数据仓库之前必须经过抽取、清洗、转换，才能生成从面向事务转而面向主题的数据集合。数据集成是数据仓库建设中最重要、最复杂的一步。

3. 稳定性

数据仓库中的数据主要为决策者分析提供数据依据。决策依据的数据是不允许进行修改的。即数据保存到数据仓库后，用户仅能通过分析工具进行查询和分析，而不能修改。数据的更新升级主要都在数据集成环节完成，过期的数据将在数据仓库中直接删除。

4. 动态性

数据仓库中的数据会随时间变化而定期更新，不可更新是针对应用而言，即用户分析处理时不更新数据。每隔一段固定的时间间隔后，抽取运行数据库系统中产生的数据，转换后集成到数据仓库中。随着时间的变化，数据以更高的综合层次被不断综合，以适应趋势分析的要求。当数据超过数据仓库的存储期限，或对分析无用时，从数据仓库中删除这些数据。数据仓库的结构和维护信息保存在数据仓库的元数据(Metadata)中，数据仓库维护工作由系统根据其中的定义自动进行或由系统管理员定期维护。

9.1.2 Hive 简介

Hive 是建立在 Hadoop 上的数据仓库基础构架。它提供了一系列的工具，可以用来进行数据提取、转化、加载（ETL），这是一种可以存储、查询和分析存储在 Hadoop 中的大规模数据的机制。

Hive 定义了简单的类 SQL 查询语言的 Hive 查询语言（称为 HiveQL），它允许熟悉 SQL 的用户查询数据。同时，这个语言也允许熟悉 MapReduce 的开发者开发自定义的 mapper 和 reducer 来处理内建的 mapper 和 reducer 无法完成的、复杂的分析工作。

Hive 可以将结构化的数据文件映射为一张数据库表，并提供完整的 HiveQL 语句，把 HiveQL 语句转化成 MapReduce 程序提交给 Hadoop 集群运行。其优点是学习成本低，可以通过类 SQL 语句快速实现简单的 MapReduce 统计，而不必开发专门的 MapReduce 应用，十分适合数据仓库的统计分析。

Hive 构建在基于静态批处理的 Hadoop 之上，Hadoop 通常都有较高的延迟并且在作业提交和调度的时候需要大量的开销。因此，Hive 并不能够在大规模数据集上实现低延迟快速的查询，因此，Hive 并不适合那些需要低延迟的应用，如联机事务处理。Hive 的最佳适用场景是大数据集的批处理作业，如网络日志分析。

所有 Hive 的数据都存储在 Hadoop 兼容的文件系统中。Hive 在加载数据过程中不会对数据进行任何修改，只是将数据移动到 HDFS 中 Hive 设定的目录下，因此，Hive 不支持对数据的改写和添加，所有数据都是在加载时确定的。

Hive 的特点如下：
（1）支持索引，加快数据查询。
（2）不同的存储类型，如纯文本文件、HBase 中的文件。
（3）将元数据保存在关系数据库中，大大减少了在查询过程中执行语义检查的时间。
（4）可以直接使用存储在 Hadoop 文件系统中的数据。
（5）内置大量用户函数 UDF 来操作时间、字符串和其他的数据挖掘工具，支持用户扩展 UDF 函数完成内置函数无法实现的操作。
（6）类 SQL 的查询方式，将 SQL 查询转换为 MapReduce 的 job 在 Hadoop 集群上执行。

9.1.3 Hive 的体系结构

Hive 的体系结构如图 9-2 所示，主要由以下几个部分组成。

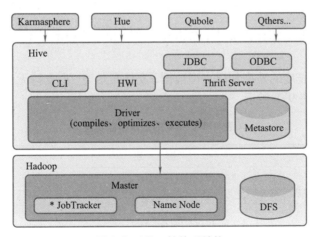

图 9-2 Hive 的体系结构

(1) 用户接口：包括命令行 CLI、Client、Web 界面 WUI、JDBC/ODBC 接口等。
(2) 中间件：包括 Thrift 接口和 JDBC/ODBC 的服务端，用于整合 Hive 和其他程序。
(3) 元数据 Metadata 存储：通常是存储在关系数据库（如 MySQL、Derby）中的系统。
(4) 底层驱动：包括 HiveQL 解释器、编译器、优化器、执行器（引擎）。
(5) Hadoop：用 HDFS 存储数据，用 MapReduce 进行计算。

注意： Hive 不是数据库。Hive 可以看作用户编程接口，它本身不存储和计算数据，它依赖于 HDFS 和 MapReduce。

9.1.4 Hive 的工作原理

Hive 是 Hadoop 大数据生态圈中的 PB 级数据仓库，其提供以表格的方式来组织与管理 HDFS 上的数据、以类 SQL 的方式操作表格中的数据，Hive 的设计目的是能够以类 SQL 的方式查询存放在 HDFS 上的大规模数据集，不必开发专门的 MapReduce 应用。

Hive 本质上相当于一个 MapReduce 和 HDFS 的翻译终端，用户提交 Hive 脚本后，Hive 运行时环境会将这些脚本翻译成 MapReduce 和 HDFS 操作并向集群提交这些操作。

Hive 查询操作过程严格遵守 Hadoop MapReduce 的作业执行模型。当用户向 Hive 提交其编写的 HiveQL 后，首先，Hive 运行时环境会将这些脚本通过解释器转换成 MapReduce 和 HDFS 操作，紧接着，Hive 运行时环境使用 Hadoop 命令行接口向 Hadoop 集群提交这些 MapReduce 和 HDFS 操作，最后，Hadoop 集群逐步执行这些 MapReduce 和 HDFS 操作，整个过程可概括如下：

(1) 用户编写 HiveQL 并向 Hive 运行时环境提交该 HiveQL。
(2) Hive 运行时环境将该 HiveQL 翻译成 MapReduce 和 HDFS 操作。
(3) Hive 运行时环境调用 Hadoop 命令行接口或程序接口，向 Hadoop 集群提交翻译后的 HiveQL。
(4) Hadoop 集群执行 HiveQL 翻译后的 MapReduce-APP 或 HDFS-APP。

由上述执行过程可知，Hive 的核心是其运行时环境，该环境能够将类 SQL 语句编译成 MapReduce。

9.1.5 Hive 的数据类型与存储格式

1. Hive 的数据类型

Hive 支持的数据类型主要分为两种：基本数据类型和复杂数据类型（即集合数据类型）。

1) 基本数据类型

Hive 支持多种不同长度的整型和浮点型数据，支持布尔型，也支持无长度限制的字符串类型。Hive 的基本数据类型如表 9-1 所示。

表 9-1 Hive 的基本数据类型

类型	描述	示例
TINYINT	1 字节（8 位）有符号整数	1
SMALLINT	2 字节（16 位）有符号整数	1
INT	4 字节（32 位）有符号整数	1
BIGINT	8 字节（64 位）有符号整数	1

续表

类　型	描　述	示　例
FLOAT	4 字节（32 位）单精度浮点数	1.0
DOUBLE	8 字节（64 位）双精度浮点数	1.0
BOOLEAN	布尔类型，true/false	true
STRING	字符串，可以指定字符集	"xmu"
TIMESTAMP	整数、浮点数或者字符串	1327882394（UNIX 新纪元秒）
BINARY	字节数组	[0,1,0,1,0,1,0,1]

2）复杂数据类型

Hive 中的列支持使用 struct、map 和 array 集合数据类型，如表 9-2 所示。

表 9-2　Hive 的集合数据类型

类　型	描　述	示　例
ARRAY	一组有序字段，字段的类型必须相同	Array(1,2)
MAP	一组无序的键/值对，键的类型必须是原子的，值可以是任何数据类型，同一个映射的键和值的类型必须相同	Map('a',1,'b',2)
STRUCT	一组命名的字段，字段类型可以不同	Struct('a',1,1,0)

注意：所有这些数据类型都是对 Java 中接口的实现，因此这些类型的具体行为细节和 Java 中对应的类型是完全一致的。例如，STRING 类型实现的是 Java 中的 String，FLOAT 实现的是 Java 中的 float，等等。

大多数关系型数据库中不支持这些集合数据类型，因为它们会破坏标准格式。关系型数据库中为实现集合数据类型是由多个表之间建立合适的外键关联来实现的。在大数据系统中，使用集合类型数据的好处在于提高数据的吞吐量，减少寻址次数，从而提高查询速度。

2. Hive 的存储格式

Hive 没有专门的数据存储格式，也没有为数据建立索引，所有的数据都存储在 HDFS 中，因此，Hive 存储格式也就是 Hadoop 通用的数据格式，如 TEXTFILE、SequenceFile、RCFile、Avro 和自定义格式等。

用户可以非常自由地组织 Hive 中的表，只需要在创建表时告诉 Hive 数据中的列分隔符和行分隔符，Hive 就可以解析数据。Hive 中默认的记录和字段分隔符如表 9-3 所示。

表 9-3　Hive 中默认的记录和字段分隔符

分 隔 符	描　述
\n	对于文本文件来说，每行都是一条记录，因此换行符可以分隔记录
^A (Ctrl+A)	用于分隔字段（列）。在 CREATE TABLE 语句中可以使用八进制编码 \001 表示
^B	用于分隔 ARRAY 或者 STRUCT 中的元素，或用于 MAP 中键/值对之间的分隔。在 CREATE TABLE 语句中可以使用八进制编码 \002 表示
^C	用于 MAP 中键和值之间的分隔。在 CREATE TABLE 语句中可以使用八进制编码 \003 表示

9.1.6　Hive 的数据模型

Hive 包含的数据模型有表（Table）、外部表（External Table）、分区（Partition）和桶（Bucket）。

1. 表

一个表就是 HDFS 中的一个目录。所有的表数据（不包括 External Table）都保存在 hive-site.xml 中由 ${hive.metastore.warehouse.dir} 指定的数据仓库的目录中，默认值是 HDFS 上的目录 /user/hive/warehouse，如 xs 表中所有的数据存储在 user/hive/warehouse/xs 中。

本地的 /tmp 目录存放日志和执行计划。

2. 分区

表内的一个分区就是表的目录下的一个子目录，所有 Partition 数据都存储在对应的目录中。

3. 桶

Buckets 对指定列计算 hash，根据 hash 值切分数据，目的是并行，每个 Bucket 对应一个文件。如果有分区，那么桶就是分区下的一个单位，如果表内没有分区，那么桶直接就是表下的单位。

桶的创建过程和数据加载过程（这两个过程可以在同一个语句中完成），在加载数据的过程中，实际数据会被移动到数据仓库目录中；之后对数据的访问将直接在数据仓库目录中完成。删除表时，表中的数据和元数据将会被同时删除。

4. 外部表

Hive 的表分为两种：内部表（Table）和外部表（External Table）。

外部表指向已经在 HDFS 中存在的数据，可以创建 Partition。

外部表和内部表 Table 在元数据的组织上是相同的，而实际数据的存储则有较大差异。

Hive 创建内部表时，会将数据移动到数据仓库指向的路径。用户可以控制数据，在删除内部表时，内部表的元数据和数据会被一起删除。

Hive 创建外部表时，仅记录数据所在的路径，不对数据的位置做任何改变。在删除外部表时，只删除元数据，不删除数据。这样外部表相对来说更加安全些，数据组织也更加灵活，方便共享源数据。

9.2　Hive 的安装部署

本节中 Hive 的安装环境如下：
- Hive 安装包：apache-hive-2.1.1-bin.tar.gz。
- MySQL 安装包：mysql-5.7.24-linux-glibc2.12-x86_64.tar.gz。
- JDK：jdk-8u161-linux-x64.tar.gz。
- Hadoop 安装包：hadoop-2.7.3.tar.gz。

注意：①安装 Hive 之前需要 Hadoop 已经正常启动。②Hive 安装部署在 Master 节点上。

9.2.1 安装 Hive

可以从网站 http://archive.apache.org/dist/hive/ 下载 Hive 安装包，如图 9-3 所示。

```
hawq/            2018-09-23 01:36   -
hbase/           2018-11-27 14:52   -
helix/           2018-07-30 18:13   -
hive/            2018-11-06 06:50   -
hivemind/        2017-10-04 11:10   -
httpcomponents/  2018-05-04 18:50   -
httpd/           2018-10-26 18:53   -
ibatis/          2017-10-04 10:47   -
ignite/          2018-11-29 08:01   -
```

图 9-3　Hive 的下载页面

下载 Hive 安装包 apache-hive-2.1.1-bin.tar.gz，将该安装包上传到 Master 节点的 /home/whzy/software/hadoop 目录中。

在 Master 节点上，进入 /home/whzy/software/Hadoop 目录，移动并解压 Hive 安装包。

```
[whzy@master ~]$ cd /home/whzy/software/hadoop/
[whzy@master hadoop]$ mv ~/software/hadoop/apache-hive-2.1.1-bin.tar.gz  ~/
[whzy@master hadoop]$ cd
[whzy@master ~]$ tar -zxvf ~/apache-hive-2.1.1-bin.tar.gz
[whzy@master ~]$ cd apache-hive-2.1.1-bin
[whzy@master apache-hive-2.1.1-bin]$ ll
```

执行 ll 命令，显示图 9-4 所示 Hive 的文件目录结构。

```
[whzy@master apache-hive-2.1.1-bin]$ ll
total 100
drwxrwxr-x. 3 whzy whzy  4096 Nov 24 13:49 bin
drwxrwxr-x. 2 whzy whzy  4096 Nov 24 13:49 conf
drwxrwxr-x. 4 whzy whzy  4096 Nov 24 13:49 examples
drwxrwxr-x. 7 whzy whzy  4096 Nov 24 13:49 hcatalog
drwxrwxr-x. 2 whzy whzy  4096 Nov 24 13:49 jdbc
drwxrwxr-x. 4 whzy whzy 12288 Nov 24 13:49 lib
-rw-r--r--. 1 whzy whzy 29003 Nov 28  2016 LICENSE
-rw-r--r--. 1 whzy whzy   578 Nov 29  2016 NOTICE
-rw-r--r--. 1 whzy whzy  4122 Nov 28  2016 README.txt
-rw-r--r--. 1 whzy whzy 18501 Nov 29  2016 RELEASE_NOTES.txt
drwxrwxr-x. 4 whzy whzy  4096 Nov 24 13:49 scripts
```

图 9-4　Hive 的文件目录结构

9.2.2 安装配置 MySQL

注意：安装和启动 MySQL 服务需要 root 权限。

切换成 root 用户，输入密码 whzy。

```
[whzy@master ~]$ su root
```

1. 解压 MySQL

把 MySQL 安装包 mysql-5.7.24-linux-glibc2.12-x86_64.tar.gz 移动到系统的本地目录 /usr/local/，解压安装包。

```
[root@master ~]# mv /home/whzy/software/mysql/mysql-5.7.24-linux-glibc2.12-x86_64.tar.gz  /usr/local/
[root@master ~]# cd /usr/local/
[root@master local]# tar -xvf mysql-5.7.24-linux-glibc2.12-x86_64.tar.gz
```

将 mysql 的安装目录重命名为 mysql，如图 9-5 所示。

```
[root@master local]# mv mysql-5.7.24-linux-glibc2.12-x86_64 mysql
[root@master local]# cd mysql
[root@master mysql]# ll
```

```
[root@master local]# cd mysql
[root@master mysql]# ll
total 52
drwxr-xr-x.  2 root root   4096 May  6 20:58 bin
-rw-r--r--.  1 7161 31415 17987 Oct  3  2018 COPYING
drwxr-xr-x.  2 root root   4096 May  6 20:58 docs
drwxr-xr-x.  3 root root   4096 May  6 20:57 include
drwxr-xr-x.  5 root root   4096 May  6 20:58 lib
drwxr-xr-x.  4 root root   4096 May  6 20:57 man
-rw-r--r--.  1 7161 31415  2478 Oct  3  2018 README
drwxr-xr-x. 28 root root   4096 May  6 20:58 share
drwxr-xr-x.  2 root root   4096 May  6 20:58 support-files
```

图 9-5 MySQL 的文件目录结构

创建系统 mysql 组和 mysql 用户。

```
[root@master local]# groupadd mysql
[root@master local]# useradd -g mysql mysql
```

创建存放 mysql 数据的目录。

```
[root@master local]# cd
[root@master ~]# mkdir /var/lib/mysql
```

给 mysql 使用权。

```
[root@master ~]# chown -R mysql:mysql /var/lib/mysql/
```

2. 安装 MySQL 数据库

在 mysql/bin 路径下执行下面命令，安装 MySQL 数据库，如图 9-6 所示。

```
[root@master ~]# cd /usr/local/mysql/bin
[root@master bin]# ./mysql_install_db --user=mysql --basedir=/usr/local/mysql --datadir=/var/lib/mysql/
```

```
[root@master bin]# ./mysql_install_db --user=mysql --basedir=/usr/local/mysql/ -
-datadir=/var/lib/mysql/
2019-04-25 04:52:22 [WARNING] mysql_install_db is deprecated. Please consider sw
itching to mysqld --initialize
2019-04-25 04:52:26 [WARNING] The bootstrap log isn't empty:
2019-04-25 04:52:26 [WARNING] 2019-04-25T11:52:22.988086Z 0 [Warning] --bootstra
p is deprecated. Please consider using --initialize instead
2019-04-25T11:52:22.989592Z 0 [Warning] Changed limits: max_open_files: 1024 (re
quested 5000)
2019-04-25T11:52:22.989610Z 0 [Warning] Changed limits: table_open_cache: 431 (r
equested 2000)
```

图 9-6　安装 MySQL 数据库

3. 添加开机启动 mysql 服务和启动 mysql 服务

将 mysql.server 复制到 /etc/init.d/mysql，添加开机启动 mysql 服务。

```
[root@master bin]# cd
[root@master ~]$cp /usr/local/mysql/support-files/mysql.server /etc/init.d/mysql
```

启动 mysql 服务，如图 9-7 所示。

```
[root@master ~]# service mysql start
Starting MySQL. SUCCESS!
```

图 9-7　启动 mysql 服务

执行如下命令，显示系统执行进程，查看 MySQL 是否在运行。显示图 9-8 所示 mysql 服务，说明启动成功。

```
[root@master whzy]$ ps -ef|grep mysql
```

```
root       2055    1  0 05:02 ?        00:00:00 /bin/sh /usr/local/mysql/bin/m
ysqld_safe --datadir=/var/lib/mysql --pid-file=/var/lib/mysql/master.pid
mysql      2233 2055  1 05:02 ?        00:00:01 /usr/local/mysql/bin/mysqld --
basedir=/usr/local/mysql --datadir=/var/lib/mysql --plugin-dir=/usr/local/mysql/
lib/plugin --user=mysql --log-error=/var/log/mysqld.log --pid-file=/var/lib/mysq
l/master.pid --socket=/var/lib/mysql/mysql.sock
root       3021 2840  0 05:04 pts/0    00:00:00 grep mysql
```

图 9-8　查看 MySQL 是否在运行

修改 root 和 whzy 用户环境变量。

```
[root@master ~]$ vi ~/.bash_profile
```

将下面的代码添加到 .bash_profile 文件中。

```
export MYSQL_HOME=/usr/local/mysql
export PATH=$ MYSQL_HOME/bin:$PATH
```

用 source 使改动生效，加载环境变量。

```
[root@master ~]$ source ~/.bash_profile
```

以 root 用户登录 mysql，注意这里的 root 是数据库的 root 用户，不是系统的 root 用户。root 用户的初始密码在 root 用户的用户目录下，如图 9-9 所示。

```
[root@master whzy]$ cat /root/.mysql_secret
```

```
[root@master ~]# cat .mysql_secret
# Password set for user 'root@localhost' at 2019-04-25 04:52:22
lOqwI!yV&N:M
```

图 9-9　查看 root 用户的初始密码

使用初始密码登录，如图 9-10 所示。

```
[root@master whzy]$ mysql -uroot -p
```

```
[root@master ~]# mysql -uroot -p
Enter password:
Welcome to the MySQL monitor.  Commands end with ; or \g.
Your MySQL connection id is 3
Server version: 5.7.24 MySQL Community Server (GPL)

Copyright (c) 2000, 2018, Oracle and/or its affiliates. All rights reserved.

Oracle is a registered trademark of Oracle Corporation and/or its
affiliates. Other names may be trademarks of their respective
owners.

Type 'help;' or '\h' for help. Type '\c' to clear the current input statement.

mysql>
```

图 9-10　使用初始密码登录

更改 root 用户密码，如图 9-11 所示。

```
mysql> use mysql;
mysql> update user set authentication_string=password('whzy') where user='root';
mysql> flush privileges;
```

```
mysql> use mysql;
Reading table information for completion of table and column names
You can turn off this feature to get a quicker startup with -A

Database changed
mysql> update user set authentication_string=password('whzy') where user='root';
Query OK, 1 row affected, 1 warning (0.00 sec)
Rows matched: 1  Changed: 1  Warnings: 1

mysql> flush privileges;
Query OK, 0 rows affected (0.00 sec)
```

图 9-11　更改 root 用户密码

登录后可能会有如图 9-12 所示的错误提示。

```
ERROR 1820 (HY000): You must reset your password using ALTER USER statement before executing tl
atement.
```

图 9-12 可能的错误提示

解决方法如图 9-13 所示。

```
mysql> alter user user() identified by "whzy";
Query OK, 0 rows affected (0.00 sec)
```

图 9-13 修改用户密码

然后创建 hadoop 用户，如图 9-14 所示。

```
mysql> CREATE USER 'hadoop'@'localhost' IDENTIFIED BY 'hadoop';
mysql> CREATE USER 'hadoop'@'master' IDENTIFIED BY 'hadoop';
mysql> CREATE USER 'hadoop'@'%' IDENTIFIED BY 'hadoop';
```

```
mysql> CREATE USER 'hadoop'@'localhost' IDENTIFIED BY 'hadoop'
    -> ;
Query OK, 0 rows affected (0.02 sec)

mysql> CREATE USER 'hadoop'@'master' IDENTIFIED BY 'hadoop';
Query OK, 0 rows affected (0.00 sec)

mysql> CREATE USER 'hadoop'@'master' IDENTIFIED BY 'hadoop';
ERROR 1396 (HY000): Operation CREATE USER failed for 'hadoop'@'master'
mysql> CREATE USER 'hadoop'@'%' IDENTIFIED BY 'hadoop';
Query OK, 0 rows affected (0.00 sec)
```

图 9-14 创建 hadoop 用户

给 hadoop 用户授权。

```
mysql>grant all on *.* to hadoop@'%' identified by 'hadoop';
mysql>grant all on *.* to hadoop@'localhost' identified by 'hadoop';
mysql>grant all on *.* to hadoop@'master' identified by 'hadoop';
mysql>flush privileges;
```

创建 MySQL 数据库 hive_1。

```
mysql>create database hive_1;
```

打开 MySQL 数据库 hive_1。

```
mysql>use hive_1;
```

输入 quit 命令退出 MySQL。

```
mysql>quit;
```

9.2.3 配置 Hive

1. 配置 hive-env.sh

进入 Hive 安装目录下的配置目录 conf，修改配置文件。

```
[whzy@master ~]$ cd /home/whzy/apache-hive-2.1.1-bin/conf
```

通过模板文件复制 hive-env.sh 文件。

```
[whzy@master conf]$ cp hive-env.sh.template hive-env.sh
```

向 hive-env.sh 文件中追加如下语句。

```
[whzy@master conf]$ gedit ~/apache-hive-2.1.1-bin/conf/hive-env.sh
export HADOOP_HOME=/home/whzy/hadoop-2.7.3
export HIVE_CONF_DIR=/home/whzy/apache-hive-2.1.1-bin/conf
```

2. 配置 hive-site.xml

在该目录下创建一个新文件 hive-site.xml，将下面的内容添加到该文件中。

```xml
[whzy@master conf]$ gedit ~/apache-hive-2.1.1-bin/conf/hive-site.xml
<?xml version="1.0" encoding="UTF-8" standalone="no"?>
<?xml-stylesheet type="text/xsl" href="configuration.xsl"?>
<configuration>
   <property>
      <name>javax.jdo.option.ConnectionURL</name>
      <value>jdbc:mysql://master:3306/hive_1?createDatabaseIfNotExist=true</value>
   </property>
   <property>
      <name>javax.jdo.option.ConnectionDriverName</name>
      <value>com.mysql.jdbc.Driver</value>
   </property>
   <property>
      <name>javax.jdo.option.ConnectionUserName</name>
      <value>hadoop</value>
   </property>
   <property>
      <name>javax.jdo.option.ConnectionPassword</name>
      <value>hadoop</value>
   </property>
   <property>
      <name>hive.metastore.schema.verification</name>
      <value>false</value>
   </property>
</configuration>
```

单元 9　数据仓库 Hive

3. 将 mysql 的 java connector jar 包复制到依赖库中

```
[whzy@master ~]$ cd /home/whzy/software/mysql
[whzy@master mysql]$ tar -zxvf ~/software/mysql/mysql-connector-java-5.1.27.tar.gz
[whzy@master mysql]$ cp ~/software/mysql/ mysql-connector-java-5.1.27/mysql-connector-java-5.1.27-bin.jar ~/apache-hive-2.1.1-bin/lib/
```

4. 配置环境变量

打开配置文件，配置环境变量，将下面语句添加到文件中。

```
[whzy@master ~]$ vi /home/whzy/.bash_profile
export HIVE_HOME=$PWD/apache-hive-2.1.1-bin/
export PATH=$PATH:$HIVE_HOME/bin
```

5. 将 hive 初始化

```
[whzy@master apache-hive-2.1.1-bin]$ bin/sechematool -dbType mysql -initSchema
```

9.2.4　启动 Hive 安装

进入 hive 安装主目录，启动 hive 客户端，如图 9-15 所示。

```
[whzy@master apache-hive-2.1.1-bin]$ bin/hive
```

```
[whzy@master apache-hive-2.1.1-bin]$ bin/hive
Logging initialized using configuration in jar:file:/home/whzy/apache-hive-2.1.
1-bin/lib/hive-common-2.1.1.jar!/hive-log4j2.properties Async: true
Hive-on-MR is deprecated in Hive 2 and may not be available in the future versi
ons. Consider using a different execution engine (i.e. spark, tez) or using Hiv
e 1.X releases.
hive>
```

图 9-15　启动 hive 客户端

查看数据库，显示图 9-16 所示提示信息则安装成功。

```
hive> show databases;
```

```
hive> show databases;
OK
default
Time taken: 0.948 seconds, Fetched: 1 row(s)
```

图 9-16　查看数据库

9.3　Hive Shell 操作

Hive Shell 运行在 Hadoop 环境之上，是实现和 Hive 进行交互的命令行接口，当执行 HiveQL

命令时，Hive Shell 把 HiveQL 查询语言转换成 MapReduce 作业进行处理并返回结果。

1. 数据库相关操作

创建成绩管理 cjgl 数据库，如图 9-17 所示。

```
hive> create database cjgl;
```

```
hive> create database cjgl;
OK
Time taken: 0.405 seconds
```

图 9-17 创建 cjgl 数据库

查看数据库，如图 9-18 所示。

```
hive> describe database cjgl;
```

```
hive> describe database cjgl;
OK
cjgl            hdfs://master:9000/user/hive/warehouse/cjgl.db    whzy    USER
Time taken: 1.027 seconds, Fetched: 1 row(s)
```

图 9-18 查看数据库

打开数据库，如图 9-19 所示。

```
hive> use cjgl;
```

```
hive> use cjgl;
OK
Time taken: 0.063 seconds
```

图 9-19 打开数据库

2. 表的相关操作

查看当前数据库中的表，如图 9-20 所示。

```
hive> show tables;
```

```
hive> show tables;
OK
Time taken: 0.098 seconds
```

图 9-20 查看当前数据库中的表

创建一个学生表 xs，如图 9-21 所示。

```
hive> create table if not exists xs(xh int,xm string);
```

```
hive> create table if not exists xs (xh int,xm string);
OK
Time taken: 0.801 seconds
```

图 9-21 创建 xs 表

查看学生表的结构，如图 9-22 所示。

```
hive> describe extended xs;
```

```
hive> describe extended xs;
OK
xh                      int
xm                      string

Detailed Table Information      Table(tableName:xs, dbName:default, owner:whzy,
createTime:1558358236, lastAccessTime:0, retention:0, sd:StorageDescriptor(cols:
[FieldSchema(name:xh, type:int, comment:null), FieldSchema(name:xm, type:string,
 comment:null)], location:hdfs://master:9000/user/hive/warehouse/xs, inputFormat
:org.apache.hadoop.mapred.TextInputFormat, outputFormat:org.apache.hadoop.hive.q
l.io.HiveIgnoreKeyTextOutputFormat, compressed:false, numBuckets:-1, serdeInfo:S
erDeInfo(name:null, serializationLib:org.apache.hadoop.hive.serde2.lazy.LazySimp
leSerDe, parameters:{serialization.format=1}), bucketCols:[], sortCols:[], param
eters:{}, skewedInfo:SkewedInfo(skewedColNames:[], skewedColValues:[], skewedCol
ValueLocationMaps:{}), storedAsSubDirectories:false), partitionKeys:[], paramete
rs:{totalSize=0, numRows=0, rawDataSize=0, COLUMN_STATS_ACCURATE={"BASIC_STATS":
"true"}, numFiles=0, transient_lastDdlTime=1558358236}, viewOriginalText:null, v
iewExpandedText:null, tableType:MANAGED_TABLE)
Time taken: 0.205 seconds, Fetched: 4 row(s)
```

图 9-22 查看学生表的结构

创建一个类似结构的表 xs1，如图 9-23 所示。

```
hive> create table if not exists xs1 like xs;
```

```
hive> create table if not exists xs1 like xs;
OK
Time taken: 0.254 seconds
```

图 9-23 创建类似表

把表 xs1 重命名为表 xs_jsj，如图 9-24 所示。

```
hive> alter table xs1 rename to xs_jsj;
```

```
hive> alter table xs1 rename to xs_jsj;
OK
Time taken: 0.233 seconds
```

图 9-24 重命名表

给 xs_jsj 表增加一个 "xb" 列，如图 9-25 所示。

```
hive> alter table xs_jsj add columns(xb string);
```

```
hive> alter table xs_jsj add columns(xb string);
OK
Time taken: 0.219 seconds
```

图 9-25　增加列

删除 xs 表，如图 9-26 所示。

```
hive> drop table xs;
```

```
hive> drop table xs;
OK
Time taken: 1.649 seconds
```

图 9-26　删除表

3. 用 load 向表中装载数据

Hive 中不存在行级别的数据插入、更新和删除操作，向表中装载数据的唯一途径就是使用装载操作，或者通过其他方式仅仅将数据文件写入到正确的目录下。

（1）把目录 /usr/local/data 下的数据文件中的数据装载进 test1 表并覆盖原有数据。

```
hive> load data local inpath '/usr/local/data' overwrite into table test1;
```

（2）把目录 /usr/local/data 下的数据文件中的数据装载进 test2 表不覆盖原有数据。

```
hive> load data local inpath '/usr/local/data' into table test2;
```

（3）把分布式文件系统目录 hdfs://master/usr/local/data 下的数据文件数据装载进 test3 表并覆盖原有数据。

```
hive> load data inpath 'hdfs://master:9000/usr/local/data' overwrite into table test3;
```

4. 用 insert 向表中插入数据

（1）向表 xs1 中插入来自 xs 表的数据并覆盖原有数据。

```
hive> insert overwrite table xs1 select * from xs where age=10;
```

（2）向表 xs1 中插入来自 xs 表的数据并追加在原有数据后。

```
hive> insert into table xs1 select * from xs where age=10;
```

5. 在单个查询语句中完成创建表并将查询结果载入到该表中

向表 xs2 中插入来自 xs 表中男同学的学号 xh 和姓名 xm 数据。

```
hive> create table xs2 as select xh,xm from xs where xb='male';
```

9.4　Hive 数据导入的实例

现有如下三份数据：

1.users.dat

数据格式为：2::M::56::16::70072。

对应字段为：UserID BigInt, Gender String, Age Int, Occupation String, Zipcode String。

对应字段中文解释：用户 id，性别，年龄，职业，邮政编码。

共有 6 040 条数据。

2.movies.dat

数据格式为：2::Jumanji (1995)::Adventure|Children's|Fantasy。

对应字段为：MovieID BigInt, Title String, Genres String。

对应字段中文解释：电影 ID，电影名称，电影类型。

共有 3 883 条数据。

3.ratings.dat

数据格式为：1::1193::5::978300760。

对应字段为：UserID BigInt, MovieID BigInt, Rating Double, Timestamped String。

对应字段中文解释：用户 ID，电影 ID，评分，评分时间戳。

共有 1 000 209 条数据。

首先，创建数据库 movie，在库中创建 3 张表：t_user, t_movie, t_rating。

原始数据以 :: 进行切割，所以需要使用能解析多字节分隔符的 Serde。

使用 RegexSerde 需要两个参数：

```
input.regex="(.*)::(.*)::(.*)"
output.format.string="%1$s %2$s %3$s"
```

创建数据库：

```
Create database movie;
Use movie;
```

创建 t_user 表：

```
create table t_user(
userid bigint,
sex string,
age int,
occupation string,
zipcode string)
row format serde 'org.apache.hadoop.hive.serde2.RegexSerDe'
with serdeproperties('input.regex'='(.*)::(.*)::(.*)::(.*)::(.*)','output.format.string'='%1$s %2$s %3$s %4$s %5$s')
stored as textfile;
```

创建数据文件夹 movies，存放三个数据文件 user.txt、movise.txt、rating.txt。

```
[whzy@master ~]$ mkdir movies
[whzy@master ~]$ vi movies/user.txt
1::F::1::10::48067
2::M::56::16::70072
```

```
3::M::25::15::55117
4::M::45::7::02460
5::M::25::20::55455
6::F::50::9::55117
7::M::35::1::06810
8::M::25::12::11413
9::M::25::17::61614
10::F::35::1::95370
11::F::25::1::04093
12::M::25::12::32793
13::M::45::1::93304
14::M::35::0::60126

[whzy@master ~]$ vi movies/movie.txt
1::Toy Story (1995)::Animation|Children's|Comedy
2::Jumanji (1995)::Adventure|Children's|Fantasy
3::Grumpier Old Men (1995)::Comedy|Romance
4::Waiting to Exhale (1995)::Comedy|Drama
5::Father of the Bride Part II (1995)::Comedy
6::Heat (1995)::Action|Crime|Thriller
7::Sabrina (1995)::Comedy|Romance
8::Tom and Huck (1995)::Adventure|Children's
9::Sudden Death (1995)::Action
10::GoldenEye (1995)::Action|Adventure|Thriller

[whzy@master ~]$ vi movies/rating.txt
1::1193::5::978300760
1::661::3::978302109
1::914::3::978301968
1::3408::4::978300275
1::2355::5::978824291
1::1197::3::978302268
1::1287::5::978302039
1::2804::5::978300719
1::594::4::978302268
```

创建 t_movie 表：

```
create table t_movie(
movieid bigint,
moviename string,
movietype string)
row format serde 'org.apache.hadoop.hive.serde2.RegexSerDe'
with serdeproperties('input.regex'='(.*)::(.*)::(.*)','output.format.string'='%1$s %2$s %3$s')
stored as textfile;
```

创建 t_rating 表：

```
create table t_rating(
userid bigint,
movieid bigint,
rate double,
times string)
row format serde 'org.apache.hadoop.hive.serde2.RegexSerDe'
with serdeproperties('input.regex'='(.*)::(.*)::(.*)::(.*)','output.format.string'=
'%1$s %2$s %3$s %4$s')
stored as textfile;
```

导入数据，如图 9-27 所示。

```
hive>load data local inpath "/home/whzy/movies/user.txt" into table t_user;
```

```
hive> load data local inpath "/home/whzy/movies/user.txt" into table t_user;
Loading data to table default.t_user
OK
Time taken: 1.245 seconds
```

图 9-27　导入数据

```
hive>load data local inpath "/home/whzy/movies/movie.txt" into table t_movie;
hive>load data local inpath "/home/whzy/movies/rating.txt" into table t_rating;
```

数据导入后，就可以从里面分析有用的数据，如求被评分次数最多的 10 部电影，并给出评分次数（电影名，评分次数）。

思路分析：

(1) 需求字段：

电影名：t_movie.moviename；评分次数：t_rating.rate。

(2) 核心 SQL：

按照电影名进行分组统计，求出每部电影的评分次数并按照评分次数降序排序。

可以直接用从别的表中查询到的数据来创建一个表。

```
Hive>create table answer2 as
select a.moviename as moviename,count(a.moviename) as total
from t_movie a join t_rating b on a.movieid=b.movieid
group by a.moviename
order by total desc;
```

求好片（评分≥4.0）最多的那个年份的最好看的 10 部电影。

思路分析：

(1) 需求字段：

电影 id：t_rating.movieid；电影名：t_movie.moviename（包含年份）；影评分：t_rating.rate；上映年份：xxx.years。

(2) 核心 SQL：

①需要将 t_rating 和 t_movie 表进行联合查询，将电影名当中的上映年份截取出来，保存到临时表 answer6_A 中。需要查询的字段（电影 id：t_rating.movieid；电影名：t_movie.moviename（包

含年份）；影评分：t_rating.rate）。

② 从 answer6_A 按照年份进行分组条件，按照评分≥4.0 作为 where 过滤条件，按照 count(years) 作为排序条件进行查询，需要查询的字段（电影的 ID：answer6_A.years）。

③ 从 answer6_A 按照 years=1998 作为 where 过滤条件，按照评分作为排序条件进行查询，需要查询的字段（电影的 ID：answer6_A.moviename；影评分：answer6_A.avgrate）。

习题

1. 什么是数据仓库？它的特点有哪些？
2. 简述 Hive 数据模型。
3. 试比较 Hive 和 HBase 的异同。
4. Hadoop 的 Hive 定义了简单的（　　　）语言。
   A.SQL　　　　　　B.MySQL　　　　　　C.SQLserver　　　　　　D.Oracle
5. Hive 元数据集中存放在（　　　）。
   A.Derby　　　　　B.Partition　　　　　C.Metastore　　　　　　D.Bucket
6. 操作题：试述 Hive 中常见的优化策略，并在 Hive 集群中予以实施。
7. 操作题：分析搜狗搜索日志。

进入实验数据文件夹 /home/whzy/resources/data 查看数据，搜狗数据的数据格式如下：

访问时间 \t 用户 ID\t [查询词]\t 该 URL 在返回结果中的排名 \t 用户单击的顺序号 \t 用户单击的 URL

其中，用户 ID 是根据用户使用浏览器访问搜索引擎时的 Cookie 信息自动赋值，即同一次使用浏览器输入的不同查询对应同一个用户 ID。

（1）查看总行数，截取部分数据（如 1000 行）。

（2）将时间字段拆分并拼接，添加年、月、日、小时字段。

（3）过滤第 2 个字段（UID）或者第 3 个字段（搜索关键词）为空的行。

（4）基于 Hive 构建日志数据的数据仓库。

查看数据库、创建数据库 sogou、使用数据库、查看所有表名、创建外部表、查看新创建表结构、删除表。

（5）创建分区表（按照年、月、天、小时分区）。

创建扩展 4 个字段（年、月、日、小时）数据的外部表、创建带分区的表、装载数据并检查数据是否装载成功。

（6）分析数据：条数统计。

查询数据总条数、非空查询条数、无重复总条数（根据 ts、uid、keyword、url）、独立 UID 总数。

（7）分析数据：关键词分析。

查询关键词长度统计、查询频度排名（频度最高的前 50 词）。

（8）分析数据：UID 分析。

UID 的查询次数分布（查询 1 次的 UID 个数，... 查询 N 次的 UID 个数）、UID 平均查询次数、查询次数大于 2 次的用户总数、查询次数大于 2 次的用户占比、查询次数大于 2 次的数据展示。

（9）分析数据：用户行为分析。

单击次数与 Rank 之间的关系分析、直接输入 URL 作为查询词的比例、独立用户行为分析。

单元 10
Sqoop 的安装和使用

学习目标

- 了解 Sqoop 的工作原理。
- 掌握 Sqoop 的安装配置方法。
- 掌握 Sqoop 的简单应用。

10.1 Sqoop 概述

10.1.1 Sqoop 简介

Apache Sqoop 是一个开源的、用于在外部结构化数据与 Hadoop 之间导入导出数据的工具。

Sqoop 的主要功能是实现传统关系型数据库中的数据与 Hadoop 分布式存储平台上的数据进行迁移操作。如传统的业务数据存储在关系型数据库（如 Oracle、MySQL、SQL Server 和 DB2 等）中，如果数据量达到较大规模后需要对其进行分析或统计，单纯以关系型数据库作为存储采用传统数据技术对数据（整个库或者单个表）进行处理可能会成为瓶颈，这时可以将业务数据从关系型数据库中导入 Hadoop 平台进行离线分析。在 Sqoop 中，导入（import）是指从非大数据集群（如 RDBMS）向大数据集群（HDFS、Hive、HBase）中传输数据。

对大规模的数据在 Hadoop 平台上进行分析以后，可以将结果导出到关系型数据库中作为业务的辅助数据。

Sqoop 可以与 Oozie、HBase 和 Hive 集成，将导入导出作为工作流的一部分，通过 MapReduce 任务传输数据，具有高并发性和高可靠性的特点。

目前为止，Sqoop 有 Sqoop1 和 Sqoop2 两个版本，这两个版本完全不兼容，版本号 1.4.x 为 Sqoop1，版本号 1.99x 为 Sqoop2。Sqoop1 和 Sqoop2 在架构和用法上已经完全不同，两者之间的区别如表 10-1 所示。

表 10-1 Sqoop1 和 Sqoop2 的比较

比较项	Sqoop1	Sqoop2
架构	仅仅使用一个 Sqoop 客户端	引入了 Sqoop server 集中化管理 connector，以及 rest API、webUI，并引入安全机制
部署	部署简单，安装需要 root 权限，connector 必须符合 JDBC 模型	架构稍复杂，配置部署更烦琐
使用	命令行方式容易出错，格式紧耦合，无法支持所有数据类型，安全机制不够完善，例如密码暴露	多种交互方式，命令行、webUI、rest API、connector 集中化管理，所有的链接安装在 Sqoop server 上，完善权限管理机制，connector 规范化，仅仅负责数据的读写

Sqoop 的官方网站为 http://sqoop.apache.org/，如图 10-1 所示，从网站下载最新的 Sqoop 稳定版本。这里选择下载 sqoop-1.4.7.bin__hadoop-2.6.0.tar.gz。

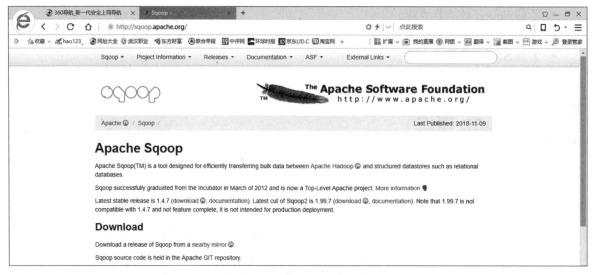

图 10-1 Sqoop 的官方网站

10.1.2 Sqoop 的工作原理

Sqoop1 的体系结构如图 10-2 所示，Sqoop2 的体系结构如图 10-3 所示。

Sqoop 工具接收到客户端的 Shell 命令或者 Java API 命令后，通过 Sqoop 中的任务解析器（TaskTranslator）将命令转换为对应的 MapReduce 任务，然后将关系型数据库和 Hadoop 中的数据进行相互转移，进而完成数据的复制。

单元 10　Sqoop 的安装和使用

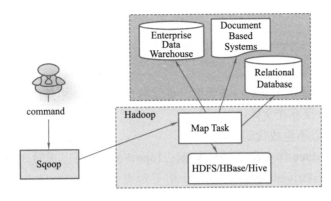

图 10-2　Sqoop1 的体系结构

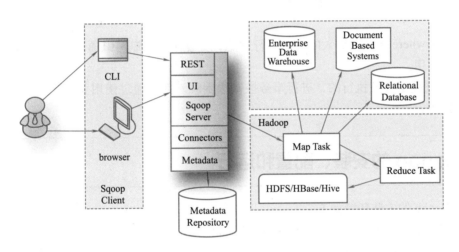

图 10-3　Sqoop2 的体系结构

Sqoop 内部将数据集划分为不同的分区（Partition），然后使用只有 map 的 MapReduce 作业完成数据传输，每个 mapper 负责一个分区。Sqoop 使用数据库元数据确保类型安全。Sqoop 数据导入如图 10-4 所示。

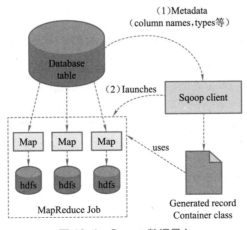

图 10-4　Sqoop 数据导入

193

代码生成：

```
% sqoop codegen --connect jdbc:mysql://localhost/hadoopguide --table widgets --class-name Widget
```

生成的代码保存表中提取出来的一条数据，可以在 MapReduce 中操作数据或者存入 SequenceFile 中，每条记录作为 value 保存在文件中。

基于文本的文件可以不生成代码。

Sqoop 启动 MapReduce 作业用于传输数据。InputFormat 可以通过 JDBC 读取表中的部分数据。Hadoop 自带的 DataDrivenDBInputFormat 用于对表数据进行分区，每个 map 传输其中的一部分数据。

数据分区一般根据表中特定的列（如主键）。在运行时可以通过指定-split-by 参数指定分区使用的列。

可以通过 --where 参数对导入的数据进行过滤，更复杂的控制可以通过-query 参数完成，这在增量任务中很有用。

由于导入进程是并发执行的，进行事务控制很困难。因此通过使用关闭数据写入的方式来保证数据的一致性。

10.2 Sqoop 的安装、配置和运行

本节中 Sqoop 的安装环境如下：
- Sqoop 安装包：sqoop-1.4.7.bin__hadoop-2.6.0.tar.gz。
- JDK：jdk-8u161-linux-x64.tar.gz。
- Hadoop 安装包：hadoop-2.7.3.tar.gz。

10.2.1 安装 Sqoop

注意：①安装 Sqoop 之前需要 Hadoop 已经正常启动。②由于规划把 Sqoop 安装到 Master 节点上，所以，下面的操作都是在 Master 节点上进行的。

解压 Sqoop 安装包 sqoop-1.4.7.bin__hadoop-2.6.0.tar.gz，解压后将目录名改为 sqoop-1.4.7。

```
[whzy@master ~]$ cd /home/whzy/software/Hadoop
[whzy@master Hadoop]$ mv sqoop-1.4.7.bin__hadoop-2.6.0.tar.gz  ~/
[whzy@master Hadoop]$ cd
[whzy@master ~]$ tar -zxvf ~/sqoop-1.4.7.bin__hadoop-2.6.0.tar.gz
[whzy@master ~]$ mv sqoop-1.4.7.bin__hadoop-2.6.0  sqoop-1.4.7
[whzy@master ~]$ cd ~/sqoop-1.4.7
[whzy@master sqoop-1.4.7]$ ll
```

执行 ll 命令，显示图 10-5 所示的 Sqoop 的文件目录结构。

```
[whzy@master ~]$ cd sqoop-1.4.7/
[whzy@master sqoop-1.4.7]$ ll
total 2040
drwxr-xr-x. 2 whzy whzy      4096 Dec 18  2017 bin
-rw-rw-r--. 1 whzy whzy     55089 Dec 18  2017 build.xml
-rw-rw-r--. 1 whzy whzy     47426 Dec 18  2017 CHANGELOG.txt
-rw-rw-r--. 1 whzy whzy      9880 Dec 18  2017 COMPILING.txt
drwxr-xr-x. 2 whzy whzy      4096 Dec 18  2017 conf
drwxr-xr-x. 5 whzy whzy      4096 Dec 18  2017 docs
drwxr-xr-x. 2 whzy whzy      4096 Dec 18  2017 ivy
-rw-rw-r--. 1 whzy whzy     11163 Dec 18  2017 ivy.xml
drwxr-xr-x. 2 whzy whzy      4096 Dec 18  2017 lib
-rw-rw-r--. 1 whzy whzy     15419 Dec 18  2017 LICENSE.txt
-rw-rw-r--. 1 whzy whzy       505 Dec 18  2017 NOTICE.txt
-rw-rw-r--. 1 whzy whzy     18772 Dec 18  2017 pom-old.xml
-rw-rw-r--. 1 whzy whzy      1096 Dec 18  2017 README.txt
-rw-rw-r--. 1 whzy whzy   1108073 Dec 18  2017 sqoop-1.4.7.jar
-rw-rw-r--. 1 whzy whzy      6554 Dec 18  2017 sqoop-patch-review.py
-rw-rw-r--. 1 whzy whzy    765184 Dec 18  2017 sqoop-test-1.4.7.jar
drwxr-xr-x. 7 whzy whzy      4096 Dec 18  2017 src
drwxr-xr-x. 4 whzy whzy      4096 Dec 18  2017 testdata
```

图 10-5　Sqoop 的文件目录结构

10.2.2　配置 MySQL 连接器

Sqoop 的整个架构是基于 Connector 的，外部的结构化数据与 Hadoop 之间通过 Connector 连接器完成数据传输。例如，针对 RDBMS 的 MySQL 连接器、Oracle 连接器等，还有一个通用的 JDBC 连接器。

另外，一些 Connector 针对特定的数据库做了优化，例如使用 MySQL 的 mysqldump 可以提高导入效率，这称为 Direct-Mode。除了内置的 Sqoop Connector 外，还有许多第三方的 Connector，如 Couchbase 等 NoSQL 数据库。

由于 Sqoop 经常与 MySQL 结合，在 Hadoop 数据源和 MySQL 之间导入和导出数据，所以要为其配置 Java 连接器。用户可以从 MySQL 官网上下载对应的连接器。这里下载的是 mysql-connector-java-5.1.27.tar.gz。将它存储在用户的主目录，进行解压。

```
[whzy@master ~]$ cd /home/whzy/software/mysql
[whzy@master mysql]$ tar -zxvf ~/software/mysql/mysql-connector-java-5.1.27.tar.gz
```

将 MySQL 的 mysql-connector-java-5.1.27-bin.jar 复制到 Sqoop 的依赖库中。

```
[whzy@master mysql]$ cp
~/software/mysql/mysql-connector-java-5.1.27/mysql-connector-java-5.1.27-bin.jar ~/sqoop-1.4.7/lib/
```

10.2.3　配置环境变量

编辑系统配置文件。编辑文件 ~/.bashrc 或 ~/.bash_profile，把 Sqoop 的安装路径添加到 PATH 变量中，方便 Sqoop 的使用和管理。

```
[whzy@master ~]$ vi ~/.bash_profile
export SQOOP_HOME=/home/whzy/sqoop-1.4.7
export PATH=$SQOOP_HOME/bin:$PATH
```

然后使改动生效。

```
[whzy@master ~]$ source ~/.bash_profile
```

Sqoop 获取 Hadoop 平台各相关组件的配置信息是通过读取环境变量实现的，如获取 Hadoop 相关信息可以通过读取变量 ${HADOOP_HOME} 的值，获取 Hive 相关信息可以通过读取变量 ${HIVE_HOME} 的值等。

在 Sqoop 的 conf 子目录中，有一个环境变量文件模板 sqoop-env-template.sh 文件，需要利用该模板生成 sqoop-env.sh 文件，然后进行环境变量配置。

```
[whzy@master ~]$ cd ~/sqoop-1.4.7/conf
[whzy@maste r conf]$ cp sqoop-env-template.sh sqoop-env.sh
```

编辑文件 sqoop-env.sh，修改相应属性值指向相关软件的安装目录。

```
[whzy@master conf]$ vi sqoop-env.sh
#Set path to where bin/hadoop is available
export HADOOP_COMMON_HOME=/home/whzy/hadoop-2.7.3
#Set path to where hadoop-*-core.jar is available
export HADOOP_MAPRED_HOME=/home/whzy/hadoop-2.7.3
#set the path to where bin/hbase is available
export HBASE_HOME=/home/whzy/hbase-1.2.6
#Set the path to where bin/hive is available
export HIVE_HOME=/home/whzy/apache-hive-2.1.1-bin
#Set the path for where zookeper config dir is
export ZOOCFGDIR=/home/whzy/zookeeper-3.4.12
```

10.2.4　启动并验证 Sqoop

1. Sqoop 的操作命令

Sqoop 提供了一系列操作工具命令，包括导入操作（import）、导出操作（export）等，进入 Sqoop 安装主目录，输入 sqoop help 命令查看帮助信息，会输出 Sqoop 所支持的所有工具命令。

```
[whzy@master ~]$ cd ~/sqoop-1.4.7
[whzy@master sqoop-1.4.7]$ bin/sqoop help
```

执行命令后显示图 10-6 所示的打印输出，表示 Sqoop 安装成功。

```
[whzy@master sqoop-1.4.7]$ bin/sqoop help
Warning: /home/whzy/sqoop-1.4.7/bin/../../hcatalog does not exist! HCatalog jobs
 will fail.
Please set $HCAT_HOME to the root of your HCatalog installation.
Warning: /home/whzy/sqoop-1.4.7/bin/../../accumulo does not exist! Accumulo impo
rts will fail.
Please set $ACCUMULO_HOME to the root of your Accumulo installation.
Warning: /home/whzy/sqoop-1.4.7/bin/../../zookeeper does not exist! Accumulo imp
orts will fail.
Please set $ZOOKEEPER_HOME to the root of your Zookeeper installation.
18/11/26 04:03:49 INFO sqoop.Sqoop: Running Sqoop version: 1.4.7
usage: sqoop COMMAND [ARGS]
```

图 10-6　Sqoop 的 sqoop help 命令

单元 10 Sqoop 的安装和使用

```
Available commands:
  codegen            Generate code to interact with database records
  create-hive-table  Import a table definition into Hive
  eval               Evaluate a SQL statement and display the results
  export             Export an HDFS directory to a database table
  help               List available commands
  import             Import a table from a database to HDFS
  import-all-tables  Import tables from a database to HDFS
  import-mainframe   Import datasets from a mainframe server to HDFS
  job                Work with saved jobs
  list-databases     List available databases on a server
  list-tables        List available tables in a database
  merge              Merge results of incremental imports
  metastore          Run a standalone Sqoop metastore
  version            Display version information

See 'sqoop help COMMAND' for information on a specific command.
[whzy@master sqoop-1.4.7]$
```

图 10-6 Sqoop 的 sqoop help 命令（续）

各命令的含义如下：

```
codegen                      // 生成 Java 代码
create-hive-table            // 根据表结构生成 hive 表
eval                         // 执行 SQL 语句并返回结果
export                       // 导出 HDFS 文件到数据库表
help                         // 帮助
import                       // 从数据库导入数据到 HDFS
import-all-tables            // 导入数据库所有表到 HDFS
list-databases               // 列举所有的 database 实例
list-tables                  // 列举特定数据库实例中的所有表
version                      // 查看版本信息
```

具体工具的使用帮助可以用 sqoop help (tool-name) 或者 sqoop tool-name --help 命令进行查看。例如：

```
$ sqoop help import
```

2. 测试 Sqoop 连接 MySQL 是否成功

使用 sqoop 的 list-databases 命令可测试 Sqoop 连接 MySQL 是否成功。

```
[whzy@master sqoop-1.4.7]$ sqoop list-databases --connect jdbc:mysql://mysql.server.ip:3306/ --username root -P
Enter password: （输入 MySQL 中 root 用户密码）
information_schema
employees
mysql
test
```

注意：Sqoop 端口号默认为 3306。sqoop-list-databases 操作和 sqoop-list-tables 操作中指定 --connect 选项，连接数据库服务器时如果不指定服务器端口号，则使用此默认值。

10.3 Sqoop 的应用

10.3.1 从 MySQL 数据库导入数据到 HDFS 中

Sqoop 的每个工具都需要接收一些参数，这些参数有 hadoop 相关参数，也有用户指定的 sqoop 相关参数，如 sqoop import 工具的使用。

```
[whzy@master sqoop-1.4.7]$ sqoop help import
usage: sqoop import [GENERIC-ARGS] [TOOL-ARGS]
Common arguments:
    --connect <jdbc-uri>                    // 指定 JDBC 连接串
    --connect-manager <jdbc-uri>            // 指定连接类
    --driver <class-name>                   // 指定使用的 JDFC 驱动类
    --hadoop-mapred-home <dir>+             // 可以覆盖 $HADOOP_MAPRED_HOME 参数
    --help                                  // 帮助
    --password-file                         // 指定密码文件
    -P                                      // 从命令行读取密码
    --password <password>                   // 指定密码
    --username <username>                   // 指定用户名
    --verbose                               // 显示 import 过程更多信息
    --hadoop-home <dir>+Deprecated.         // 可以覆盖 $HADOOP_HOME 参数
[...]
```

hadoop 命令行参数：

```
(must preceed any tool-specific arguments)
Generic options supported are
-conf <configuration file>                  // 指定配置文件
-D <property=value>                         // 指定特定参数的值
-fs <local|namenode:port>                   // 指定 namenode
-jt <local|jobtracker:port>                 // 字段 jobtracker
-files <comma separated list of files>      // 逗号分隔的文件列表，这些文件会上传到 HDFS
-libjars <comma separated list of jars>     // 逗号分隔的 jar 包，这些 jar 包会上传到 HDFS
-archives <comma separated list of archives>
The general command line syntax is
bin/hadoop command [genericOptions] [commandOptions]
```

hadoop 相关的参数只能写在 sqoop 工具之后、任何 sqoop 参数之前。

-conf、-D、-fs 以及 -jt 参数用于配置 Hadoop 相关参数，比如 -D mapred.job.name=<job_name> 可以指定 Sqoop 提交的 MR 任务名称，如果不指定的话，默认名称为表名。

下面将一个 MySQL 数据库 company 中名为 company 的表中的数据导入到 HDFS 集群中。

导入操作通过下面两步完成。

单元 10 Sqoop 的安装和使用

（1）Sqoop 从数据库中获取要导入的数据的元数据。

（2）Sqoop 提交 map-only 作业到 Hadoop 集群中。第（2）步通过在前一步中获取的元数据做实际的数据传输工作。

1. 启动 MySQL（见图 10-7）

```
[whzy@master ~]$ cd mysql
[whzy@master mysql]$ mysql -uroot -p
```

```
[whzy@master ~]$ cd mysql
[whzy@master mysql]$ mysql -uroot -p
Enter password:
Welcome to the MySQL monitor.  Commands end with ; or \g.
Your MySQL connection id is 3
Server version: 5.7.24 MySQL Community Server (GPL)

Copyright (c) 2000, 2018, Oracle and/or its affiliates. All rights reserved.

Oracle is a registered trademark of Oracle Corporation and/or its
affiliates. Other names may be trademarks of their respective
owners.

Type 'help;' or '\h' for help. Type '\c' to clear the current input statement.

mysql>
```

图 10-7 启动 MySQL

2. 创建数据库 company

```
mysql> create database company;
```

创建表 company，如图 10-8 所示。

```
mysql> use company;
mysql> create table company (id int(4) primary key not null auto_increment,name varchar(255),sex varchar(255));
```

```
mysql> use company;
Database changed
mysql> create table company (id int(4) primary key not null auto_increment, name
 varchar(255), sex varchar(255));
Query OK, 0 rows affected (0.10 sec)
```

图 10-8 创建表 company

向表 company 中插入数据，如图 10-9 所示。

```
mysql> insert into company (name,sex) values('Thomas','Male');
mysql> insert into company (name,sex) values('Catalina','FeMale');
```

```
mysql> insert into company (name, sex) values('Thomas', 'Male');
Query OK, 1 row affected (0.06 sec)

mysql> insert into company (name, sex) values('Catalina','FeMale');
Query OK, 1 row affected (0.00 sec)
```

图 10-9 向表 company 中插入数据

```
mysql> select * from company;
+----+----------+--------+
| id | name     | sex    |
+----+----------+--------+
|  1 | Thomas   | Male   |
|  2 | Catalina | FeMale |
+----+----------+--------+
2 rows in set (0.00 sec)
```

图 10-9　向表 company 中插入数据（续）

3. 导入数据

（1）导入全部数据。

```
[whzy@master ~]$cd sqoop-1.4.7.bin__hadoop-2.6.0
[whzy@master sqoop-1.4.7.bin__hadoop-2.6.0]$ bin/sqoop import \
--connect jdbc:mysql://master:3306/company \
--username root \
--password 123456 \
--table company \
--target-dir /user/company \
--delete-target-dir \
--num-mappers 1 \
--fields-terminated-by "\t"
```

若出现图 10-10 所示信息，则表示运行成功。

```
                Total time spent by all reduces in occupied slots (ms)=0
                Total time spent by all map tasks (ms)=4365
                Total vcore-milliseconds taken by all map tasks=4365
                Total megabyte-milliseconds taken by all map tasks=4469760
        Map-Reduce Framework
                Map input records=2
                Map output records=2
                Input split bytes=87
                Spilled Records=0
                Failed Shuffles=0
                Merged Map outputs=0
                GC time elapsed (ms)=100
                CPU time spent (ms)=790
                Physical memory (bytes) snapshot=123965440
                Virtual memory (bytes) snapshot=2069151744
                Total committed heap usage (bytes)=60882944
        File Input Format Counters
                Bytes Read=0
        File Output Format Counters
                Bytes Written=32
19/05/15 05:46:48 INFO mapreduce.ImportJobBase: Transferred 32 bytes in 26.4096
seconds (1.2117 bytes/sec)
19/05/15 05:46:48 INFO mapreduce.ImportJobBase: Retrieved 2 records.
[whzy@master sqoop-1.4.7.bin__hadoop-2.6.0]$
```

图 10-10　导入全部数据

查看导入的文件，如图 10-11 所示。

```
[whzy@master ~]$ hadoop fs -cat /user/company/part-m-00000
```

```
[whzy@master ~]$ hadoop fs -cat /user/company/part-m-00000
1       Thomas    Male
2       Catalina  _       FeMale
```

图 10-11 通过命令查看导入的文件内容

也可以通过网页查看，如图 10-12 所示。

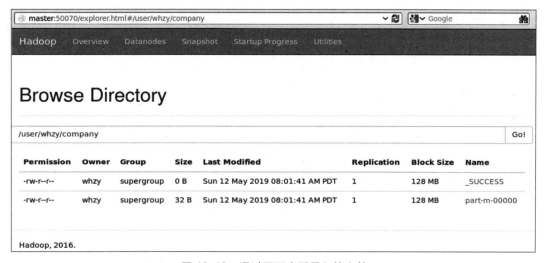

图 10-12 通过网页查看导入的文件

（2）查询导入。

```
[whzy@master sqoop-1.4.7.bin__hadoop-2.6.0]$ bin/sqoop import \
--connect jdbc:mysql://master:3306/company \
--username root \
--password 123456 \
--target-dir /user/company \
--delete-target-dir \
--num-mappers 1 \
--fields-terminated-by "\t" \
--query 'select name,sex from company where id <=1 and $CONDITIONS;'
```

若运行成功，可查看现在的文件，如图 10-13 所示。

```
[whzy@master ~]$ hadoop fs -cat /user/company/part-m-00000
```

```
[whzy@master ~]$ hadoop fs -cat /user/company/part-m-00000
Thomas    Male
```

图 10-13 查看现在的文件内容

(3) 导入指定列。

```
[whzy@master sqoop-1.4.7.bin__hadoop-2.6.0]$ bin/sqoop import \
--connect jdbc:mysql://master:3306/company \
--username root \
--password 123456 \
--target-dir /user/company \
--delete-target-dir \
--num-mappers 1 \
--fields-terminated-by "\t" \
--columns id,sex \
--table company
```

注意：columns 中如果涉及多列，用逗号分隔，分隔时不要添加空格。

若运行成功，可查看现在的文件，如图 10-14 所示。

```
[whzy@master ~]$ hadoop fs -cat /user/company/part-m-00000
```

```
[whzy@master ~]$ hadoop fs -cat /user/company/part-m-00000
1       Male
2       FeMale
```

图 10-14　查看现在的文件内容

(4) 使用 sqoop 关键字筛选查询导入数据。

```
[whzy@master sqoop-1.4.7.bin__hadoop-2.6.0]$ bin/sqoop import \
--connect jdbc:mysql://master:3306/company \
--username root \
--password 123456 \
--target-dir /user/company \
--delete-target-dir \
--num-mappers 1 \
--fields-terminated-by "\t" \
--table company \
--columns id,sex \
--where "id=1"
```

若运行成功，可查看现在的文件，如图 10-15 所示。

```
[whzy@master ~]$ hadoop fs -cat /user/company/part-m-00000
1       Male
```

图 10-15　查看现在的文件内容

10.3.2　从 Hive 或 HDFS 中导出数据到 MySQL 数据库

下面将一个 HDFS 中的数据导出到 MySQL 数据库 company 中名为 company 的表中。

1. 进入 MySQL

```
[whzy@master ~]$ cd mysql
[whzy@master mysql]$ mysql -uroot -p
```

2. 删除表 company 中的数据

```
mysql> use company;
mysql> truncate table company;
mysql> select * from company;
```

注意：导出数据的时候，传给 MySQL 的那个表不能有内容。

3. 导出数据到 MySQL 数据库 company 的表 company 中

```
[whzy@master sqoop-1.4.7.bin__hadoop-2.6.0]$ bin/sqoop export \
--connect jdbc:mysql://master:3306/company \
--username root \
--password 123456 \
--table company \
--num-mappers 1 \
--export-dir /user/hive/warehouse/company_hive \
--input-fields-terminated-by "\t"
```

注意：MySQL 中如果表不存在，不会自动创建。

查看表 company 中的数据，如图 10-16 所示。

```
mysql> select * from company;
```

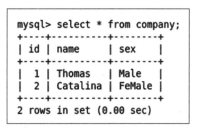

图 10-16　查看表 company 中的数据

10.3.3　脚本打包

使用 opt 格式的文件打包 sqoop 命令。

1. 创建一个 .opt 文件

```
[whzy@master sqoop-1.4.7.bin__hadoop-2.6.0]$ mkdir job
[whzy@master sqoop-1.4.7.bin__hadoop-2.6.0]$ touch job/sqp.opt
```

2. 编写 sqoop 脚本

```
[whzy@master sqoop-1.4.7.bin__hadoop-2.6.0]$ vi job/sqp.opt
```

```
export
--connect
jdbc:mysql://master:3306/company
--username
root
--password
123456
--table
company
--num-mappers
1
--export-dir
/user/hive/warehouse/company_hive
--input-fields-terminated-by
"\t"
```

3. 执行该脚本

```
[whzy@master sqoop-1.4.7.bin__hadoop-2.6.0]$ bin/sqoop --options-file job/sqp.opt
```

若运行成功，显示图 10-17 所示的信息。

图 10-17　执行脚本成功后的信息

注意：和前面一样，导出数据的时候，传给 MySQL 的那个表不能有内容，所以要先删除 MySQL 表中的内容。

习题

1．Sqoop 的功能是什么？简述 Sqoop 的工作原理。
2．如何利用 Sqoop 实现 MySQL 数据库和 HDFS 之间的数据导入、导出操作？
3．操作题：实现 MySQL 与 Hive 之间数据的互导。

将 MySQL 数据库 company 中雇员表 employee 中的数据导入到 Hive 中，然后再将 Hive 中的该数据导出到 MySQL 数据库 company 中新雇员表 employee_new 中。

单元 11 Flume 的安装和使用

学习目标

- 了解 Flume 的作用、体系结构和数据流模型。
- 掌握 Flume 的安装配置方法。
- 掌握 Flume 的简单应用。
- 查找相关案例，了解爬取数据的法律边界，增强法治意识和信息安全意识。

11.1 Flume 概述

11.1.1 Flume 简介

拥有海量数据是能进行大数据分析的基础。随着移动互联网、物联网的迅速发展，产生了大量网购数据、用户行为数据、物联网终端流数据等数据，要分析处理这些数据，首先要能采集到它们。

Flume 是 Cloudera 提供的一个高可用、高可靠、分布式的海量日志采集、聚合和传输的系统。Flume 支持在日志系统中定制各类数据发送方，用于收集数据。同时，Flume 提供对数据进行简单处理，并将数据写入各种数据接收方的能力。用户可以使用 Flume 从网站、社交网络、云端等获取数据，并存储在 HDFS 或 HBase 中，供后期处理与分析。

Flume 作为 Cloudera 开发的实时日志收集系统，在企业中得到广泛应用。2010 年 11 月 Cloudera 开源了 Flume 的第一个可用版本 0.9.2，这个系列版本被统称为 Flume-OG。2011 年 10 月 Cloudera 重构了核心组件、核心配置和代码架构，重构后的版本统称为 Flume-NG。改动后的 Cloudera Flume 改名为 Apache Flume。

官方网址：http://flume.apache.org/，首页如图 11-1 所示。

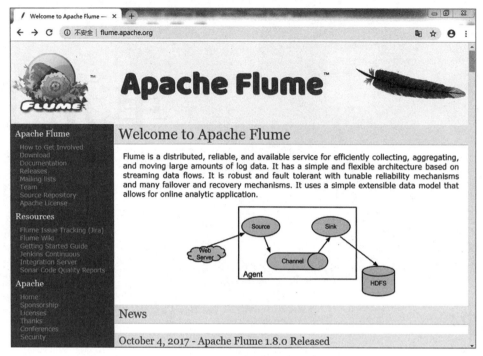

图 11-1　Flume 的官网首页

11.1.2　Flume 的工作原理

1. Flume 的体系结构

Flume 采用了分层架构，如图 11-2 所示，Flume 以 Agent 为最小的独立运行单位，一个 Agent 就是一个 JVM。单个 Agent 由 Source、Sink 和 Channel 三大组件构成。

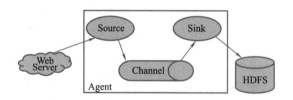

图 11-2　Flume 的体系结构

Flume 的组件及其功能如下：

（1）Events（事件）：事件是 Flume 的基本数据单位，Flume 事件由事件头和事件体构成。事件头包括时间戳、源 IP 地址等键值对，可以用于路由判断或传递其他结构化信息等。事件体是一个字节数组，包含实际的负载。Events 可以是日志记录、avro 对象等。如果输入由日志文件组成，那么该数组就类似于一个单行文本的 UTF-8 编码的字符串。

（2）Client：运行在一个独立线程，用于生产数据并将其发送给 Agent。

（3）Agent（代理）：一个代理是一个 JVM 进程，它是承载事件从外部源流向下一个目标的组件，主要包括事件源（Source）、事件通道（Channel）、事件槽 / 接收器（Sink）和其上流动的事件。每台机器运行一个 Agent，在一个 Agent 中可以包含多个 Source 和 Sink。

（4）Source（源）：Source 是数据的收集端，负责将数据捕获后进行特殊的格式化，将数据封装到事件中，然后将事件推入 Channel 中。外部源（如 Web Server）以 Flume 源识别的格式向 Flume 发送事件。

（5）Channel（通道）：连接 Source 和 Sink，主要提供一个队列的功能，对 Source 组件传递过来的 Event 进行简单的缓存。事件只有在传递到下一个代理或终端存储库（如 HDFS）后才被从通道中删除。一个代理中可以有多个通道。

（6）Sink（槽）：负责从 Channel 中取出事件，然后可以将数据存到文件系统、数据库和日志中，也可以发送到其他 agent 的 Source。Sink 只可以从一个通道里接收数据。

2. Flume 的数据流

Flume 的数据流由事件贯穿始终，如图 11-2 所示，这些 Event 由 Agent 外部的源（如 Web Server）生成，当 Source 捕获事件后会进行特定的格式化，然后 Source 会把事件推入（单个或多个）Channel 中。Channel 将保存事件直到 Sink 处理完该事件。Sink 负责持久化日志或者把事件推向另一个 Source。

Flume 提供了大量内置的 Source、Channel 和 Sink 类型。

Flume 提供了多种内置的 source 类型供用户进行选择，可以让应用程序同已有的 Source 直接打交道，如 Avro Source，如表 11-1 所示。如果内置的 Source 无法满足需要，Flume 还支持自定义 Source。常用的 Source 类型包括 Avro、Syslog、Netcat、Spooling Directory 和 Exec 等。

表 11-1 Source 的类型及说明

Source 类型	说 明
Avro Source	支持 Avro 协议（实际上是 Avro RPC），内置支持
Thrift Source	支持 Thrift 协议，内置支持
Exec Source	基于 UNIX 的 command 在标准输出上生产数据
JMS Source	从 JMS 系统（消息、主题）中读取数据，ActiveMQ 已经测试过
Spooling Directory Source	监控制定目录内数据变更
Twitter 1% firehose Source	通过 API 持续下载 Twitter 数据，试验性质
Netcat Source	监控某个端口，将流经端口的每个文本行数据作为 Event 输入
Sequence Generator Source	序列生成器数据源，生产序列数据
Syslog Sources	读取 syslog 数据，产生 Event，支持 UDP 和 TCP 两种协议
HTTP Source	基于 HTTP POST 或 GET 方式的数据源，支持 JSON、BLOB 表示形式
Legacy Sources	兼容旧的 FlumeOG 中的 Source（0.9.x 版本）

Flume 支持文件通道、内存通道和 JDBC 通道等多种 Channel 类型，如表 11-2 所示。文件通道由本地文件系统支持，提供通道的可持久化解决方案；内存通道将事件简单地存储在内存中的队列中，速度快。

表 11-2　Channel 的类型及说明

Channel 类型	说明
Memory Channel	Event 数据存储在内存中
JDBC Channel	Event 数据存储在持久化存储中，当前 Flume Channel 内置支持 Derby
File Channel	Event 数据存储在磁盘文件中
Spillable Memory Channel	Event 数据存储在内存中和磁盘上，当内存队列满了，会持久化到磁盘文件（当前试验性的，不建议生产环境使用）
Pseudo Transaction Channel	测试用途
Custom Channel	自定义 Channel 实现

Flume 的 Sink 也有很多种类型，如表 11-3 所示，常用的有 HDFS、Logger、HBase 和 Avro 等。

表 11-3　Sink 的类型及说明

Sink 类型	说明
HDFS Sink	数据写入 HDFS
Logger Sink	数据写入日志文件
Avro Sink	数据被转换成 Avro Event，然后发送到配置的 RPC 端口上
Thrift Sink	数据被转换成 Thrift Event，然后发送到配置的 RPC 端口上
IRC Sink	数据在 IRC 上进行回放
File Roll Sink	存储数据到本地文件系统
Null Sink	丢弃到所有数据
HBase Sink	数据写入 HBase 数据库
Morphline Solr Sink	数据发送到 Solr 搜索服务器（集群）
Elastic Search Sink	数据发送到 Elastic Search 搜索服务器（集群）
Kite Dataset Sink	写数据到 Kite Dataset，试验性质的
Custom Sink	自定义 Sink 实现

不同类型的 Source、Channel 和 Sink 可以自由组合。组合方式基于用户设置的配置文件，非常灵活。

Flume 有以下几种常见的工作方式。

将多个 Agent 连在一起，形成前后相连的多级数据流采集结构，如图 11-3 所示，这种情况下，中间相连接的 Sink 和 Source 均为 Avro 格式。

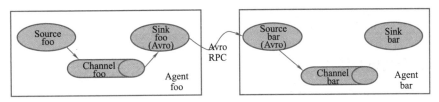

图 11-3　Flume 的多级数据流

可以将多个 Agent 的数据汇聚到同一个 Agent 中，如图 11-4 所示。

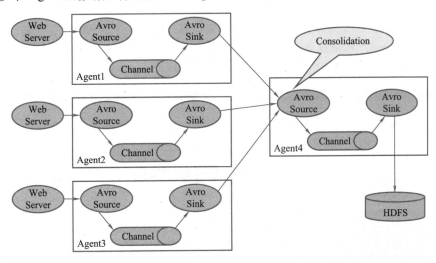

图 11-4　Flume 的多 Agent 数据汇聚

还可以将数据流多路复用到一个或多个目的地，如图 11-5 所示。如当 Syslog、Java、Nginx、Tomcat 等混合在一起的日志流流入一个 Agent 后，Agent 将混杂的日志流分开，然后给每种日志建立一个自己的传输通道。

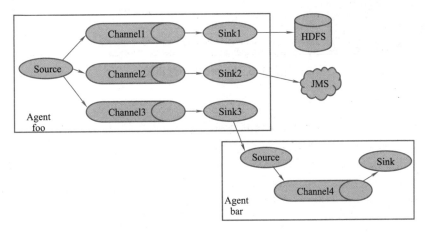

图 11-5　Flume 的复用流

11.2 Flume 的安装配置

11.2.1 下载安装包并解压

本节中 Flume 的安装环境如下：
- Flume 安装包：apache-flume-1.8.0-bin.tar.gz。
- JDK：jdk-8u161-linux-x64.tar.gz。
- Hadoop 安装包：hadoop-2.7.3.tar.gz。

注意：Flume 系统要求 Java 运行环境，要保证足够的内存和磁盘空间用于配置使用的 Source、Sink 和 Channel，保证被 Agent 使用的目录具有读写权限。

下载 Flume 安装包，下载地址为 http://flume.apache.org/download.html，如图 11-6 所示。

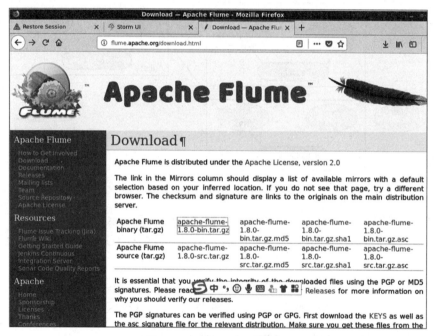

图 11-6　Flume 的下载页面

解压 Flume 安装包。

```
[whzy@master ~]$ cd /home/whzy/software/Hadoop
[whzy@master Hadoop]$ mv apache-flume-1.8.0-bin.tar.gz  ~/
[whzy@master Hadoop]$ cd
[whzy@master ~]$ tar -zxvf apache-flume-1.8.0-bin.tar.gz
[whzy@master ~]$ cd apache-flume-1.8.0-bin
[whzy@master apache-flume-1.8.0-bin]$ ll
```

执行 ll 命令，显示图 11-7 所示的 Flume 的文件目录结构。

```
[whzy@master apache-flume-1.8.0-bin]$ ll
total 152
drwxr-xr-x.  2 whzy whzy  4096 Dec 10 19:19 bin
-rw-r--r--.  1 whzy whzy 81264 Sep 15  2017 CHANGELOG
drwxr-xr-x.  2 whzy whzy  4096 Dec 10 19:19 conf
-rw-r--r--.  1 whzy whzy  5681 Sep 15  2017 DEVNOTES
-rw-r--r--.  1 whzy whzy  2873 Sep 15  2017 doap_Flume.rdf
drwxr-xr-x. 10 whzy whzy  4096 Sep 15  2017 docs
drwxrwxr-x.  2 whzy whzy  4096 Dec 10 19:19 lib
-rw-r--r--.  1 whzy whzy 27663 Sep 15  2017 LICENSE
-rw-r--r--.  1 whzy whzy   249 Sep 15  2017 NOTICE
-rw-r--r--.  1 whzy whzy  2483 Sep 15  2017 README.md
-rw-r--r--.  1 whzy whzy  1588 Sep 15  2017 RELEASE-NOTES
drwxrwxr-x.  2 whzy whzy  4096 Dec 10 19:19 tools
```

图 11-7 Flume 的文件目录结构

11.2.2 配置环境变量

```
[whzy@master apache-flume-1.8.0-bin]$ cd
[whzy@master ~]$ cd hadoop-2.7.3
[whzy@master hadoop-2.7.3]$ gedit ~/.bash_profile
```

将下面的代码添加到 .bash_profile 文件中。

```
export FLUME_HOME=/home/whzy/apache-flume-1.8.0-bin
export PATH=$PATH:$FLUME_HOME/bin
```

用 source 使改动生效,加载环境变量。

```
[whzy@master ~]$ source ~/.bash_profile
```

11.2.3 配置 flume-env.sh 文件

由于默认没有 flume-env.sh 文件,需要利用 conf 目录下的 flume-env.sh.template 文件复制一个 flume-env.sh 文件。

```
[whzy@master hadoop-2.7.3]$ cd ~/apache-flume-1.8.0-bin
[whzy@master apache-flume-1.8.0-bin]$ cd conf
[whzy@master conf]$ cp flume-env.sh.template  flume-env.sh
```

再用 gedit 或 vi 来编辑,用下面的代码替换 flume-env.sh 中的内容。

```
[whzy@master conf]$ vim flume-env.sh
export JAVA_HOME=/usr/java/jdk1.8.0_161
export HADOOP_HOME=/home/whzy/hadoop-2.7.3
```

11.2.4 验证 flume

通过查看版本信息验证 Flume 是否安装配置成功,如图 11-8 所示。

```
[whzy@master conf]$ flume-ng version
```

```
[whzy@master conf]$ flume-ng version
Flume 1.8.0
Source code repository: https://git-wip-us.apache.org/repos/asf/flume.git
Revision: 99f591994468633fc6f8701c5fc53e0214b6da4f
Compiled by denes on Fri Sep 15 14:58:00 CEST 2017
From source with checksum fbb44c8c8fb63a49be0a59e27316833d
```

图 11-8　flume-ng version 命令

11.3　Flume 的常用操作命令

使用 flume-ng help 可以显示 Flume 的全部命令及其用法，如图 11-9 所示。

```
[whzy@master sbin]$ flume-ng help
```

```
[whzy@master sbin]$ flume-ng help
Usage: /home/whzy/apache-flume-1.8.0-bin/bin/flume-ng <command> [options]...

commands:
  help                      display this help text
  agent                     run a Flume agent
  avro-client               run an avro Flume client
  version                   show Flume version info

global options:
  --conf,-c <conf>          use configs in <conf> directory
  --classpath,-C <cp>       append to the classpath
  --dryrun,-d               do not actually start Flume, just print the command
  --plugins-path <dirs>     colon-separated list of plugins.d directories. See the
                            plugins.d section in the user guide for more details.
                            Default: $FLUME_HOME/plugins.d
  -Dproperty=value          sets a Java system property value
  -Xproperty=value          sets a Java -X option

agent options:
  --name,-n <name>          the name of this agent (required)
```

图 11-9　Flume-ng help 命令

其中：
(1) 各命令的含义：

```
help                                    // 现实帮助文本
agent                                   // 运行一个 Flume 代理
avro-client                             // 运行一个 Avro 的 Flume 客户端
version                                 // 展示 Flume 的版本信息
```

(2) Agent 选项：

```
--name,-n <name>                        //Agent 的名称（必需）
```

```
--conf-file,-f <file>          // 指定一个配置文件（如果有 -z 可以缺失）
--zkConnString,-z <str>        // 指定使用的 ZooKeeper 的连接（如果有 -f 可以缺失）
--zkBasePath,-p <path>         // 指定 agent config 在 ZooKeeper 的路径
--no-reload-conf               // 如果改变，不重新加载配置文件
--help,-h                      // 帮助命令
```

(3) avro-client 选项：

```
--rpcProps,-P <file>           // 远程客户端与服务器连接参数的属性文件
--headerFile,-R <file>         // 每个新的一行数据都会有的头信息 key/value
--help,-h                      // 现实帮助文本
```

其中 --rpcProps 或 --host 和 --port 必须指定一个。

(4) global 选项：

```
--conf,-c <conf>               // 使用 <conf> 目录下的配置
--classpath,-C <cp>            // 添加 classpath
--dryrun,-d                    // 并没有开始 Flume，只是打印命令
-Dproperty=value               // 设置一个 Java 系统属性的值
-Xproperty=value               // 设置一个 Java-x 选项
```

11.4 Flume 的应用

11.4.1 Flume 的配置和运行

1. 创建一个 Flume 配置文件

Flume Agent 配置文件是存储在本地的一个文件，一个或多个 Agent 配置可以放置在同一个配置文件中。配置文件中包含每个 Source 的属性、Channel 的属性、Sink 的属性以及确定三者是如何连接起来形成数据流。

创建一个名为 example.conf 的单节点 Flume 配置文件。

```
[whzy@master ~]$ cd ~/apache-flume-1.8.0-bin
[whzy@master apache-flume-1.8.0-bin]$ mkdir example
[whzy@master apache-flume-1.8.0-bin]$ cp conf/flume-conf.properties.template example/example.conf
[whzy@master apache-flume-1.8.0-bin]$ vim example/example.conf
# example.conf: A single-node Flume configuration

# 命名这个 Agent 的成员
a1.sources=r1
a1.sinks=k1
a1.channels=c1
```

```
# 配置 Source 组件属性
a1.sources.r1.type=netcat
a1.sources.r1.bind=localhost
a1.sources.r1.port=44444

# 配置 Channel 组件属性
a1.channels.c1.type=memory
a1.channels.c1.capacity=1000
a1.channels.c1.transactionCapacity=100

# 配置 Sink 组件属性
a1.sinks.k1.type=logger

# 分别将 Source 和 Sink 与 Channel 绑定
a1.sources.r1.channels=c1
a1.sinks.k1.channel=c1
```

2. 启动 Flume Agent

执行命令启动 Flume Agent，监听本机的 44444 端口，如图 11-10 所示。

```
[whzy@master apache-flume-1.8.0-bin]$ flume-ng agent -c conf -f example/example.conf -n a1 -Dflume.root.logger=INFO,console
```

```
[whzy@master apache-flume-1.8.0-bin]$ flume-ng agent -c conf -f example/netcat.c
onf -n a1 -Dflume.root.logger=INFO,console
Info: Sourcing environment configuration script /home/whzy/apache-flume-1.8.0-bi
n/conf/flume-env.sh
Info: Including Hadoop libraries found via (/home/whzy/hadoop-2.7.3/bin/hadoop)
for HDFS access
Info: Including HBASE libraries found via (/home/whzy/hbase-1.2.3/bin/hbase) for
 HBASE access
Info: Including Hive libraries found via (/home/whzy/apache-hive-2.1.1-bin) for
Hive access
+ exec /usr/java/jdk1.8.0_161/bin/java -Xmx20m -Dflume.root.logger=INFO,console
 -cp '/home/whzy/apache-flume-1.8.0-bin/conf:/home/whzy/apache-flume-1.8.0-bin/li
b/*:/home/whzy/hadoop-2.7.3/etc/hadoop:/home/whzy/hadoop-2.7.3/share/hadoop/comm
on/lib/*:/home/whzy/hadoop-2.7.3/share/hadoop/common/*:/home/whzy/hadoop-2.7.3/s
hare/hadoop/hdfs:/home/whzy/hadoop-2.7.3/share/hadoop/hdfs/lib/*:/home/whzy/hado
op-2.7.3/share/hadoop/hdfs/*:/home/whzy/hadoop-2.7.3/share/hadoop/yarn/lib/*:/ho
me/whzy/hadoop-2.7.3/share/hadoop/yarn/*:/home/whzy/hadoop-2.7.3/share/hadoop/ma
preduce/lib/*:/home/whzy/hadoop-2.7.3/share/hadoop/mapreduce/*:/home/whzy/hadoop
-2.7.3/contrib/capacity-scheduler/*.jar:/home/whzy/hbase-1.2.3/conf:/usr/java/jd
k1.8.0_161//lib/tools.jar:/home/whzy/hbase-1.2.3:/home/whzy/hbase-1.2.3/lib/acti
vation-1.1.jar:/home/whzy/hbase-1.2.3/lib/aopalliance-1.0.jar:/home/whzy/hbase-1
.2.3/lib/apacheds-i18n-2.0.0-M15.jar:/home/whzy/hbase-1.2.3/lib/apacheds-kerbero
s-codec-2.0.0-M15.jar:/home/whzy/hbase-1.2.3/lib/api-asn1-api-1.0.0-M20.jar:/hom
e/whzy/hbase-1.2.3/lib/api-util-1.0.0-M20.jar:/home/whzy/hbase-1.2.3/lib/asm-3.1
.jar:/home/whzy/hbase-1.2.3/lib/avro-1.7.4.jar:/home/whzy/hbase-1.2.3/lib/common
```

图 11-10　执行启动 Flume Agent 命令

打开另一终端，通过 telnet 登录 localhost 的 44444 端口，输入测试数据进行测试，如图 11-11 所示。

```
[root@master Desktop]# telnet localhost 44444
```

```
[root@master Desktop]# telnet localhost 44444
Trying ::1...
telnet: connect to address ::1: Connection refused
Trying 127.0.0.1...
Connected to localhost.
Escape character is '^]'.
hello
OK
```

图 11-11　通过 telnet 登录 localhost 的 44444 端口

如显示"telnet：command not found"，则是未安装 telnet。

root 用户下，telnet 的安装方法如下：

```
[root@master ~]# yum install telnet-server
[root@master ~]# yum install telnet.*
```

11.4.2　Flume 的简单实例

使用 Exec source 接收外部数据源，将数据缓存在 memory channel，hdfs 作为 sink，数据保存在 HDFS 中。

Exec 是将 Linux 命令输出的信息作为数据源，命令输出的数据存储到 HDFS 上，用 tail –F 命令不断刷新输出一个文件。

1. 创建 Flume 的配置文件 hdfs.conf

在 example/ 目录下创建 hdfs.conf 文件，输入下面内容。

```
a2.sources=r2
a2.channels=c2
a2.sinks=k2
a2.sources.r2.type=exec
#规定监控的文件为 /home/whzy/test.log
a2.sources.r2.command=tail -F /home/whzy/test.log
a2.channels.c2.type=memory
a2.channels.c2.capacity=1000
a2.channels.c2.transactionCapacity=100

#sink 为 hdfs 上的 flume/text.log
a2.sinks.k2.type=hdfs
a2.sinks.k2.hdfs.path=hdfs://master:9000/flume/text.log
a2.sinks.k2.hdfs.filePrefix=events-
a2.sinks.k2.hdfs.fileType=DataStream
a2.sources.r2.channels=c2
a2.sinks.k2.channel=c2
```

2. 启动 agent 任务

在 flume 目录下启动 flume 任务。

注意：任务名不能和上一个冲突。

```
[whzy@master apache-flume-1.8.0-bin]$ flume-ng agent -c conf -f example/hdfs.conf -n a2 -Dflume.root.logger=INFO,console
[whzy@master ~]$ touch test.log
[whzy@master ~]$ echo "hello.word" >> test.log
[whzy@master ~]$ echo "dsafasfsadf" >> test.log
```

访问 master:9000 网页，选择 Utilities → Browse Directory → flume，便可看到 text.log 文件，如图 11-12 所示。

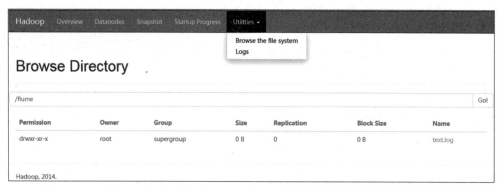

图 11-12　通过网页查看 text.log 中的数据

也可以通过命令查看数据，打开另外一个终端，执行如下命令，如图 11-13 所示。

```
[whzy@master ~]$ hadoop fs -cat /flume/text.log/*
```

```
hello word
dsafasfsadf
```

图 11-13　通过命令查看 text.log 中的数据

习题

1. 简述 Flume 的工作原理。
2. 简述 Flume 配置文件的作用。
3. Flume 的基础作用是（　　　）。
   A. 存储数据　　　　　B. 处理数据　　　　　C. 日志收集　　　　　D. 日志处理
4. Flume 启动 Agent，需要进入安装目录的 bin 下，执行（　　　）脚本命令并指定 Agent 的名称、配置目录和配置文件。
   A. flume-ng　　　　　B. start　　　　　C. conf　　　　　D. Bucket
5. 操作题：Flume 的应用。
   使用 HTTP Source 接收外部数据源，将数据缓存在 memory channel，数据保存在 HDFS 中。

单元 12

流计算框架 Storm

学习目标

- 了解 Storm 的工作原理。
- 掌握 Storm 的安装配置方法。
- 掌握 Storm 的简单应用。

12.1 Storm 概述

12.1.1 Storm 简介

1. 引入 Storm 的原因

Hadoop 的高吞吐量、海量数据处理的能力使得人们可以方便地处理海量数据。但是，Hadoop 的缺点和它的优点同样鲜明，即延迟大、响应缓慢、运维复杂，因为 MapReduce 是专门面向海量静态数据的批量处理的，内部各种实现机制都为批处理做了高度优化，不适合用于处理持续到达的流数据。

流数据即持续到达的大量数据。对流数据的处理强调实时性，一般要求为秒级。随着大数据实时处理解决方案（流计算）的应用日趋广泛，越来越多的场景对 Hadoop 的 MapReduce 高延迟无法容忍，比如网站统计、推荐系统、预警系统、金融系统（高频交易、股票）等，因此，很多开源项目都是以弥补 Hadoop 的实时性为目标而被创造出来，Storm 则是流计算技术中的佼佼者和主流。

Storm 是一个免费开源、分布式、高容错的、基于数据流的实时计算系统，它是 Twitter 开源的分布式实时大数据处理框架，最早开源于 github，从 0.9.1 版本之后，归于 Apache 社区，被业界称为实时版 Hadoop，Storm 弥补了 Hadoop 批处理所不能满足的实时要求。

流计算处理的是实时数据,处理流程通常包括数据实时采集、数据实时计算和实时查询服务三部分。流计算大大增加实时数据的价值,因此,Storm 被广泛应用于实时业务分析、在线机器学习、持续计算、分布式远程调用和 ETL 等领域。

Storm 的官方网站为 https://storm.apache.org,如图 12-1 所示。

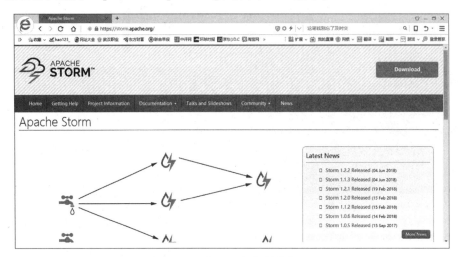

图 12-1 Storm 官方网站主页

12.1.2 Storm 的工作原理

1. Storm 的体系结构

Storm 共有两层体系结构,如图 12-2 所示。

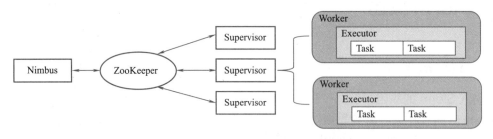

图 12-2 Storm 的体系结构

第一层为集群资源管理层,它采用 Master/Slave 架构,主要负责管理集群资源、响应和调度用户任务。Master 节点上面运行一个称为 Nimbus 的后台服务程序,Nimbus 负责在集群中分发代码、分配计算任务给机器,并且监控状态。它的作用类似于 Hadoop 中的 JobTracker。

第二层为 DAG 流式处理器,实际执行用户任务。Slave 节点上面运行一个称为 Supervisor 的服务程序,Supervisor 会监听分配给它那台机器的工作,根据需要启动/关闭工作进程 worker。一个 Supervisor 中有多个 worker(worker 的数量可以由 conf/storm.yaml 中的 supervisor.slot 来配置),一个 worker 是一个 JVM。

一个运行的 Topology 由运行在很多机器上的很多工作进程 worker 组成。每个 worker 进程都属于一个特定的 Topology,每个 worker 对 Topology 中的每个组件(Spout 或 Bolt)运行一个或者多个 Executor 线程来提供 task 的运行服务。Executor 是产生于 worker 进程内部的线程，会执行同一个组件的一个或者多个 task。实际的数据处理由 task 完成。

Storm 使用 ZooKeeper 集群共享元数据，如 Nimbus 通过这些元数据感知 Supervisor 节点，Supervisor 通过 ZooKeeper 集群感知任务分配情况。Nimbus 和 Supervisor 之间的通信依靠 ZooKeeper 来完成，并且 Nimbus 进程和 Supervisor 进程都是快速失败和无状态的。所有的状态要么在 ZooKeeper 中，要么在本地磁盘上。可以用 Kill-9 杀死 Nimbus 和 Supervisor 进程，然后再重启它们继续工作，这种设计使 Storm 具有非常高的稳定性。

2. Storm 的工作流程

在 Storm 中，一个实时应用的计算任务被打包作为 Topology 发布。Topology 是由不同的 Spouts 和 Bolts 通过数据流(Stream)连接起来的图。最终，Topology 会被提交到 Storm 集群中运行。

这同 Hadoop 的 MapReduce 任务相似。但有一点不同的是：在 Hadoop 中，MapReduce 任务最终会执行完成后结束；而在 Storm 中，Topology 任务一旦提交后永远不会结束，除非主动通过命令停止 Topology 的运行，将 Topology 占用的计算资源归还给 Storm 集群。

Storm 的工作流程如下。

（1）用户在 Storm 客户端节点上提交任务（即 Topology）给 Nimbus。

（2）Nimbus 节点首先将提交的 Topology 进行分片，分成一个个 task，分配给相应的 Supervisor，并将 task 和 Supervisor 相关的信息提交到 Zookeeper 集群上。

（3）Supervisor 会去 ZooKeeper 集群上认领自己的 task，通知自己的 worker 进程进行 task 的处理。

3. Storm 中的一些主要术语

（1）Topology：一个实时计算应用程序逻辑上被封装在 Topology 对象中，类似 Hadoop 中的作业。与作业不同的是，Topology 会一直运行直到显式地杀死它。

（2）Nimbus：负责资源分配和任务调度，类似 Hadoop 中的 JobTracker。

（3）Supervisor：负责接受 Nimbus 分配的任务，启动和停止属于自己管理的 worker 进程，类似 Hadoop 中的 taskTracker。

（4）worker：运行具体处理组件逻辑的进程。

（5）Executor：Storm 0.8 之后，Executor 为 worker 进程中具体的物理线程，同一个 Spout/Bolt 的 task 可能会共享一个物理线程，一个 Executor 中只能运行隶属于同一个 Spout/Bolt 的 task。

（6）task：每一个 Spout/Bolt 具体要做的工作，也是各个节点之间进行分组的单位。

（7）Spout：在 Topology 中产生源数据流的组件。通常 Spout 获取数据源的数据，然后调用 nextTuple 函数，发射数据供 Bolt 消费。

（8）Bolt：在 Topology 中接受 Spout 的数据然后执行处理的组件，Bolt 可以执行过滤、函数操作、合并、写数据库等操作。Bolt 在接收到消息后会调用 execute 函数，用户可在其中执行自己想要的操作。

（9）Tuple：消息传递的单元。

（10）Stream：源源不断传递的 Tuple 组成了 Stream。

（11）Stream Grouping：流分组，即消息的分发策略。Storm 中提供如下分组方式。

① Shuffle Grouping（随机分组）：随机派发 Stream 里面的 Tuple，保证每个 Bolt 接收到的 Tuple 数目相同。

② Fields Grouping（按字段分组）：如按 userid 分组，具有同样 userid 的 Tuple 会被分到相同的 Bolts。

③ All Grouping（广播发送）：对于每一个 Tuple，所有的 Bolts 都会收到。

④ Global Grouping（全局分组）：这个 Tuple 被分配到 Storm 中的一个 Bolt 的其中一个 task。

⑤ Non Grouping（不分组）：即 Stream 不关心到底谁会收到它的 Tuple。目前这种分组和 Shuffle Grouping 是一样的效果，有一点不同的是 Storm 会把这个 Bolt 放到这个 bolt 的订阅者同一个线程中执行。

⑥ Direct Grouping（直接分组）：消息的发送者指定由消息接收者的哪个 task 处理这个消息。只有被声明为 Direct Stream 的消息流可以声明这种分组方法。而且这种消息 Tuple 必须使用 emitDirect 方法来发射。消息处理者可以通过 TopologyContext 获取处理它的消息的 taskid。

12.1.3 Storm 的数据模型

Storm 实现了一种数据流模型，如图 12-3 所示。

数据流（Stream）是 Storm 中对数据进行的抽象，它是时间上无界的 Tuple 序列。每个流由一个唯一 ID 定义。

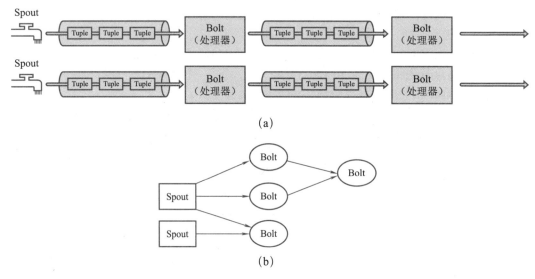

图 12-3 Storm 的数据模型

这些 Tuples 会被以一种分布式的方式并行创建和处理。每一个 Tuple 都是一个值的集合，值是以 name、value 的形式存在 Tuple 中。字段类型可以是 integer、long、short、byte、string、double、float、boolean、byte array 以及自定义类型。

在 Topology 中，Spout 是 Stream 的源头。Spout 会从外部数据源（队列、数据库等）读取数据，然后封装成 Tuple 形式，发送到 Stream 中。

接收器称为 Bolt。Bolt 可以简单地传递消息流，也可实现更复杂的操作，如过滤、聚合或查询数据库等。Bolt 可以接收任意多个 Stream 作为输入，然后进行数据的加工处理过程，如果需要，Bolt 还可以发射出新的 Stream 给下级 Bolt 进行处理。典型的 Storm 拓扑结构会实现多个转换，因此需要多个具有独立元组流的 Bolt。

在 Topology 中定义整体任务的处理逻辑，再通过 Bolt 具体执行，Stream Groupings 则定义了 Tuple 如何在不同组件间进行传输。Bolt 和 Spout 都实现为 Linux 系统中的一个或多个任务，如图 12-4 所示。

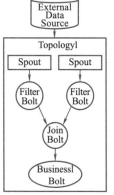

图 12-4 Storm 的 Topology 实例

12.2 Storm 集群的搭建

本单元中 Storm 的安装环境如下：
- Storm 安装包：apache-storm-1.1.2.tar.gz。
- Python：Python 2.6.6 以上版本。
- ZooKeeper 安装包：zookeeper-3.4.12.tar.gz。
- JDK：jdk-8u161-linux-x64.tar.gz。
- Hadoop 安装包：hadoop-2.7.3.tar.gz。

注意：在集群的各个节点上均要安装 Storm。安装部署 Storm 之前需要 Hadoop 和 ZooKeeper 集群已经正常启动。

12.2.1 在 Master 节点上安装 Storm

1. 安装 Storm

解压 Storm 安装包 apache-storm-1.1.2.tar.gz。

```
[whzy@master ~]$ cd /home/whzy/software/hadoop
[whzy@master Hadoop]$ mv apache-storm-1.1.2.tar.gz  ~/
[whzy@master Hadoop]$ cd
[whzy@master ~]$ tar -zxvf ~/apache-storm-1.1.2.tar.gz
[whzy@master ~]$ cd apache-storm-1.1.2
```

执行 ll 命令查看 Storm 的文件目录结构。

```
[whzy@master apache-storm-1.1.2]$ ll
```

2. 配置 Storm

编辑系统配置文件。

```
[whzy@master ~]$ vi ~/.bash_profile
```

将下面代码添加到文件末尾，并使改动生效。

```
export STORM_HOME=/home/whzy/apache-storm-1.1.2
export PATH=$STORM_HOME/bin:$PATH
[whzy@master ~]$ source ~/.bash_profile
```

3. 修改 storm.yaml 配置文件

conf 目录下的 storm.yaml 文件用于配置 Storm 集群的各种属性，可以通过它查看各个配置项的默认值。storm.yaml 会覆盖 defaults.yaml 中各个配置项的默认值。

编辑系统配置文件。

```
[whzy@master ~]$ gedit ~/apache-storm-1.1.2/conf/storm.yaml
```

修改配置如下，这是几个在安装集群时必须配置的选项，修改之前为注释项，需要将每句之前的#去掉。

```
storm.zookeeper.servers:
-"master"
-"slave"
-"slave2"
-"slave3"
nimbus.host:"master"
```

其中：

（1）storm.zookeeper.servers：是 Storm 集群关联的 ZooKeeper 集群地址列表。

注意：如果使用的 ZooKeeper 集群的端口不是默认端口，还需要相应地配置 storm.zookeeper.port。

（2）nimbus.host：是 Storm 集群 Nimbus 机器地址。集群的工作节点需要知道集群中的哪台机器是主机，以便从主机上下载拓扑以及配置文件。

（3）storm.local.dir：Nimbus 和 Supervisor 后台进程都需要一个用于存放一些状态数据（如 jar 包、配置文件等）的目录。可以在每个机器上创建好这个目录，赋予相应的读写权限，并将该目录写入配置文件中

（4）supervisor.slots.ports：通过此配置项可配置每个 Supervisor 机器能够运行的 worker 数。每个 worker 都需要一个单独的端口来接收消息，这个配置项就定义了 worker 可以使用的端口列表。此项的默认值是 6700、6701、6702、6703 四个端口，例如：

```
supervisor.slots.ports:
- 6700
- 6701
- 6702
- 6703
```

（5）ui.port：UI 端口，web 端口，默认 8080。

此外，如果需要使用某些外部库或者定制插件的功能，还可以配置外部库与环境变量。可以将相关 jar 包放入 extlib/ 与 extlib-daemon 目录下。

注意：extlib-daemon 目录仅仅用于存储后台进程（如 Nimbus、Supervisor、DRPC、UI、Logviewer）所需的 jar 包。

可以使用 STORM_EXT_CLASSPATH 和 STORM_EXT_CLASSPATH_DAEMON 环境变量配置普通外部库与"仅用于后台进程"外部库的 classpath。

12.2.2 将 Storm 安装文件复制到 Slave、Slave2、Slave3 节点

将 Master 节点上的 Storm 安装文件复制到 Slave 节点上。

```
[whzy@master conf]$ cd
[whzy@master ~]$ scp -r apache-storm-1.1.2 slave:~/
[whzy@master ~]$ scp -r ~/.bash_profile slave:~/
```

在 Slave 上执行 source 命令。

```
[whzy@slave ~]$ source ~/.bash_profile
```

将 Storm 安装文件复制到 Slave2、Slave3 节点上。

12.2.3 启动 Storm 集群

启动所有的 Storm 后台进程。

注意：保证 ZooKeeper 在此之前已启动。这些进程必须在严格监控下运行。因为 Storm 是个与 ZooKeeper 相似的快速失败系统，其进程很容易被各种异常错误终止。

各个后台进程将日志信息记录到 Storm 安装程序的 logs/ 目录中（这是 Storm 的默认设置，日志文件的路径与相关配置信息可以在 {STORM_HOME}/logback/cluster.xml 文件中修改）。

1. 在 Master 节点上启动 Nimbus 服务

在 Storm 主控节点 Master 上，在监控下执行 bin/storm nimbus 命令启动 Storm nimbus 后台进程。

```
[whzy@master ~]$ storm nimbus >/dev/null 2>&1 &
```

2. 在 3 个从节点上启动 Supervisor 服务

Supervisor 的后台进程主要负责启动/停止该机器上的 worker 进程。在 Storm 的每个工作节点 Slave、Slave2、Slave3 上，在监控下执行 bin/storm supervisor 命令。

```
[whzy@slave ~]$ storm supervisor>/dev/null 2>&1 &
```

3. UI

Storm UI 是一个可以在浏览器中方便地监控集群与拓扑运行状况的站点，可以通过 http://{nimbus.host}:8080 访问 UI 站点。

在 Storm 主控节点 Master 上运行，在监控下执行 bin/storm ui 命令启动 Storm UI 后台进程。

```
[whzy@master ~]$ storm ui >/dev/null 2>&1 &
```

12.2.4 测试 Storm 集群

1. 用 jps 查看进程是否启动

在 Master 节点执行 jps 命令查看 Java 进程，如图 12-5 所示。有 nimbus 进程和 core 进程，其中 nimbus 进程为 Storm 主节点进程，core 为 Web 进程。

在 Storm 集群从节点执行 jps 命令查看 Java 进程，如图 12-6 所示。有 supervisor 进程，此进程为 Storm 从节点的进程。

```
14641 nimbus
15025 core
19859 Jps
```

图 12-5　Storm 主节点进程图

```
14721 supervisor
15717 Jps
14409 drpc
15020 logviewer
```

图 12-6　Storm 从节点进程图

2. 通过访问 Storm Web UI 来查看进程

访问网页 http://master:8080，如果安装并启动成功，会显示图 12-7 所示监控界面，通过此页面可观察集群的 worker 资源使用情况、Topology 的运行状态等信息。

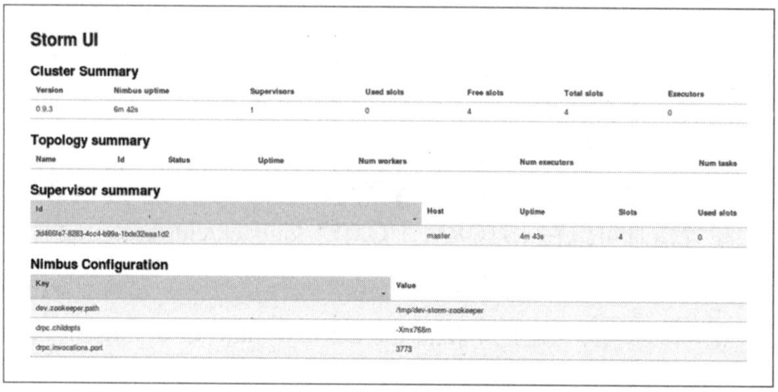

图 12-7　Storm Web UI 页面

12.3　向 Storm 集群提交任务

向 Storm 集群提交 Topology 任务只需要运行 JAR 包中的 Topology 即可。

1. 启动 Topology

在 Storm 主目录下，执行下面的命令提交任务。

```
[whzy@master ~]$ cd ~/apache-storm-1.1.2
[whzy@master apache-storm-1.1.2]$ bin/storm jar
apache-storm-1.1.2/examples/storm-starter/storm-starter-topologies-0.9.3.jar
storm.starter.ExclamationTopology exclamation-topology
```

其中，jar 命令专门负责用于提交任务，storm-starter-topologies-1.1.2.jar 是包含 Topology 实现代码的 JAR 包，storm.starter.ExclamationTopology 的 main 方法是 Topology 的入口。

2. 停止 Topology

在 Storm 主目录下，执行 kill 命令停止之前已经提交的 Topology。

```
[whzy@master apache-storm-1.1.2]$ bin/storm kill exclamation-topology
```

其中，exclamation-topology 为 Topology 提交到 Storm 集群时指定的 Topology 任务名称。

习题

1. 什么是流数据?
2. MapReduce 框架为何不适用于处理流数据?
3. 流计算适用于具备什么特点的场景?
4. Storm 集群中的 Master 节点和 worker 节点各自运行什么后台进程?它们分别起什么作用?
5. 简述 ZooKeeper 在 Storm 框架中的作用。
6. Nimbus 进程和 Supervisor 进程都是快速失败和无状态的,这样的设计有什么优点?
7. 简述 Storm 的数据模型。

单元 13
Kafka 的安装和使用

学习目标

- 了解 Kafka 的作用和工作原理。
- 掌握 Kafka 的安装配置方法。
- 能启动并验证 Kafka。
- 掌握 Kafka 的 topic 创建、如何生成消息和消费消息。

13.1 Kafka 概述

13.1.1 Kafka 简介

Kafka 是由 Apache 软件基金会开发的、用 Scala 和 Java 编写的开源流处理平台，它是一种高吞吐量的分布式发布订阅消息系统，具有高性能、持久化、多副本备份、横向扩展能力，它可以处理消费者规模的网站中的所有动作流数据，这种动作可以是网页浏览、搜索和其他用户的行动。

Kafka 的目的是通过 Hadoop 的并行加载机制来统一线上和离线的消息处理，也是为了通过集群来提供实时的消息。

目前越来越多的开源分布式处理系统（如 Storm、Spark、Flink）都支持与 Kafka 集成。

Kafka 的官方网站是 http://kafka.apache.org，如图 13-1 所示。

单元 13　Kafka 的安装和使用

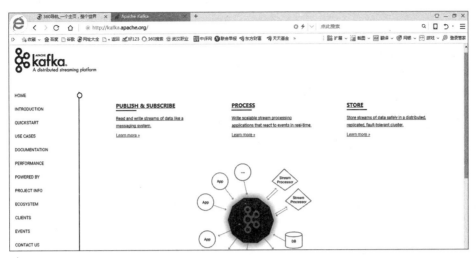

图 13-1　Kafka 官方网站主页

13.1.2　Kafka 的体系结构

Kafka 对消息进行保存时根据 Topic 进行归类，发送消息者称为 Producer，接收消息者称为 Consumer，此外，Kafka 集群由多个 Kafka 实例组成，每个实例(server)称为 broker。无论是 Kafka 集群，还是 Producer 和 Consumer 都依赖于 ZooKeeper 来保证系统可用性集群保存一些 meta 信息，如图 13-2 所示。

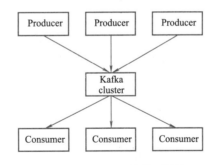

图 13-2　Kafka 的体系结构

broker、topics、partitions 的一些元信息存储在 ZooKeeper 中，监控和路由时也都会用到 ZooKeeper，如图 13-3 所示。

Kafka 中涉及的术语如下：

(1) broker：中间的 Kafka cluster 包含一个或多个服务器，这种服务器称为 broker，用于存储不同 topic 的消息数据。

(2) topic：Kafka 给消息提供的分类方式。每条发布到 Kafka 集群的消息都有一个类别，这个类别被称为 topic。(物理上不同 topic 的消息分开存储，逻辑上一个 topic 的消息虽然保存于一个或多个 broker 上，但用户只需指定消息的 topic 即可生产或消费数据，而不必关心数据存于何处)。

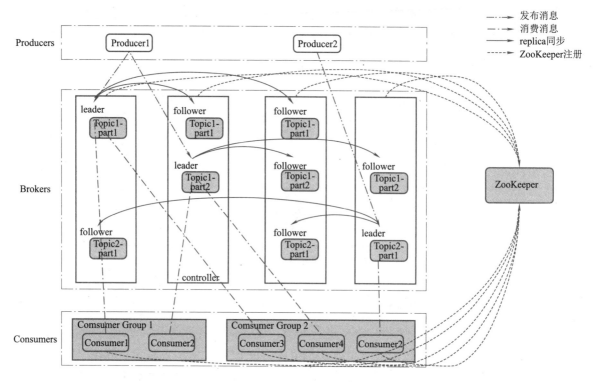

图 13-3 Kafka 的数据流

（3）Producer：消息生产者，负责发布消息到 Kafka broker，往 broker 中某个 topic 里面生产数据。

（4）Consumer：消息消费者，从 broker 中某个 topic 获取数据。

（5）Consumer Group：每个 Consumer 属于一个特定的 Consumer Group（可为每个 Consumer 指定 group name，若不指定 group name 则属于默认的 group）。每条消息只能被 Consumer Group 中的一个 Consumer 消费，但可以被多个 Consumer Group 消费。

（6）partition：partition 是物理上的概念，每个 topic 包含一个或多个 partition。Kafka 分配的单位是 partition。

（7）replica：partition 的副本，保障 partition 的高可用。

（8）leader：replica 中的一个角色，Producer 和 Consumer 只跟 leader 交互。

（9）follower：replica 中的一个角色，从 leader 中复制数据。

（10）controller：Kafka 集群中的一个服务器，用来进行 leader election 以及各种 failover。

（11）ZooKeeper：Kafka 通过 ZooKeeper 存储集群的 meta 信息。

13.1.3　Kafka 的工作原理

Kafka 的工作原理如下：

（1）生产者往 topic 中写东西，为了做到水平扩展，一个 topic 实际是由多个 partition 组成的，遇到瓶颈时，可以通过增加 partition 的数量进行横向扩容。单个 partition 内部要保证消息有序。每新写一条信息，Kafka 就是在对应的文件里追加写。

（2）Kafka 将所有消息组织成多个 topic 的形式存储，而每个 topic 又可以拆分成一个或多个

partition，每个 partition 又由一个个消息组成，每个消息都被标识了一个递增序列号 sequential id 代表进来的先后顺序，并按顺序存储在 partition 中。这样，消息就以一个个 id 的方式组织起来，这个 id 在 Kafka 中称为 offset（抵消）。

（3）Producer 选择一个 topic 生产消息，消息会通过分配策略添加到某个 partition 末尾。Producer 生产消息需要如下参数：

- topic：往哪个 topic 生产消息。
- partition：往哪个 partition 生产消息。
- key：根据该 key 将消息分区到不同 partition。
- message：消息。

（4）Consumer 选择一个 topic，通过 id 指定从哪个位置开始消费消息。消费完成之后保留 id，下次可以从这个位置开始继续消费，也可以从其他任意位置开始消费。

传统消息系统有两种模式：队列和发布订阅。Kafka 通过 Consumer Group 将两种模式统一处理：每个 Consumer 将自己标记 Consumer Group 名称，之后系统会将 Consumer Group 按名称分组，将消息复制并分发给所有分组，每个分组只有一个 Consumer 能消费这条消息。

13.1.4 Kafka 使用场景

（1）Kafka 能用作一些常规的消息（Messaging）系统。

（2）Kafka 可以作为"网站活性跟踪（Websit activity tracking）"的最佳工具，可以将网页/用户操作等信息发送到 Kafka 中，并实时监控，或者离线统计分析等。

（3）Kafka 非常适合作为"日志收集中心（Log Aggregation）"。application 可以将操作日志"批量""异步"地发送到 Kafka 集群中，而不是保存在本地或者 DB 中。Kafka 可以批量提交消息/压缩消息等。

13.2 安装配置和使用 Kafka

本节中 Kafka 的安装环境如下：
- Kafka 安装包：kafka_2.11-1.0.0.tgz。
- Hadoop 安装包：hadoop-2.7.3.tar.gz。

在三台机器上 (Master、Slave1、Slave2) 分别部署一个 broker，ZooKeeper 使用的是单独的集群，然后创建一个 topic，启动模拟的生产者和消费者脚本，在生产者端向 topic 中写数据，在消费者端观察读取到的数据。

13.2.1 安装 Kafka

将 kafka_2.11-1.0.0 的安装包解压，查看其文件目录结构，如图 13-4 所示。

```
[whzy@master ~]$ cd /home/whzy/software/hadoop
[whzy@master hadoop]$ mv kafka_2.11-1.0.0.tgz ~/
[whzy@master apache]$ cd
[whzy@master ~]$ tar -zxvf ~/kafka_2.11-1.0.0.tgz
[whzy@master ~]$ cd ~/kafka_2.11-1.0.0
```

```
[whzy@master kafka_2.11-1.0.0]$ ll
```

```
drwxr-xr-x. 3 root root  4096 Oct 28  2017 bin
drwxr-xr-x. 2 root root  4096 May 28 16:35 config
drwxr-xr-x. 2 root root  4096 May 28 16:16 libs
-rw-r--r--. 1 root root 28824 Oct 27  2017 LICENSE
drwxr-xr-x. 4 root root  4096 May 28 19:45 logs
-rw-r--r--. 1 root root   336 Oct 27  2017 NOTICE
drwxr-xr-x. 2 root root    44 Oct 28  2017 site-docs
```

图 13-4 Kafka 的文件目录结构

13.2.2 配置 Kafka

只需要修改 server.properties 文件的 brokerid 和 zookeeper.connect 项即可。
（1）在 Master 节点完成如下操作。

```
[whzy@master ~]$ cd /home/whzy/kafka_2.11-1.0.0
[whzy@master kafka_2.11-1.0.0]$ vi ~/kafka_2.11-1.0.0/config/server.properties
```

修改如下：

```
broker.id=0
host.name=master
zookeeper.connect=master:2181,slave1:2181,slave2:2181
```

master 配置为 0，默认值不变即可。保存退出。
（2）将 Kafka 复制到 Slave1 节点。

```
[whzy@master kafka_2.11-1.0.0]$ cd
[whzy@master ~]$ scp -r ~/kafka_2.11-1.0.0 slave1:/
```

在 Slave1 节点完成如下操作。

```
[whzy@slave1 ~]$ cd ~/kafka_2.11-1.0.0
[whzy@slave1 kafka_2.11-1.0.0]$ vi config/server.properties
```

修改如下：

```
broker.id=1
host.name=slave1
zookeeper.connect=master:2181,slave1:2181,slave2:2181
```

保存退出。
（3）将 Kafka 复制到 Slave2 节点，并做相应修改。

13.2.3 启动并使用 Kafka

1. 在 Master、Slave1、Slave2 节点分别使用 whzy 用户启动 Kafka

```
[whzy@master kafka_2.11-1.0.0]$ bin/kafka-server-start.sh -daemon config/server.properties
```

2. 使用 Kafka 自带的客户端检验是否安装成功

进入 Kafka 安装主目录,先启动生产者进入交互客户端模式。

在 Master 节点进行下面的操作。

(1) 创建一个名为 test 的主题。

```
[whzy@master kafka_2.11-1.0.0]$ bin/kafka-topics.sh --create --zookeeper master:2181 --replication-factor 1 --partitions 1 --topic test
```

(2) 在一个终端上启动一个生产者。

```
[whzy@master kafka_2.11-1.0.0]$ bin/kafka-console-producer.sh --broker-list master:9092 --topic test
```

通过键盘输入下面的消息。

```
How are you!
```

(3) 在另一个终端中启动消费者,进入交互客户端。

```
[whzy@master kafka_2.11-1.0.0]$ bin/kafka-console-consumer.sh --zookeeper master:2181 --topic test  --from-beginning
```

如果屏幕上显示"How are you!"信息,说明 Kafka 集群已经搭建成功。

(4) 列出 Topic,如图 13-5 所示。

```
[whzy@master kafka_2.11-1.0.0]# bin/kafka-topics.sh --zookeeper localhost:2181 -list
```

```
[whzy@master kafka_2.11-1.0.0]$ bin/kafka-topics.sh --zookeeper master:2181 --list
Htest
test1
test2
```

图 13-5 列出 Topic

(5) 创建 Topic,如图 13-6 所示。

```
[whzy@master kafka_2.11-1.0.0]# bin/kafka-topics.sh --create -zookeeper master:2181 -replication-factor 1 -partitions 1 -topic Demo1
```

```
[whzy@master kafka_2.11-1.0.0]$ bin/kafka-topics.sh --create --zookeeper master:2181 --replication-factor 1 --partitions 1 --topic Demo1
Created topic "Demo1".
```

图 13-6 创建 Topic

上述命令会创建一个名为 Demo1 的 topic,并指出 replication-factor(创建副本)和 partition 分别为 1。其中 replication-factor 控制一个 message 会被写到多少台服务器上,因此这个值必须小于或者等于 Broker 的数量。

(6) 描述 topic,如图 13-7 所示。

```
[whzy@master kafka_2.11-1.0.0]#bin/kafka-topics.sh -describe -zookeeper
```

master:2181 -topic Demo1

```
[whzy@master kafka_2.11-1.0.0]$ bin/kafka-topics.sh --describe --zookeeper master:2181 --topic Demo1
Topic: Demo1    PartitionCount:1    ReplicationFactor:1    Configs:
        Topic: Demo1    Partition: 0    Leader: 0    Replicas: 0    Isr: 0
```

图 13-7　描述 Topic

（7）发布消息到指定的 topic，如图 13-8 所示。

[whzy@master kafka_2.11-1.0.0]#bin/kafka-console-producer.sh -broker-list master:9092 -topic Demo1

```
[whzy@master kafka_2.11-1.0.0]$ bin/kafka-console-producer.sh --broker-list master:9092 --topic Demo1
>hello world
>hi
>aaa
>bbb
>ccc
```

图 13-8　发布消息到指定的 topic

（8）消费指定 topic 上的信息，如图 13-9 所示。

[whzy@master kafka_2.11-1.0.0]#bin/kafka-console-consumer.sh -zookeeper master:2181 -from-beginning topic Demo1

```
[whzy@master kafka_2.11-1.0.0]$ bin/kafka-console-consumer.sh --zookeeper master:2181 --from-beginning --topic Demo1
Using the ConsoleConsumer with old consumer is deprecated and will be removed in a future major release. Consider using the new consumer by passing [bootstrap-server] instead of [zookeeper].
aaaa
afaa
adfasdf
```

图 13-9　消费指定 topic 上的信息

（9）修改 topic，如图 13-10 所示。

增加指定 topic 的 partition，在第三步中创建 Demo1 的 partition 是 1，如下命名将增加 10 个 partition。

[wzhy@master kafka_2.11-1.0.0]# bin/kafka-topics.sh --alter --zookeeper localhost:2181 --partitions 11 --topic

```
[whzy@master kafka_2.11-1.0.0]$ bin/kafka-topics.sh --alter --zookeeper master:2181 --partitions 11 --topic Demo1
WARNING: If partitions are increased for a topic that has a key, the partition logic or ordering of the messages will be affected
Adding partitions succeeded!
```

图 13-10　修改 topic

(10) 给指定的 Topic 增加配置项，如给一个增加 max message size 值为 128000。

```
[root@master kafka_2.11-1.0.0]# bin/kafka-topics.sh --alter --zookeeper localhost:2181 --topic Demo1 --config max.message.bytes=128000\
```

warning 中指出该命令已经过期，将来可能被删除，替代的命令是使用 kafka-config.sh，如图 13-11 所示。

```
[whzy@master kafka_2.11-1.0.0]# bin/kafka-configs.sh --alter --zookeeper localhost:2181 --entity-type topics --entity-name Demo1 --add-config max.message.bytes=12800
```

```
[whzy@master kafka_2.11-1.0.0]$ bin/kafka-configs.sh --alter --zookeeper master:2181 --entity-type topics --entity-name Demo1 --add-config max.message.bytes=128
00
Completed Updating config for entity: topic 'Demo1'.
```

图 13-11 给指定的 topic 增加配置项

(11) 删除指定的 topic，如图 13-12 所示。

```
[whzy@master kafka_2.11-1.0.0]# bin/kafka-topics.sh --delete --zookeeper localhost:2181 --topic Demo1
```

```
[whzy@master kafka_2.11-1.0.0]$ bin/kafka-topics.sh --delete --zookeeper master:2181 --topic Demo1
Topic Demo1 is marked for deletion.
Note: This will have no impact if delete.topic.enable is not set to true.
```

图 13-12 删除指定的 topic

Note 中指出该 topic 并没有真正删除，如果真正删除，需要把 server.properties 中的 delete.topic.enable 置为 true。

习题

简述 Kafka 的工作原理。

单元 14
基于云虚拟实训平台的学情分析系统

学习目标

- 熟悉唯众云虚拟实训平台，了解国内企业在大数据应用开发上取得的成就，增强创新创业意识、自主知识产权意识。
- 了解软件开发流程。
- 了解学情分析系统需求分析。
- 了解学情分析系统数据库结构。
- 能够抓取云虚拟平台操作日志。
- 能够将抓取的日志信息上传到 HDFS。
- 能够将数据导入 Hive。
- 能够使用 MapReduce 对数据进行清洗。
- 能够使用 Echarts 对数据进行可视化展示。
- 通过小组合作开发本项目，培育学生协同合作的团队意识和精益求精的工匠精神。

14.1 项目简介

学情分析系统将用户的登录信息以及操作信息利用爬虫抓取下来后存入分布式文件系统，通过 MapReduce 进行数据的清洗过滤，使用 Hive 仓库将结构化数据映射成一张表，并对其进行分析，然后通过 Sqoop 将数据导出到 MySQL 中供 Java 开发人员使用，最终实现云虚拟实训平台的数据可视化展示。

系统通过学生的登录信息和操作信息统计出每天的最早与最晚登录时间以及登录成功失败等，从抓取的数据中分析出学生使用平台的情况以及上课期间模块的操作信息，更直观地展现学生的上课信息。

14.1.1 唯众云虚拟实训平台介绍

平台基于 Linux 底层针对教学而开发，B/S 采用 MVC 模式开发；抽象出对象层、展现层和控制层，之间没有依赖性，松耦合的代码组织方便进行大规模的并行开发，分批分次对整个系统进行升级、维护、改造提供基础，扩展能力极强。

提供 Windows 7、Windows 8、Windows 10、Windows 2008、Windows 2012、CentOS、Redhat、Ubuntu 等主流操作系统，并且用户可自定义镜像，根据需要自行上传。云虚拟平台以少量硬件设备完成大量实训集群的构建，可供大量学生进行大数据技能相关实训。每个学生的实训环境互相隔离、实训过程互不干扰，即使某些实训环境破坏，对于其他学生也没有影响，方便学生高效地完成实训操作的同时，大幅节省硬件成本和人力成本的投入。提供集群管理，自动生成 IP 池，支持 KVM 虚拟化技术，支持 CPU、内存和存储空间设定超分比例。

提供了完善的权限保障机制，平台数据传输身份认证方面采用 MD5 签名验证；对于耗时较为严重，需占用较多资源的功能，实现异步调用，事件驱动模型和事件注册机制来最大程度上发挥异步多线程服务的优点。

平台为学生、教师提供一个方便的在线编程开发环境，构建一个简单、快速的编程开发实训平台。学生、教师可以在平台 Web 页面上输入自己的代码并且可以实时地编译运行得到结果，将理解后的编程理论变为实际的代码，帮助学习者以最快的速度掌握并牢记学习过的知识点。

同一页面中既包含了各类实操环境，也包含了每个实验对应的实验文档，省去了在同页面间来回切换的麻烦。

学生在实验过程中可以根据学习内容记录学习笔记，并查看他人的笔记。

学生在实验过程中可以将自己遇到的问题进行提问或回答其他同学的问题，老师或其他同学可对此问题进行回答。

实验结束后学生在线提交实验报告，并查看成绩以及评语。

14.1.2 学情分析系统需求分析

1. 项目概况

该项目是为了统计云虚拟实训平台中学生上课的使用情况，直观地展现出平台的使用情况，方便后期对平台进行优化。

2. 需求分析

1）开发流程（见图 14-1）

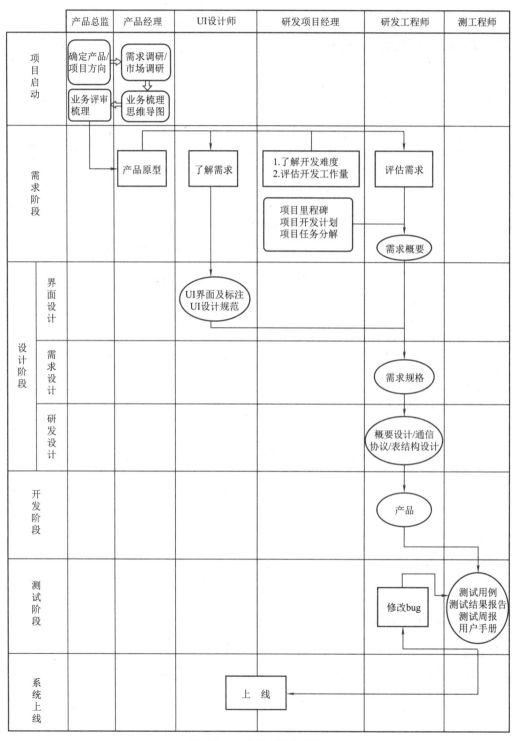

图 14-1 软件开发流程图

2) 过程产物及要求
(1) 项目启动阶段，如表 14-1 所示。

表 14-1　项目启动阶段

产物名称	成果描述	负责人
调研文档	了解项目背景，了解项目干系人目标方向	产品经理
团队组建	确认团队人员及配置	产品总监
业务梳理	明确项目的目标、角色、各端口及模块	产品经理

(2) 需求阶段，如表 14-2 所示。

表 14-2　需求阶段

产品原型	产品的线框图	产品经理
需求概要	基于线框图，作技术评估，达成业务理解的一致性	研发工程师
项目里程碑	确认项目重大时间节点研发项目	经理
项目开发计划	梳理各阶段、各端口的开发计划	研发项目经理
项目任务分解表	将计划分配到团队	研发项目经理

(3) 设计阶段，如表 14-3 所示。

表 14-3　设计阶段

产品名称	成果描述	负责人
界面效果图及标注	基于线框图，作效果图，须适量考虑交互内容	UI 设计师
UI 设计规范	在 UI 界面基础上，输出主要界面的设计规范	UI 设计师
需求规格	基于效果图，明确业务实现细节，消除对最终成果理解的不一致	研发工程师
概要设计	功能实现的可视化，有助于理清思路，减少技术盲区和低级缺陷，实现并行开发，提高效率	研发工程师
通信协议	双方实体完成通信或服务所必须遵循的规则和约定	研发工程师
表结构设计	确认要建的数据库表及其表结构	研发工程师

(4) 开发阶段。
产品代码。
(5) 测试阶段，如表 14-4 所示。

表 14-4　测试阶段

产品名称	成果描述	负责人
测试用例	明确测试方案，包括测试模块、步骤、预期	测试工程师
测试结果	报告输出测试结果	测试工程师
用户手册	系统操作手册	测试工程师

(6) 常规文档，如表 14-5 所示。

表 14-5 常规文档

产物名称	成果描述	负责人
项目周报	每周开发内容及下周开发计划	研发项目经理
测试周报	每周测试内容及下周测试计划	测试工程师
评审会议纪要	评审的过程文档	整体团队

3. 过程说明

1）项目启动

产品经理和项目干系人确定项目方向，产品型项目的干系人包括公司领导、产品总监、技术总监等，项目的话则包括客户方领导、主要执行人等。

公司领导确认项目组团队组成，包括产品经理、研发项目经理、研发工程师、测试团队等。

明确项目管理制度，每个阶段的成果产物需要进行相应的评审，评审有相应的《会议纪要》；从项目启动起，研发项目经理每周提供《项目研发周报》；测试阶段，测试工程师每周提供《项目测试周报》。

产品经理进行需求调研，输出《需求调研》文档。需求调研的方式主要有背景资料调查和访谈。

产品经理完成《业务梳理》。首先，明确每个项目的目标；其次，梳理项目涉及的角色；再来，每个角色要进行的事项；最后，梳理整个系统分哪些端口，包括哪些业务模块，每个模块又包含哪些功能。

2）需求阶段

进入可视化产物的输出阶段，产品经理提供最简单也最接近成品的《产品原型》，线框图形式即可。在这个过程中还可能包括业务流程图和页面跳转流程图。业务流程图侧重在不同节点不同角色所进行的操作，页面跳转流程图主要指不同界面间的跳转关系。

产品经理面向整个团队，进行需求的讲解。

研发项目经理根据需求及项目要求，明确《项目里程碑》。根据项目里程表，完成《产品开发计划》，明确详细阶段的时间点，最后根据开发计划，进行《项目任务分解》，完成项目的分工。

研发工程师按照各自的分工，进入概要需求阶段。《概要需求》旨在让研发工程师初步理解业务，评估技术可行性。

3）设计阶段

UI 设计师根据产品的原型，输出《界面效果图》，并提供界面的标注，最后根据主要的界面，提供一套《UI 设计规范》。UI 设计规范主要是明确常用界面形式尺寸等，方便研发快速开发。UI 设计常涵盖交互的内容。

研发工程师根据界面效果图，输出《需求规格》，需求规格应包含最终要实现内容的一切要素。

研发工程师完成《概要设计》《通信协议》《表结构设计》，及完成正式编码前的一系列研发设计工作。

4）开发阶段

研发工程师正式进入编码阶段，这个过程虽然大部分时间用来写代码，但是可能还需要进行技术预研、进行需求确认。

编码过程一般还需进行服务端和移动端的联调等。

完成编码后需要进行功能评审。

5）测试阶段

测试工程师按阶段设计《测试实例》，未通过的流程测试提交至项目管理系统，分配给相应的开发人员调整。

研发工程师根据测试结果修改代码，完成后提交测试，测试通过后完成。

测试工程师编写《测试结果报告》，包括功能测试结果、压力测试结果等。

测试工程师编写系统各端口的《操作手册》、维护手册等。

6）系统上线

与客户或者上级达成一致后，系统进行试运行，稳定后上线。

4．数据需求

1）数据列表

数据列表如表 14-6 所示。

表 14-6　数据列表

数　据	数　据　状　态
登录日志信息（云虚拟实训平台）	需要使用代码抓取
模块操作信息（云虚拟实训平台）	需要使用代码抓取

2）数据格式需求

数据格式需求如表 14-7 所示。

表 14-7　数据格式需求

数　据	数　据　格　式
登录日志信息（云虚拟实训平台）	数据是 .txt 的文本，字段之间以 "\001"（Hive 默认分隔符）分隔
模块操作信息（云虚拟实训平台）	数据是 .txt 的文本，字段之间以 "\001"（Hive 默认分隔符）分隔

3）数据仓库

数据仓库采用内部表的形式，创建表时的分隔符为 Hive 的默认分隔符。

5．功能需求

1）业务流程

业务流程如图 14-2 所示。

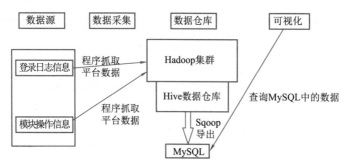

图 14-2 大数据项目业务流程图

数据源端→Hadoop 集群→Hive 数据仓库→MySQL→Web 界面（Echarts）。

2）系统功能需求

系统功能需求如表 14-8 所示。

表 14-8 系统功能需求

功能名称	页面效果	风格
登录成功人数	展示登录成功的日期与人数	柱状图
登录失败人数	展示登录失败的日期与人数	柱状图
最早登录时间与最晚登录时间	每一天的最早登录时间与最晚登录时间	折线图
模块操作排行	模块操作的名称与数量	柱状图

说明：

进入展示界面后以柱状图的形式展现登录成功人数，横坐标展示登录时间，纵坐标展示登录成功人数，在将鼠标放入到某个图形（矩形）上时出现具体的登录时间与成功人数。

进入展示界面后以柱状图的形式展现登录失败人数，横坐标展示登录时间，纵坐标展示登录失败人数，在将鼠标放入到某个图形（矩形）上时出现具体的登录时间与失败人数。

进入展示界面后以折线图的形式展现最早登录时间与最晚登录时间，横坐标展示登录时间，纵坐标展示时间，登录时间需要精确到秒。进入展示界面后以柱状图的形式展现模块操作，横坐标展示模块名称，纵坐标展示模块操作数量，在将鼠标放入到某个图形（矩形）上时出现具体的模块名称与操作数量。

14.1.3 学情分析系统数据库设计

1.Hive 数据仓库

1）loginlog（登录日志表）

登录日志表如表 14-9 所示。

备注：所有原始表建表分隔符都为 Hive 默认的分隔符 "\001"，所有原始表都为内部表。

表 14-9　登录日志表

序号	字段名	类型	字段说明
1	valid	string	标识字段
2	logintime	string	登录时间（年月日）
3	time	string	登录时间（时分秒）
4	loginname	string	用户名
5	lid	string	主键
6	loginip	string	登录 ip
7	loginstate	string	登录状态
8	isdelete	string	是否已被删除

2）operationlog（操作日志表）

操作日志表如表 14-10 所示。

备注：所有原始表建表分隔符都为 hive 默认的分隔符 "\001"，所有原始表都为内部表。

表 14-10　操作日志表

序号	字段名	类型	字段说明
1	valid	string	标识字段
2	ocontent	string	操作内容
3	omodule	string	操作模块
4	operationip	string	操作 ip
5	oid	string	主键
6	state	string	操作状态
7	isdelete	string	是否删除
8	userid	string	用户 id
9	operationtime	string	操作时间（年月日）
10	time	string	操作时间（时分秒）

3）loginsuccess（登录成功人数表）

登录成功人数表如表 14-11 所示。

备注：分析之后的结果表之一。

表 14-11　登录成功人数表

序号	字段名	类型	字段说明
1	logintime	string	登录时间（年月日）
2	success	string	成功人数

4）loginfailed（登录失败人数表）

登录失败人数表如表 14-12 所示。

备注：分析之后的结果表之一。

表 14-12　登录失败人数表

序号	字段名	类型	字段说明
1	logintime	string	登录时间（年月日）
2	failed	string	失败人数

5）logintime（最早登录时间与最晚登录时间表）

最早登录时间与最晚登录时间表如表 14-13 所示。

备注：分析之后的结果表之一。

表 14-13　最早登录时间与最晚登录时间表

序号	字段名	类型	字段说明
1	logintime	string	登录时间（年月日）
2	firsttime	string	最早登录时间（时分秒）
3	lasttime	string	最晚登录时间（时分秒）

6）operationtop（模块操作排行）

模块操作排行表如表 14-14 所示。

备注：分析之后的结果表之一。

表 14-14　模块操作排行表

序号	字段名	类型	字段说明
1	omodule	string	模块名称
2	top	string	数量

2. MySQL 数据库

1）loginsuccess（登录成功人数表）

登录成功人数表如表 14-15 所示。

备注：MySQL 中的字段要和 Hive 中的对应。

表 14-15　登录成功人数表

序号	字段名	类型	是否为空	主键	字段说明
1	logintime	varchar(255)	YES		登录时间（年月日）
2	success	varchar(255)	YES		成功人数

2）loginfailed（登录失败人数表）

登录失败人数表如表 14-16 所示。

备注：MySQL 中的字段要和 Hive 中的对应。

表 14-16　登录失败人数表

序号	字段名	类型	是否为空	主键	字段说明
1	logintime	varchar(255)	YES		登录时间（年月日）
2	failed	varchar(255)	YES		失败人数

3）logintime（最早登录时间与最晚登录时间表）

最早登录时间与最晚登录时间表如表 14-17 所示。

备注：MySQL 中的字段要和 Hive 中的对应。

表 14-17　最早登录时间与最晚登录时间表

序号	字段名	类型	是否为空	主键	字段说明
1	logintime	varchar(255)	YES		登录时间（年月日）
2	firsttime	varchar(255)	YES		最早登录时间（时分秒）
3	lasttime	varchar(255)	YES		最晚登录时间（时分秒）

4）operationtop（登录失败人数表）

登录失败人数表如表 14-18 所示。

备注：MySQL 中的字段要和 Hive 中的对应。

表 14-18　登录失败人数表

序号	字段名	类型	是否为空	主键	字段说明
1	omodule	varchar(255)	YES		模块名称
2	top	varchar(255)	YES		数量

14.2　获取云虚拟平台日志内容

14.2.1　使用爬虫获取数据

HttpClient 常用的编码方式（HttpGet 和 HttpPost 这两个类）无论是使用 HttpGet，还是使用 HttpPost，都必须通过如下 3 步来访问 HTTP 资源。

如果使用 HttpPost 方法提交 HTTP POST 请求，则需要使用 HttpPost 类的 setEntity 方法设置请求参数。参数则必须用 NameValuePair[] 数组存储。

1. 创建 maven 项目

工程项目结构如图 14-3 所示。

2. 加入依赖（pom.xml）

在工程创建中已经加入（这里只做参考不用加入）。

```xml
<dependencies>
    <dependency>
        <groupId>org.apache.hadoop</groupId>
        <artifactId>hadoop-common</artifactId>
        <version>2.7.4</version>
    </dependency>
    <dependency>
        <groupId>org.apache.hadoop</groupId>
        <artifactId>hadoop-client</artifactId>
        <version>2.7.4</version>
    </dependency>
    <dependency>
        <groupId>commons-io</groupId>
        <artifactId>commons-io</artifactId>
        <version>2.5</version>
    </dependency>
    <dependency>
        <groupId>junit</groupId>
        <artifactId>junit</artifactId>
        <version>4.11</version>
        <scope>test</scope>
    </dependency>
</dependencies>
```

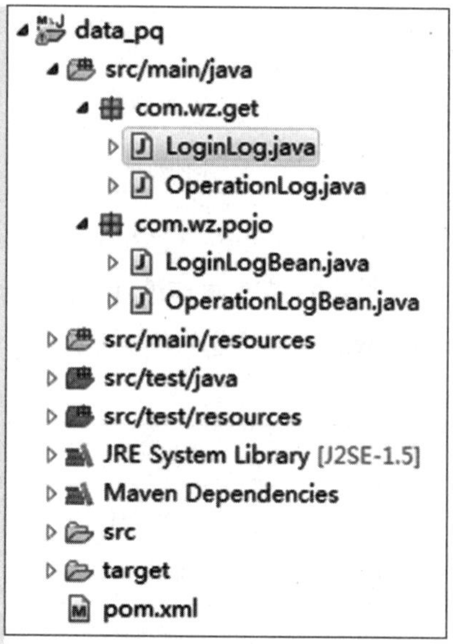

图 14-3 项目工程图

3. 创建封装数据的 javaBean

1）LoginLogBean.java

```java
public class LoginLogBean {
    private String loginTime;// 登录时间
    private String loginname;// 用户名
    private String lid;// 主键
    private String loginip;// 登录 ip
    private String loginstate;// 登录状态
    private String isdelete;// 是否删除
    public void setloginTime(String loginTime) {
        this.loginTime=loginTime;
    }
    public String getloginTime() {
```

```java
        return loginTime;
    }
    public void setLoginname(String loginname) {
        this.loginname=loginname;
    }
    public String getLoginname() {
        return loginname;
    }
    public void setLid(String lid) {
        this.lid=lid;
    }
    public String getLid() {
        return lid;
    }
    public void setLoginip(String loginip) {
        this.loginip=loginip;
    }
    public String getLoginip() {
        return loginip;
    }
    public void setLoginstate(String loginstate) {
        this.loginstate=loginstate;
    }
    public String getLoginstate() {
        return loginstate;
    }
    public void setIsdelete(String isdelete) {
        this.isdelete=isdelete;
    }
     public String getIsdelete() {
        return isdelete;
    }
    public LoginLogBean() {
    }
     public LoginLogBean(String loginTime,String loginname,String lid,String loginip,String loginstate,String isdelete) {
        this.loginTime=loginTime;
        this.loginname=loginname;
        this.lid=lid;
        this.loginip=loginip;
        this.loginstate=loginstate;
```

```
            this.isdelete=isdelete;
        }
}
```

2) OperationLogBean.java

```java
public class OperationLogBean {
private String ocontent;         // 操作内容
private String omodule;          // 操作模块
private String operationip;      // 操作ip
private String oid;              // 主键
private String state;            // 操作状态
private String isdelete;         // 是否删除
private String userid;           // 用户id
private String operationtime;    // 操作时间
private String username;         // 用户昵称
public void setOcontent(String ocontent) {
    this.ocontent=ocontent;
}
public String getOcontent() {
   return ocontent;
}
public void setOmodule(String omodule) {
    this.omodule=omodule;
}
public String getOmodule() {
   return omodule;
}
public void setOperationip(String operationip) {
    this.operationip=operationip;
}
public String getOperationip() {
   return operationip;
}
public void setOid(String oid) {
    this.oid=oid;
}
public String getOid() {
   return oid;
}
public void setState(String state) {
    this.state=state;
}
```

```java
    public String getState() {
       return state;
    }
    public void setIsdelete(String isdelete) {
       this.isdelete=isdelete;
    }
    public String getIsdelete() {
       return isdelete;
    }
    public void setUserid(String userid) {
       this.userid=userid;
    }
    public String getUserid() {
       return userid;
    }
    public void setOperationtime(String operationtime) {
       this.operationtime=operationtime;
    }
    public String getOperationtime() {
       return operationtime;
    }
    public void setUsername(String username) {
       this.username=username;
    }
    public String getUsername() {
       return username;
    }
    public OperationLogBean() {
    }
     public OperationLogBean(String ocontent,String omodule,String operationip,String oid,String state,String isdelete,String userid,String operationtime,String username) {
        this.ocontent=ocontent;
        this.omodule=omodule;
        this.operationip=operationip;
        this.oid=oid;
        this.state=state;
        this.isdelete=isdelete;
        this.userid=userid;
        this.operationtime=operationtime;
        this.username=username;
     }
}
```

4. 获取登录日志信息（LoginLog.java）

登录进入平台后单击系统配置→登录日志→ F12 → Network → getloginlogall?pageNum... → Headers → Request URL（要抓取数据的 url）→ Cookie（需要设置的 cookie 信息），如图 14-4 所示。

图 14-4　系统登录日志图

代码如下：

```
import net.sf.json.JSONObject;
import com.google.gson.Gson;
import org.apache.hadoop.conf.Configuration;
import org.apache.hadoop.fs.FSDataOutputStream;
import org.apache.hadoop.fs.FileSystem;
import org.apache.hadoop.fs.Path;
import org.apache.http.Header;
import org.apache.http.HttpEntity;
import org.apache.http.client.methods.CloseableHttpResponse;
import org.apache.http.client.methods.HttpGet;
import org.apache.http.impl.client.CloseableHttpClient;
import org.apache.http.impl.client.HttpClients;
import org.apache.http.message.BasicHeader;
```

```java
import org.apache.http.util.EntityUtils;
import pojo.LoginLogBean;
import java.io.File;
import java.io.FileOutputStream;
import java.io.OutputStreamWriter;
import java.net.URI;
import java.util.ArrayList;
import java.util.HashMap;
import java.util.Map;
/**
 * 登录日志
 */
public class LoginLog {
    private static Map<String,String> header=new HashMap<String,String>();
    private static CloseableHttpClient httpClient=HttpClients.createDefault();
    private static LoginLogBean loginLogBean=new LoginLogBean();
    public static void main(String[] args) throws Exception {
        int i=1;
        while(i<49) {
            i++;
            // 需要爬数据的网页url
            String url=" http://192.168.0.93:8080/edumanager/wzloginlog/getloginlogall?pageNum="+i+"&pageSize=10&sortOrder=desc&sortName=loginname&name=&_=1546391260186";
            //http://192.168.0.93:8080/edumanager/wzloginlog/getloginlogall?pageNum=1&pageSize=10&sortOrder=desc&sortName=loginname&name=&_=1546414758383
            // 将浏览器的cookie复制到这里，定期修改
            header.put("Cookie","JSESSIONID=CF07AD4825552C31EDFB3EC590FE9438");
            //System.out.println(httpGet(url,"utf-8",header));
            httpGet(url,"utf-8",header);
        }
    }
    /**
     * 发送 get 请求
     * @param url
     * @param encode
     * @param headers
     * @return
     */
    public static void httpGet(String url,String encode,Map<String,String> headers) throws Exception {
        // 打开一个连接
        HttpGet httpGet=new HttpGet(url);
```

```java
      String string=null;
      // 设置 header
      Header headerss[]=buildHeader(headers);
      if(headerss!=null&&headerss.length>0) {
        httpGet.setHeaders(headerss);
      }
      // 执行并获得数据
      CloseableHttpResponse response=httpClient.execute(httpGet);
      HttpEntity entity=response.getEntity();
      string=EntityUtils.toString(entity,encode);
      if (string != null) {
        JSONObject jsonObject1=JSONObject.fromObject(string);
        String s2=jsonObject1.getString("list");
        System.out.println(s2);
        Gson gson=new Gson();
        ArrayList<Map> resultList=gson.fromJson(s2,ArrayList.class);
        for(int i=0;i<resultList.size();i++) {
          Map<String,Object>map=(Map<String,Object>) resultList.get(i);
          loginLogBean.setloginTime(map.get("logintime").toString());
          loginLogBean.setLoginname(map.get("loginname").toString());
          loginLogBean.setLid(map.get("lid").toString());
          loginLogBean.setLoginip(map.get("loginip").toString());
          loginLogBean.setLoginstate(map.get("loginstate").toString());
          loginLogBean.setIsdelete(map.get("isdelete").toString());
          write(loginLogBean);
        }
      }else {
        System.out.println("没有数据");
      }
  }
  /**
   * 组装请求头
   *
   * @param params
   * @return
   */
  public static Header[] buildHeader(Map<String,String> params) {
    Header[] headers=null;
    if(params!=null&&params.size()>0) {
      headers=new BasicHeader[params.size()];
      int i=0;
      for (Map.Entry<String,String> entry : params.entrySet()) {
```

```
                headers[i]=new BasicHeader(entry.getKey(),entry.getValue());
                i++;
            }
        }
        return headers;
    }
}
```

5. 取模块操作信息（OperationLog.java）

```java
import net.sf.json.JSONObject;
import com.google.gson.Gson;
import org.apache.hadoop.conf.Configuration;
import org.apache.hadoop.fs.FSDataOutputStream;
import org.apache.hadoop.fs.FileSystem;
import org.apache.hadoop.fs.Path;
import org.apache.http.Header;
import org.apache.http.HttpEntity;
import org.apache.http.client.methods.CloseableHttpResponse;
import org.apache.http.client.methods.HttpGet;
import org.apache.http.impl.client.CloseableHttpClient;
import org.apache.http.impl.client.HttpClients;
import org.apache.http.message.BasicHeader;
import org.apache.http.util.EntityUtils;
import pojo.OperationLogBean;

import java.io.File;
import java.io.FileOutputStream;
import java.io.OutputStreamWriter;
import java.net.URI;
import java.util.ArrayList;
import java.util.HashMap;
import java.util.Map;
/**
 * 操作日志
 */
public class OperationLog {
    private static Map<String,String> header=new HashMap<String,String>();
    private static CloseableHttpClient httpClient=HttpClients.createDefault();
    private static OperationLogBean operationLogBean=new OperationLogBean();
    public static void main(String[] args) throws Exception {
        int i=1;
        while (i < 550) {
            i++;
```

```java
            // 需要爬数据的网页 url
            String url="http://192.168.0.93:8080/edumanager/wzoperationlog/getOperationlogAll?pageNum="+i+"&pageSize=10&sortOrder=desc&sortName=operationtime&name=&_=1546390394997";


            // 将浏览器的cookie复制到这里,cookie会改变
            header.put("Cookie","JSESSIONID=CF07AD4825552C31EDFB3EC590FE9438");
            //System.out.println(httpGet(url,"utf-8",header));
            httpGet(url,"utf-8",header);
            //Thread.sleep(2000);
        }
    }
    /**
     * 发送 get 请求
     * @param url
     * @param encode
     * @param headers
     * @return
     */
    public static void httpGet(String url,String encode,Map<String,String> headers) throws Exception {
        // 打开一个连接
        HttpGet httpGet=new HttpGet(url);
        String string=null;
        // 设置 header
        Header headerss[]=buildHeader(headers);
        if(headerss!=null&&headerss.length>0) {
            httpGet.setHeaders(headerss);
        }
        //3 执行并获得数据
        CloseableHttpResponse response=httpClient.execute(httpGet);
        HttpEntity entity=response.getEntity();
        string=EntityUtils.toString(entity,encode);
        System.out.println(string);
        if(string!=null){
            JSONObject jsonObject1=JSONObject.fromObject(string);
            String s2=jsonObject1.getString("list");
            System.out.println(s2);
            Gson gson=new Gson();
```

```java
            ArrayList<Map> resultList=gson.fromJson(s2,ArrayList.class);
            for(int i=0;i<resultList.size();i++) {
                Map<String,Object> map=(Map<String,Object>) resultList.get(i);
                operationLogBean.setOcontent(map.get("ocontent").toString());
                operationLogBean.setOmodule(map.get("omodule").toString());
                operationLogBean.setOperationip(map.get("operationip").toString());
                operationLogBean.setOid(map.get("oid").toString());
                operationLogBean.setState(map.get("state").toString());
                operationLogBean.setIsdelete(map.get("isdelete").toString());
                operationLogBean.setUserid(map.get("userid").toString());
                operationLogBean.setOperationtime(map.get("operationtime").toString());
                operationLogBean.setUsername(map.get("username").toString());
                write(operationLogBean);
            }
        }else {
            System.out.println("没有数据");
        }
    }
    /**
     * 组装请求头
     * @param params
     * @return
     */
    public static Header[] buildHeader(Map<String,String> params) {
        Header[] headers=null;
        if(params != null&&params.size()>0) {
            headers=new BasicHeader[params.size()];
            int i=0;
            for(Map.Entry<String,String> entry : params.entrySet()) {
                headers[i]=new BasicHeader(entry.getKey(),entry.getValue());
                i++;
            }
        }
        return headers;
    }
}
```

14.2.2 将抓取的数据上传到 HDFS

1. LoginLog.java

```java
/**
 * 将数据写入到 hdfs
```

```
 * @param loginLogBean
 */
public static void write(LoginLogBean loginLogBean)throws Exception{
    String str=loginLogBean.getloginTime()+" "+loginLogBean.getLoginname()+" "
+loginLogBean.getLid()+" "+loginLogBean.getLoginip()+" "+loginLogBean.getLoginstate()+" "
+loginLogBean.getIsdelete();
    Configuration config=new Configuration();
    config.set("dfs.support.append","true");
    //URI 里面的参数换成自己的节点地址
    FileSystem fs=FileSystem.get(new URI("hdfs://192.168.8.128:9000"),config,"root");
    // 文件必须先在 hdfs 上创建
    FSDataOutputStream outpustream=fs.append(new Path("/aa.txt"));
    //System.getProperty("line.separator") 换行
    outpustream.writeBytes(System.getProperty("line.separator"));
    // 以字符串写入后会乱码
    //outpustream.writeBytes(str);
    // 改为字节
    outpustream.write(str.getBytes());
    outpustream.close();
    fs.close();
}
```

在 hdfs 上创建文件，例如：

```
[root@node-01 ~]# hadoop dfs -touchz /aa.txt 或者 hdfs dfs -touchz /aa.txt
```

创建文件后，使用浏览器访问 http://192.168.x.xxx:50070，页面效果如图 14-5 所示

图 14-5　HDFS 页面

发送 ajax 请求返回的原始数据 (控制台打印)，如图 14-6 所示。

```
{"code":"000001","list":[{"logintime":"2019-01-03 17:31:27","loginname":"唯众智创
_WZ","lid":575,"loginip":"192.168.56.1","loginstate":1,"isdelete":0},{"logintime":"2019-01-04 10:47:10","loginname":"唯众智
创_WZ","lid":587,"loginip":"192.168.56.1","loginstate":1,"isdelete":0},{"logintime":"2019-01-04 10:43:07","loginname":"唯众
智创_WZ","lid":586,"loginip":"192.168.56.1","loginstate":1,"isdelete":0},{"logintime":"2019-01-03 17:23:26","loginname":"唯
众智创_WZ","lid":574,"loginip":"192.168.56.1","loginstate":1,"isdelete":0},{"logintime":"2019-01-04
10:24:55","loginname":"唯众智创_WZ","lid":582,"loginip":"192.168.56.1","loginstate":1,"isdelete":0},{"logintime":"2019-01-
04 10:34:40","loginname":"唯众智创_WZ","lid":584,"loginip":"192.168.56.1","loginstate":1,"isdelete":0},{"logintime":"2019-
01-04 10:24:55","loginname":"唯众智创_WZ","lid":581,"loginip":"192.168.56.1","loginstate":1,"isdelete":0},
{"logintime":"2019-01-04 10:27:03","loginname":"唯众智创
_WZ","lid":583,"loginip":"192.168.56.1","loginstate":1,"isdelete":0},{"logintime":"2019-01-04 10:39:00","loginname":"唯众
智创_WZ","lid":585,"loginip":"192.168.56.1","loginstate":1,"isdelete":0},{"logintime":"2019-01-04 10:49:12","loginname":"唯
众智创_WZ","lid":588,"loginip":"192.168.56.1","loginstate":1,"isdelete":0}],"msg":"查询成功","pageInfo":
{"endRow":10,"hasNextPage":true,"hasPreviousPage":false,"isFirstPage":true,"isLastPage":false,"list":[{"$ref":"$.list[0]"},
{"$ref":"$.list[1]"},{"$ref":"$.list[2]"},{"$ref":"$.list[3]"},{"$ref":"$.list[4]"},{"$ref":"$.list[5]"},{"$ref":"$.list[6]"},{"$ref":"$.list[7]"},
{"$ref":"$.list[8]"},{"$ref":"$.list[9]"}],"navigateFirstPage":1,"navigateLastPage":8,"navigatePages":8,"navigatepageNums":
[1,2,3,4,5,6,7,8],"nextPage":2,"pageNum":1,"pageSize":10,"pages":71,"prePage":0,"size":10,"startRow":1,"total":709}}
```

图 14-6　返回 Json 数据

写入到 HDFS 中的数据（使用 hdfs dfs -cat /aa.txt 命令查看）如图 14-7 所示。

```
2019-01-04 10:24:55 唯众智创_WZ 582.0 192.168.56.1 1.0 0.0
2019-01-04 10:55:07 唯众智创_WZ 590.0 192.168.56.1 1.0 0.0
2019-01-04 10:27:03 唯众智创_WZ 583.0 192.168.56.1 1.0 0.0
2019-01-04 10:34:40 唯众智创_WZ 584.0 192.168.56.1 1.0 0.0
2019-01-04 11:24:35 唯众智创_WZ 597.0 192.168.56.1 1.0 0.0
```

图 14-7　HDFS 中的数据

2. operationLog.java

```java
/**
 * 将数据写入到 hdfs
 * @param operationLogBean
 */
public static void write(OperationLogBean operationLogBean) throws Exception{
    String str=operationLogBean.getOcontent()+" "+operationLogBean.getOmodule()+""+operationLogBean.getOperationip()+" "+operationLogBean.getOid()+" "+operationLogBean.getState()+" "+operationLogBean.getIsdelete()+" "+operationLogBean.getUserid()+" "+operationLogBean.getOperationtime()+" "+operationLogBean.getUsername();
    Configuration config=new Configuration();
    config.set("dfs.support.append","true");
    //URI 中的参数换成自己的节点地址
    FileSystem fs=FileSystem.get(new URI("hdfs://192.168.8.128:9000"),config,"root");
    // 文件必须先在 hdfs 上创建
    FSDataOutputStream outpustream=fs.append(new Path("/bb.txt"));
    //System.getProperty("line.separator") 换行
    outpustream.writeBytes(System.getProperty("line.separator"));
    // 以字符串写入后会乱码
    //outpustream.writeBytes(str);
    // 改为字节
    outpustream.write(str.getBytes());
```

```
    outpustream.close();
    fs.close();
}
```

发送 ajax 请求获得的原始数据，如图 14-8 所示。


```
{"code":"000001","list":[{"ocontent":"分页查询所有操作日志表信息,分页查询到第1页,一页分10行,总共10206条","omodule":"操作日志","operationip":"192.168.0.46","oid":14653,"state":0,"isdelete":0,"userid":59,"operationtime":"2019-01-08 11:05:00","username":"wztjw"},{"ocontent":"从Session中获取当前用户信息","omodule":"用户管理","operationip":"192.168.56.1","oid":14651,"state":0,"isdelete":0,"userid":59,"operationtime":"2019-01-08 11:01:49","username":"wztjw"},{"ocontent":"分页查询所有用户:当前页1,每页条数:6,数据总数:6","omodule":"用户管理","operationip":"192.168.56.1","oid":14652,"state":0,"isdelete":0,"userid":59,"operationtime":"2019-01-08 11:01:49","username":"wztjw"},{"ocontent":"从Session中获取当前用户信息","omodule":"用户管理","operationip":"192.168.56.1","oid":14650,"state":0,"isdelete":0,"userid":59,"operationtime":"2019-01-08 11:01:42","username":"wztjw"},{"ocontent":"从Session中获取当前用户信息","omodule":"用户管理","operationip":"192.168.56.1","oid":14649,"state":0,"isdelete":0,"userid":59,"operationtime":"2019-01-08 11:01:25","username":"wztjw"},{"ocontent":"分页查询所有用户:当前页1,每页条数:6,数据总数:6","omodule":"用户管理","operationip":"192.168.56.1","oid":14648,"state":0,"isdelete":0,"userid":59,"operationtime":"2019-01-08 11:01:24","username":"wztjw"},{"ocontent":"从Session中获取当前用户信息","omodule":"用户管理","operationip":"192.168.56.1","oid":14647,"state":0,"isdelete":0,"userid":59,"operationtime":"2019-01-08 11:00:39","username":"wztjw"},{"ocontent":"分页查询所有用户:当前页1,每页条数:6,数据总数:6","omodule":"用户管理","operationip":"192.168.56.1","oid":14646,"state":0,"isdelete":0,"userid":59,"operationtime":"2019-01-08 10:59:12","username":"wztjw"},{"ocontent":"从Session中获取当前用户信息","omodule":"用户管理","operationip":"192.168.56.1","oid":14645,"state":0,"isdelete":0,"userid":59,"operationtime":"2019-01-08 10:59:00","username":"wztjw"},{"ocontent":"从Session中获取当前用户信息","omodule":"用户管理","operationip":"192.168.56.1","oid":14643,"state":0,"isdelete":0,"userid":59,"operationtime":"2019-01-08 10:58:58","username":"wztjw"}],"msg":"查询成功","pageInfo":{"endRow":10,"hasNextPage":true,"hasPreviousPage":false,"isFirstPage":true,"isLastPage":false,"list":[{"$ref":"$.list[0]"},{"$ref":"$.list[1]"},{"$ref":"$.list[2]"},{"$ref":"$.list[3]"},{"$ref":"$.list[4]"},{"$ref":"$.list[5]"},{"$ref":"$.list[6]"},{"$ref":"$.list[7]"},{"$ref":"$.list[8]"},{"$ref":"$.list[9]"}],"navigateFirstPage":1,"navigateLastPage":8,"navigatePages":8,"navigatepageNums":[1,2,3,4,5,6,7,8],"nextPage":2,"pageNum":1,"pageSize":10,"pages":1021,"prePage":0,"size":10,"startRow":1,"total":10207}}
```


图 14-8　原始数据

写入到 HDFS 中的数据如图 14-9 所示。


```
分页查询所有用户:当前页1,每页条数:6,数据总数:6 用户管理 192.168.56.1 14648.0 0.0 0.0 59.0 2019-01-08 11:01:24 wztjw
从Session中获取当前用户信息 用户管理 192.168.56.1 14649.0 0.0 0.0 59.0 2019-01-08 11:01:25 wztjw
分页查询所有用户:当前页1,每页条数:6,数据总数:6 用户管理 192.168.56.1 14648.0 0.0 0.0 59.0 2019-01-08 11:01:24 wztjw
从Session中获取当前用户信息 用户管理 192.168.56.1 14647.0 0.0 0.0 59.0 2019-01-08 11:00:39 wztjw
分页查询所有用户:当前页1,每页条数:6,数据总数:6 用户管理 192.168.56.1 14646.0 0.0 0.0 59.0 2019-01-08 10:59:12 wztjw
从Session中获取当前用户信息 用户管理 192.168.56.1 14645.0 0.0 0.0 59.0 2019-01-08 10:59:00 wztjw
从Session中获取当前用户信息 用户管理 192.168.56.1 14643.0 0.0 0.0 59.0 2019-01-08 10:58:58 wztjw
分页查询所有登录日志表信息,分页查询到第2页,一页分10行,总共709条 登录日志 192.168.0.46 14644.0 0.0 0.0 59.0 2019-01-0
ztjw
批量修改菜单权限管理信息:共修改0条记录 权限管理 ip:0:0:0:0:0:1 14642.0 0.0 0.0 1.0 2019-01-08 10:57:48 uname
从Session中获取当前用户信息 用户管理 192.168.56.1 14640.0 0.0 0.0 59.0 2019-01-08 10:57:44 wztjw
分页查询所有用户:当前页1,每页条数:6,数据总数:6 用户管理 192.168.56.1 14641.0 0.0 0.0 59.0 2019-01-08 10:57:44 wztjw
分页查询所有用户:当前页1,每页条数:6,数据总数:6 用户管理 192.168.56.1 14641.0 0.0 0.0 59.0 2019-01-08 10:57:44 wztjw
分页查询所有登录日志表信息,分页查询到第2页,一页分10行,总共709条 登录日志 192.168.0.46 14639.0 0.0 0.0 59.0 2019-01-0
ztjw
从Session中获取当前用户信息 用户管理 192.168.56.1 14638.0 0.0 0.0 59.0 2019-01-08 10:57:38 wztjw
分页查询所有用户:当前页1,每页条数:6,数据总数:6 用户管理 192.168.56.1 14636.0 0.0 0.0 59.0 2019-01-08 10:57:17 wztjw
从Session中获取当前用户信息 用户管理 192.168.56.1 14637.0 0.0 0.0 59.0 2019-01-08 10:57:16 wztjw
从Session中获取当前用户信息 用户管理 192.168.56.1 14635.0 0.0 0.0 59.0 2019-01-08 10:57:09 wztjw
从Session中获取当前用户信息 用户管理 192.168.56.1 14633.0 0.0 0.0 59.0 2019-01-08 10:56:31 wztjw
分页查询所有用户:当前页1,每页条数:6,数据总数:6 用户管理 192.168.56.1 14634.0 0.0 0.0 59.0 2019-01-08 10:56:31 wztjw
```


图 14-9　HDFS 中的数据

14.2.3　使用 MapReduce 对数据进行清洗

1. 在 pom.xml 中加入依赖

```
<dependencies>
```

```xml
<dependency>
    <groupId>junit</groupId>
    <artifactId>junit</artifactId>
    <version>4.11</version>
    <scope>test</scope>
</dependency>
<dependency>
    <groupId>org.apache.hadoop</groupId>
    <artifactId>hadoop-common</artifactId>
    <version>2.7.4</version>
</dependency>
<dependency>
    <groupId>org.apache.hadoop</groupId>
    <artifactId>hadoop-hdfs</artifactId>
    <version>2.7.4</version>
</dependency>
<dependency>
    <groupId>org.apache.hadoop</groupId>
    <artifactId>hadoop-client</artifactId>
    <version>2.7.4</version>
</dependency>
<dependency>
    <groupId>org.apache.hadoop</groupId>
    <artifactId>hadoop-mapreduce-client-core</artifactId>
    <version>2.7.4</version>
</dependency>
</dependencies>
```

2. 项目整体结构

项目整体结构如图 14-10 所示。

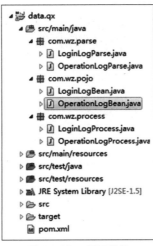

图 14-10　项目结构

14.3 创建封装数据的 javaBean

14.3.1 LoginLogBean.java（登录日志）

```java
import org.apache.hadoop.io.Writable;
import java.io.DataInput;
import java.io.DataOutput;
import java.io.IOException;
public class LoginLogBean implements Writable {
    private boolean valid=true;         // 判断数据是否合法
    private String logintime;           //登录时间年-月-日
    private String time;                //登录时间时-分-秒
    private String loginname;           //用户名
    private String lid;                 //主键
    private String loginip;             //登录ip
    private String loginstate;          //登录状态
    private String isdelete;            //是否删除

    public boolean isValid() {
        return valid;
    }
    public String getLogintime() {
        return logintime;
    }
    public String getTime() {
        return time;
    }
    public String getLoginname() {
        return loginname;
    }
    public String getLid() {
        return lid;
    }
    public String getLoginip() {
        return loginip;
    }
    public String getLoginstate() {
        return loginstate;
    }
    public String getIsdelete() {
```

```java
        return isdelete;
    }
    public void setValid(boolean valid) {
        this.valid=valid;
    }
    public void setLogintime(String logintime) {
        this.logintime=logintime;
    }
    public void setTime(String time) {
        this.time=time;
    }
    public void setLoginname(String loginname) {
        this.loginname=loginname;
    }
    public void setLid(String lid) {
        this.lid=lid;
    }
    public void setLoginip(String loginip) {
        this.loginip=loginip;
    }
    public void setLoginstate(String loginstate) {
        this.loginstate=loginstate;
    }
    public void setIsdelete(String isdelete) {
        this.isdelete=isdelete;
    }
    public LoginLogBean() {
    }
    public LoginLogBean(boolean valid,String logintime,String time,String loginname,String lid,String loginip,String loginstate,String isdelete) {
        this.valid=valid;
        this.logintime=logintime;
        this.time=time;
        this.loginname=loginname;
        this.lid=lid;
        this.loginip=loginip;
        this.loginstate=loginstate;
        this.isdelete=isdelete;
    }
    @Override
    public String toString() {
        StringBuilder sb=new StringBuilder();
```

```java
    sb.append(this.valid);
    sb.append("\001").append(this.getLogintime());
    sb.append("\001").append(this.getTime());
    sb.append("\001").append(this.getLoginname());
    sb.append("\001").append(this.getLid());
    sb.append("\001").append(this.getLoginip());
    sb.append("\001").append(this.getLoginstate());
    sb.append("\001").append(this.getIsdelete());
    return sb.toString();
}
// 反序列化方法，将对象（字段）从字节输入流当中读取出来，并且序列化与反序列化的字段顺序要相同
@Override
public void readFields(DataInput input)throws IOException{
    this.valid=input.readBoolean();
    this.logintime=input.readUTF();
    this.time=input.readUTF();
    this.loginname=input.readUTF();
    this.lid=input.readUTF();
    this.loginip=input.readUTF();
    this.loginstate=input.readUTF();
    this.isdelete=input.readUTF();
}

// 序列化方法，将对象（字段）写到字节输出流当中
@Override
public void write(DataOutput out) throws IOException {
    out.writeBoolean(this.valid);
    out.writeUTF(null==logintime ? "" : logintime);
    out.writeUTF(null==time ? "" : time);
    out.writeUTF(null==loginname ? "" : loginname);
    out.writeUTF(null==lid ? "" : lid);
    out.writeUTF(null==loginip ? "" : loginip);
    out.writeUTF(null==loginstate ? "" : loginstate);
    out.writeUTF(null==isdelete ? "" : isdelete);
    }
}
```

14.3.2　OperationLogBean.java（操作日志信息）

```java
import org.apache.hadoop.io.Writable;
import java.io.DataInput;
import java.io.DataOutput;
```

```java
import java.io.IOException;
public class OperationLogBean implements Writable {
    private boolean valid=true;          // 判断数据是否合法
    private String ocontent;             // 操作内容
    private String omodule;              // 操作模块
    private String operationip;          // 操作ip
    private String oid;                  // 主键
    private String state;                // 操作状态
    private String isdelete;             // 是否删除
    private String userid;               // 用户名
    private String operationtime;        // 操作时间（年月日）
    private String time;                 // 操作时间（时分秒）
    private String username;             // 用户昵称
    public void setOcontent(String ocontent) {
        this.ocontent=ocontent;
    }
    public void setTime(String time) {
        this.time=time;
    }
    public String getTime() {
        return time;
    }
    public void setValid(boolean valid) {
        this.valid=valid;
    }
    public boolean isValid() {
        return valid;
    }
    public String getOcontent() {
        return ocontent;
    }
    public void setOmodule(String omodule) {
        this.omodule=omodule;
    }
    public String getOmodule() {
        return omodule;
    }
    public void setOperationip(String operationip) {
        this.operationip=operationip;
    }
    public String getOperationip() {
        return operationip;
```

```java
    }
    public void setOid(String oid) {
        this.oid=oid;
    }
    public String getOid() {
        return oid;
    }
    public void setState(String state) {
        this.state=state;
    }
    public String getState() {
        return state;
    }
    public void setIsdelete(String isdelete) {
        this.isdelete=isdelete;
    }
    public String getIsdelete() {
        return isdelete;
    }
    public void setUserid(String userid) {
        this.userid=userid;
    }
    public String getUserid() {
        return userid;
    }
    public void setOperationtime(String operationtime) {
        this.operationtime=operationtime;
    }
    public String getOperationtime() {
        return operationtime;
    }
    public void setUsername(String username) {
        this.username=username;
    }
    public String getUsername() {
        return username;
    }
    public OperationLogBean() {
    }
    public OperationLogBean(boolean valid,String ocontent,String omodule,String operationip,Stringoid,String state,String isdelete,String userid,String operationtime,String time,String username) {
```

```java
    this.valid=valid;
    this.ocontent=ocontent;
    this.omodule=omodule;
    this.operationip=operationip;
    this.oid=oid;
    this.state=state;
    this.isdelete=isdelete;
    this.userid=userid;
    this.operationtime=operationtime;
    this.time=time;
    this.username=username;
}
@Override
public String toString() {
    StringBuilder sb=new StringBuilder();
    sb.append(this.valid);
    sb.append("\001").append(this.getOcontent());
    sb.append("\001").append(this.getOmodule());
    sb.append("\001").append(this.getOperationip());
    sb.append("\001").append(this.getOid());
    sb.append("\001").append(this.getState());
    sb.append("\001").append(this.getIsdelete());
    sb.append("\001").append(this.getUserid());
    sb.append("\001").append(this.getOperationtime());
    sb.append("\001").append(this.getTime());
    sb.append("\001").append(this.getUsername());
    return sb.toString();
}
// 反序列化方法,将对象(字段)从字节输入流当中读取出来,并且序列化与反序列化的字段顺序要相同
@Override
public void readFields(DataInput input)throws IOException {
    this.valid=input.readBoolean();
    this.ocontent=input.readUTF();
    this.omodule=input.readUTF();
    this.operationip=input.readUTF();
    this.oid=input.readUTF();
    this.state=input.readUTF();
    this.isdelete=input.readUTF();
    this.userid=input.readUTF();
    this.operationtime=input.readUTF();
    this.time=input.readUTF();
    this.username=input.readUTF();
```

```java
}
//序列化方法,将对象(字段)写到字节输出流当中
@Override
public void write(DataOutput out) throws IOException {
    out.writeBoolean(this.valid);
    out.writeUTF(null==ocontent ? "" : ocontent);
    out.writeUTF(null==omodule ? "" : omodule);
    out.writeUTF(null==operationip ? "" : operationip);
    out.writeUTF(null==oid ? "" : oid);
    out.writeUTF(null==state ? "" : state);
    out.writeUTF(null==isdelete ? "" : isdelete);
    out.writeUTF(null==userid ? "" : userid);
    out.writeUTF(null==operationtime ? "" : operationtime);
    out.writeUTF(null==time ? "" : time);
    out.writeUTF(null==username ? "" : username);
}
}
```

14.4 数据清洗

14.4.1 数据标记与封装(LoginLogParse.java)

```java
public class LoginLogParse {
    public static LoginLogBean parse(String line) {
        LoginLogBean loginLogBean=new LoginLogBean();
        String[] arr=line.split("\001");
        if(arr[1].isEmpty() || arr[4].equals("1.0") || arr[5].equals("1.0")){
            loginLogBean.setValid(false);
        }
        String[] s=arr[0].split(" ");
        loginLogBean.setLogintime(s[0]);
        loginLogBean.setTime(s[1]);
        loginLogBean.setLoginname(arr[1]);
        loginLogBean.setLid(arr[2]);

        loginLogBean.setLoginip(arr[3]);
        loginLogBean.setLoginstate(arr[4]);
        loginLogBean.setIsdelete(arr[5]);
        return loginLogBean;
    }
}
```

14.4.2　数据标记与封装（OperationLogParse.java）

```java
public class OperationLogParse {
  public static OperationLogBean parse(String line) {
    OperationLogBean operationLogBean=new OperationLogBean();
    String[] arr=line.split("\001");
    if(arr[4].equals("1.0") || arr[5].equals("1.0")){
       operationLogBean.setValid(false);
    }
    operationLogBean.setOcontent(arr[0]);
    operationLogBean.setOmodule(arr[1]);
    operationLogBean.setOperationip(arr[2]);
    operationLogBean.setOid(arr[3]);
    operationLogBean.setState(arr[4]);
    operationLogBean.setIsdelete(arr[5]);
    operationLogBean.setUserid(arr[6]);
    String[] s=arr[7].split(" ");
    operationLogBean.setOperationtime(s[0]);
    operationLogBean.setTime(s[1]);
    operationLogBean.setUsername(arr[8]);
    return operationLogBean;
  }
}
```

14.4.3　数据清洗与输出——登录日志（LoginLogProcess.java）

```java
import org.apache.hadoop.conf.Configuration;
import org.apache.hadoop.fs.Path;
import org.apache.hadoop.io.LongWritable;
import org.apache.hadoop.io.NullWritable;
import org.apache.hadoop.io.Text;
import org.apache.hadoop.mapreduce.Job;
import org.apache.hadoop.mapreduce.Mapper;
import org.apache.hadoop.mapreduce.lib.input.FileInputFormat;
import org.apache.hadoop.mapreduce.lib.output.FileOutputFormat;
import java.io.IOException;
public class LoginLogProcess{
   static class LoginLogProcessMapper extends Mapper<LongWritable,Text,Text,NullWritable> {
      Text k=new Text();
      NullWritable v=NullWritable.get();
```

```java
    @Override
    protected void map(LongWritable key,Text value,Context context) throws IOException,InterruptedException {
        String line=value.toString();
        LoginLogBean parse=LoginLogParse.parse(line);
        k.set(parse.toString());
         context.write(k,v);
    }
}

    public static void main(String[] args) throws Exception{
      Configuration conf=new Configuration();
      Job job=Job.getInstance(conf);
      //重要:指定本次 mr job jar 包运行主类
      job.setJarByClass(LoginLogProcess.class);
      job.setMapperClass(LoginLogProcessMapper.class);
      //设置 map 阶段输出 key 的数据类型
      job.setOutputKeyClass(Text.class);
      //设置 map 阶段输出 value 的数据类型
      job.setOutputValueClass(NullWritable.class);
      //在 Linux 上面运行
      //args(0)、args(1) 分别表示 hdfs 上原始数据文件路径和输出路径
      FileInputFormat.setInputPaths(job,new Path(args[0]));
      FileOutputFormat.setOutputPath(job,new Path(args[1]));
      //因为需要处理一行输出一行数据,所以不需要 reduce(聚合)阶段,设置 reducetask 数量为 0
      job.setNumReduceTasks(0);
      boolean res=job.waitForCompletion(true);
      //提交 job 给 hadoop 集群
      //监控打印程序执行情况
      System.exit(res ? 0 : 1);
    }
}
```

清洗完成后的文件如图 14-11 所示。

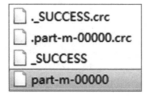

图 14-11 清洗后的文件

清洗完成后的数据如图 14-12 所示。

```
false[SOH]2018-12-28[SOH]17:29:15[SOH]wzxfq[SOH]367.0[SOH]192.168.0.138[SOH]1.0[SOH]0.0
false[SOH]2018-12-28[SOH]17:29:16[SOH]wzxfq[SOH]371.0[SOH]192.168.0.138[SOH]1.0[SOH]0.0
false[SOH]2019-01-02[SOH]15:28:46[SOH]wzxfq[SOH]504.0[SOH]192.168.0.135[SOH]1.0[SOH]0.0
false[SOH]2018-12-28[SOH]17:30:31[SOH]wzxfq[SOH]387.0[SOH]192.168.0.138[SOH]1.0[SOH]0.0
false[SOH]2018-12-28[SOH]17:30:31[SOH]wzxfq[SOH]388.0[SOH]192.168.0.138[SOH]1.0[SOH]0.0
false[SOH]2018-12-28[SOH]17:30:31[SOH]wzxfq[SOH]389.0[SOH]192.168.0.138[SOH]1.0[SOH]0.0
```

图 14-12　清洗后的数据

14.4.4　数据清洗与输出——操作日志（OperationLogProcess.java）

```java
import org.apache.hadoop.conf.Configuration;
import org.apache.hadoop.fs.Path;
import org.apache.hadoop.io.LongWritable;
import org.apache.hadoop.io.NullWritable;
import org.apache.hadoop.io.Text;
import org.apache.hadoop.mapreduce.Job;
import org.apache.hadoop.mapreduce.Mapper;
import org.apache.hadoop.mapreduce.lib.input.FileInputFormat;
import org.apache.hadoop.mapreduce.lib.output.FileOutputFormat;
import java.io.IOException;
public class OperationLogProcess {
    static class OperationLogProcessMapper extends Mapper<LongWritable,Text,Text,NullWritable> {
        Text k=new Text();
        NullWritable v=NullWritable.get();
        @Override
        protected void map(LongWritable key,Text value,Context context) throws IOException,InterruptedException {
            String s=value.toString();
            OperationLogBean parse=OperationLogParse.parse(s);
            k.set(parse.toString());
            context.write(k,v);
        }
    }
    public static void main(String[] args) throws Exception{
        Configuration conf=new Configuration();
        Job job=Job.getInstance(conf);
        //重要：指定本次 mr job jar 包运行主类
        job.setJarByClass(OperationLogProcess.class);
        job.setMapperClass(OperationLogProcessMapper.class);
        //设置 map 阶段输出 key 数据类型
        job.setOutputKeyClass(Text.class);
```

```
            // 设置 map 阶段输出 value 数据类型
            job.setOutputValueClass(NullWritable.class);
            // 在 Linux 上面运行
            //args(0)、args(1) 分别表示 Linux 上原始数据文件路径和输出路径
            FileInputFormat.setInputPaths(job,new Path(args[0]));
            FileOutputFormat.setOutputPath(job,new Path(args[1]));
            // 因为需要处理一行输出一行数据,所以不需要 reduce(聚合)阶段,设置 reducetask 数量为 0
            job.setNumReduceTasks(0);
            boolean res=job.waitForCompletion(true);
            // 提交 job 给 hadoop 集群
            // 监控打印程序执行情况
            System.exit(res ? 0 : 1);
        }
    }
```

清洗完成后的文件如图 14-13 所示。

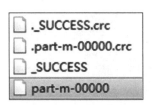

图 14-13 清洗完成后的文件

清洗完成后的数据如图 14-14 所示。

图 14-14 清洗完成后的数据

说明:part-m-000000 表示只有 map 阶段,没有 reduce 阶段

注意:在 Linux 中进行开发时文件路径填写 Linux 上的路径,在 Windows 上开发时填写 Windows 上的路径。

14.5 对结果进行分析及可视化

14.5.1 ECharts 介绍

ECharts 是一个使用 JavaScript 实现的开源可视化库,可以流畅地运行在 PC 和移动设备上,

兼容当前绝大部分浏览器（如 IE 8/9/10/11、Chrome、Firefox、Safari 等），底层依赖轻量级的矢量图形库 ZRender，提供直观、交互丰富、可高度个性化定制的数据可视化图表。

1．丰富的可视化类型

ECharts 提供了常规的折线图、柱状图、散点图、饼图、K 线图，用于统计的盒形图，用于地理数据可视化的地图、热力图、线图，用于关系数据可视化的关系图、treemap、旭日图，多维数据可视化的平行坐标，还有用于 BI 的漏斗图、仪表盘，并且支持图与图之间的混搭。

除了已经内置的包含了丰富功能的图表，ECharts 还提供了自定义系列，只需要传入一个 renderItem 函数，就可以从数据映射到任何你想要的图形，并且这些都能和已有的交互组件结合使用而无须担心其他事情。

用户可以在下载界面下载包含所有图表的构建文件，如果只是需要其中一两个图表，又嫌包含所有图表的构建文件太大，也可以在在线构建中选择需要的图表类型后自定义构建。

2．多种数据格式无须转换直接使用

ECharts 内置的 dataset 属性（4.0+）支持直接传入包括二维表、key-value 等多种格式的数据源，通过简单地设置 encode 属性就可以完成从数据到图形的映射，这种方式更符合可视化的直觉，省去了大部分场景下数据转换的步骤，而且多个组件能够共享一份数据而不用克隆。

为了配合大数据量的展现，ECharts 还支持输入 TypedArray 格式的数据，TypedArray 在大数据量的存储中可以占用更少的内存，对 GC 友好等特性也可以大幅度提升可视化应用的性能。

3．多渲染方案，跨平台使用

ECharts 支持以 Canvas、SVG（4.0+）、VML 等形式渲染图表。VML 可以兼容低版本 IE、SVG 使得移动端不再为内存担忧，Canvas 可以轻松应对大数据量和特效的展现。不同的渲染方式提供了更多选择，使得 ECharts 在各种场景下都有更好的表现。

除了 PC 和移动端的浏览器，ECharts 还能在 node 上配合 node-canvas 进行高效的服务端渲染（SSR）。从 4.0 开始还和微信小程序的团队合作，提供了 ECharts 对小程序的适配。

社区热心的贡献者也提供了丰富的其他语言扩展，如 Python 的 pyecharts、R 语言的 recharts、Julia 的 ECharts.jl 等。

平台和语言都不会成为用户使用 ECharts 实现可视化的限制。

4．动态数据

ECharts 由数据驱动,数据的改变驱动图表展现的改变。因此动态数据的实现也变得异常简单，只需要获取数据，填入数据，ECharts 会找到两组数据之间的差异然后通过合适的动画表现数据的变化。配合 timeline 组件能够在更高的时间维度上表现数据的信息。

14.5.2 对清洗后的数据分析

1．原始数据表的创建

启动 hive 后创建原始数据表。

1）登录日志表

```
hive> create table loginlog(
```

```
    > valid string,
    > logintime string,
    > time string,
    > loginname string,
    > lid string,
    > loginip string,
    > loginstate string,
    > isdelete string)
> row format delimited
> fields terminated by '\001';
```

2)模块操作表

```
hive>create table operationlog(
    >valid string,
    >ocontent string,
    >omodule string,
    >operationip string,
    >oid string,
    >state string,
    >isdelete string,
    >userid string,
    >operationtime string,
    >time string,
    >username string)
>row format delimited
>fields terminated by '\001';
```

数据装载

```
hive>load data inpath '/aa.txt' into table loginlog;
```

2. 查看表中的数据(见图 14-15)

```
hive> select * from loginlog limit 10;
OK
false   2018-12-28      17:29:15        wzxfq   367.0   192.168.0.138   1.0     0.0
false   2018-12-28      17:29:16        wzxfq   371.0   192.168.0.138   1.0     0.0
false   2019-01-02      15:28:46        wzxfq   504.0   192.168.0.135   1.0     0.0
false   2018-12-28      17:30:31        wzxfq   387.0   192.168.0.138   1.0     0.0
false   2018-12-28      17:30:31        wzxfq   388.0   192.168.0.138   1.0     0.0
false   2018-12-28      17:30:31        wzxfq   389.0   192.168.0.138   1.0     0.0
false   2018-12-28      17:29:23        wzxfq   373.0   192.168.0.138   1.0     0.0
false   2018-12-28      17:29:23        wzxfq   372.0   192.168.0.138   1.0     0.0
false   2018-12-28      17:30:32        wzxfq   390.0   192.168.0.138   1.0     0.0
false   2019-01-02      15:29:12        wztjw   512.0   192.168.0.135   1.0     0.0
Time taken: 0.801 seconds, Fetched: 10 row(s)
```

图 14-15　Hive 表中数据

```
hive>load data inpath '/bb.txt' into table operationlog;
```

查看表中的数据，如图 14-16 所示。

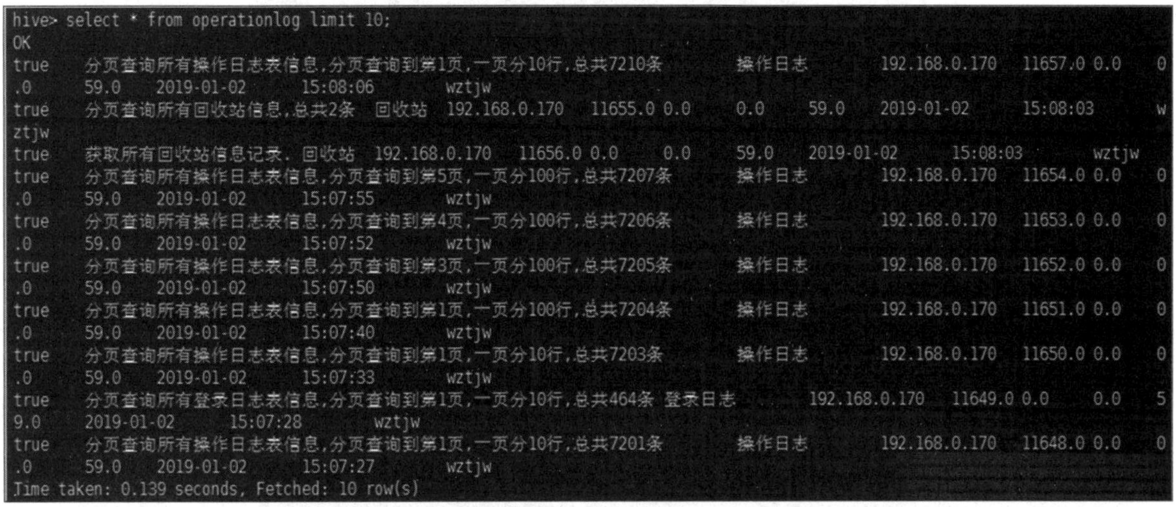

图 14-16 Hive 表中数据

3. 数据指标分析

1）登录成功人数

```
hive>create table loginsuccess(logintime string,success string);
hive>insert into loginsuccess(logintime,success) select logintime,count(1) as success from loginlog where loginstate='0.0' group by logintime;
```

查看表中的数据，如图 14-17 所示。

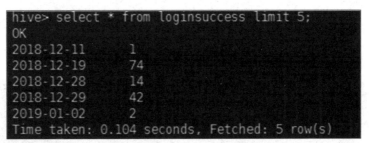

图 14-17 Hive 表查询结果

2）登录失败人数

```
hive>create table loginfailed(logintime string,failed string);
hive>insert into loginfailed(logintime,failed) select logintime,count(1) as failed from loginlog where loginstate='1.0' group by logintime;
```

查看表中的数据，如图 14-18 所示。

```
hive> select * from loginfailed limit 5;
OK
2018-12-17      1
2018-12-18      2
2018-12-19      277
2018-12-20      14
2018-12-28      28
Time taken: 0.108 seconds, Fetched: 5 row(s)
```

图 14-18　Hive 表查询结果

3）最早登录时间，最晚登录时间

```
hive>create table logintime(logintime string,firsttime string,lasttime string);
hive>Insert into logintime(logintime,firsttime,lasttime) select logintime,min(time) as firsttime,max(time) as lasttime from loginlog group by logintime;
```

查看表中的数据，如图 14-19 所示。

```
hive> select * from logintime limit 5;
OK
2018-12-11      11:53:52        11:53:52
2018-12-17      10:16:35        10:16:35
2018-12-18      09:07:10        09:07:49
2018-12-19      09:53:12        17:30:58
2018-12-20      08:43:01        09:30:25
Time taken: 0.128 seconds, Fetched: 5 row(s)
```

图 14-19　Hive 表查询结果

4）模块操作排行

```
hive>create table operationtop(omodule string,top string);
hive>insert into operationtop(omodule,top) select * from (select omodule,count(1) as top from operationlog group by omodule order by top desc) a;
```

查看表中的数据，如图 14-20 所示。

```
hive> select * from operationtop limit 10;
OK
云主机运行管理      1473
用户管理            1047
操作日志            691
上课管理            530
登录日志            512
实验云主机配置      416
回收站              326
云主机类型管理      212
镜像管理            196
快照管理            87
Time taken: 0.13 seconds, Fetched: 10 row(s)
```

图 14-20　Hive 表查询结果

14.5.3 使用 ECharts 展示

1. 使用 idea 创建项目

项目结构如图 14-21 所示。

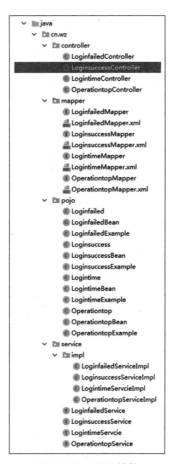

图 14-21 项目结构

2. 登录成功人数

1）创建封装数据的 javaBean（LoginsuccessBean）

```
public class LoginsuccessBean {
  private String[] logintime;
  private String[] success;
  public void setlogintime(String[] logintime) {
     this.logintime=logintime;
  }
  public void setSuccess(String[] success) {
     this.success=success;
  }
  public String[] getlogintime() {
    return logintime;
  }
```

```java
    public String[] getSuccess() {
      return success;
    }
}
```

2) 接口（LoginsuccessService）

```java
public interface LoginsuccessService {
  public String getLoginsuccessDates(String startDate,String endDate);
}
```

3) 实现类（LoginsuccessServiceImpl）

```java
import com.fasterxml.jackson.core.JsonProcessingException;
import com.fasterxml.jackson.databind.ObjectMapper;
import cn.wz.mapper.LoginsuccessMapper;
import cn.wz.pojo.Loginsuccess;
import cn.wz.pojo.LoginsuccessBean;
import cn.wz.pojo.LoginsuccessExample;
import cn.wz.service.LoginsuccessService;
import org.springframework.beans.factory.annotation.Autowired;
import org.springframework.stereotype.Service;
import java.util.List;
@Service
public class LoginsuccessServiceImpl implements LoginsuccessService {
  @Autowired
  private LoginsuccessMapper mapper;
  @Override
  public String getLoginsuccessDates(String startDate,String endDate) {
    LoginsuccessExample example=new LoginsuccessExample();
    LoginsuccessExample.Criteria criteria=example.createCriteria();
    // 添加排序条件
    //example.setOrderByClause("'success' ASC");
    // 将查询结果封装到一个 list 集合中
    List<Loginsuccess> list=mapper.selectByExample(example);
    // 数组大小
    int size=5;
    String[] logintime=new String[size];
    String[] success=new String[size];
    // 遍历集合，将数据放到定义的数组中
    int i=0;
    for(Loginsuccess loginsuccess: list){
      logintime[i]=loginsuccess.getLogintime();
      success[i]=loginsuccess.getSuccess();
      i++;
    }
```

```java
    //将数组封装到对象中
    LoginsuccessBean bean=new LoginsuccessBean();
    bean.setlogintime(logintime);
    bean.setSuccess(success);
    //将数据转成json并返回
    ObjectMapper om=new ObjectMapper();
    String beanJson=null;
    try {
      beanJson=om.writeValueAsString(bean);
    } catch (JsonProcessingException e) {
      e.printStackTrace();
    }
    return beanJson;
  }
}
```

4）LoginsuccessController

```java
import cn.wz.service.LoginsuccessService;
import org.springframework.beans.factory.annotation.Autowired;
import org.springframework.stereotype.Controller;
import org.springframework.web.bind.annotation.RequestMapping;
import org.springframework.web.bind.annotation.ResponseBody;

/**
 * 登录成功人数
 */
@Controller
public class LoginsuccessController {
  @Autowired
  private LoginsuccessService loginsuccessService;
  @RequestMapping("/")
  public String showIndex2() {
    return "index";
  }

  @RequestMapping("/index")
  public String showIndex() {
    return "index";
  }
  @RequestMapping(value="/loginSuccess",produces="application/json;charset=UTF-8")
  @ResponseBody
  public String getLoginsuccessDates(){
```

```
        // 调用 service 层的方法, 传入参数（参数一是开始时间, 参数二是结束时间）
        String string=loginsuccessService.getLoginsuccessDates("2018-12-11","2018-12-29");
        return string;
    }
}
```

3. 登录失败

1）创建封装数据的 javaBean（LoginfailedBean）

```
public class LoginfailedBean {
  private String[] logintime;
  private String[] failed;
  public void setLogintime(String[] logintime) {
    this.logintime=logintime;
  }
  public void setFailed(String[] failed) {
    this.failed=failed;
  }
  public String[] getLogintime() {
    return logintime;
  }
  public String[] getFailed() {
    return failed;
  }
}
```

2）接口（LoginfailedService）

```
public interface LoginfailedService {
  public String getLoginfailedDates(String startDate,String endDate);
}
```

3）实现类（LoginfailedServiceImpl）

```
import com.fasterxml.jackson.core.JsonProcessingException;
import com.fasterxml.jackson.databind.ObjectMapper;
import cn.wz.mapper.LoginfailedMapper;
import cn.wz.pojo.Loginfailed;
import cn.wz.pojo.LoginfailedBean;
import cn.wz.pojo.LoginfailedExample;
import cn.wz.service.LoginfailedService;
import org.springframework.beans.factory.annotation.Autowired;
import org.springframework.stereotype.Service;
import java.util.List;
@Service
```

```java
public class LoginfailedServiceImpl implements LoginfailedService {
    @Autowired
    private LoginfailedMapper mapper;
    @Override
    public String getLoginfailedDates(String startDate,String endDate) {
        LoginfailedExample example=new LoginfailedExample();
        LoginfailedExample.Criteria criteria=example.createCriteria();
        //添加排序条件
        //example.setOrderByClause("'failed' DESC");
        //将查询结果封装到一个lis集合中
        List<Loginfailed> list=mapper.selectByExample(example);
        //数组大小
        int size=7;
        String[] logintime=new String[size];
        String[] failed=new String[size];
        //遍历集合，将数据放到定义的数组中
        int i=0;
        for (Loginfailed loginfailed: list){
            logintime[i]=loginfailed.getLogintime();
            failed[i]=loginfailed.getFailed();
            i++;
        }
        //将数组封装到对象中
        LoginfailedBean bean=new LoginfailedBean();
        bean.setLogintime(logintime);
        bean.setFailed(failed);
        //将数据转成json并返回
        ObjectMapper om=new ObjectMapper();
        String beanJson=null;
        try {
            beanJson=om.writeValueAsString(bean);
        } catch(JsonProcessingException e) {
            e.printStackTrace();
        }
        return beanJson;
    }
}
```

4）LoginfailedController

```java
import cn.wz.service.LoginfailedService;
import org.springframework.beans.factory.annotation.Autowired;
import org.springframework.stereotype.Controller;
```

```java
import org.springframework.web.bind.annotation.RequestMapping;
import org.springframework.web.bind.annotation.ResponseBody;
/**
* 登录失败人数
*/
@Controller
public class LoginfailedController {
  @Autowired
  private LoginfailedService loginfailedService;
  @RequestMapping(value="/loginFailed",produces="application/json;charset=UTF-8")
  @ResponseBody
  public String getLoginfailedDates(){
    // 调用service层的方法，传入参数（参数一是开始时间，参数二是结束时间）
    String string=loginfailedService.getLoginfailedDates("2018-12-17","2018-12-29");
    return string;
  }
}
```

4．最早登录时间与最晚登录时间

1）创建封装数据的javaBean（LogintimeBean）

```java
public class LogintimeBean {
  private String[] logintime;
  private String[] firsttime;
  private String[] lasttime;
  public void setLogintime(String[] logintime) {
    this.logintime=logintime;
  }
  public void setFirsttime(String[] firsttime) {
    this.firsttime=firsttime;
  }
  public void setLasttime(String[] lasttime) {
    this.lasttime=lasttime;
  }
  public String[] getLogintime() {
    return logintime;
  }
  public String[] getFirsttime() {
    return firsttime;
  }
  public String[] getLasttime() {
    return lasttime;
```

      }
}

2）接口（LogintimeServcie）

```
public interface LogintimeServcie {
  public String getLogintimeDates(String startDate,String endDate);
}
```

3）实现类（LogintimeServcieImpl）

```
import com.fasterxml.jackson.core.JsonProcessingException;
import com.fasterxml.jackson.databind.ObjectMapper;
import cn.wz.mapper.LogintimeMapper;
import cn.wz.pojo.Logintime;
import cn.wz.pojo.LogintimeBean;
import cn.wz.pojo.LogintimeExample;
import cn.wz.service.LogintimeServcie;
import org.springframework.beans.factory.annotation.Autowired;
import org.springframework.stereotype.Service;
import java.util.List;
@Service
public class LogintimeServcieImpl implements LogintimeServcie {
  @Autowired
  private LogintimeMapper mapper;
  @Override
  public String getLogintimeDates(String startDate,String endDate) {
    LogintimeExample example=new LogintimeExample();
    LogintimeExample.Criteria criteria=example.createCriteria();
    // 添加排序条件
    //example.setOrderByClause("'failed' DESC");
    // 将查询结果封装到一个 list 集合中
    List<Logintime> list=mapper.selectByExample(example);
    // 数组大小
    int size=8;
    String[] logintime=new String[size];
    String[] firsttime=new String[size];
    String[] lasttime=new String[size];
    // 遍历集合，将数据放到定义的数组中
    int i=0;
    for(Logintime logintime1: list){
        logintime[i]=logintime1.getLogintime();
        firsttime[i]=logintime1.getFirsttime();
        lasttime[i]=logintime1.getLasttime();
```

```
        i++;
    }
    // 将数组封装到对象中
    LogintimeBean bean=new LogintimeBean();
    bean.setLogintime(logintime);
    bean.setFirsttime(firsttime);
    bean.setLasttime(lasttime);
    // 将数据转成json并返回
    ObjectMapper om=new ObjectMapper();
    String beanJson=null;
    try {
        beanJson=om.writeValueAsString(bean);
    } catch (JsonProcessingException e) {
        e.printStackTrace();
    }
    return beanJson;
  }
}
```

4）LogintimeController

```
import cn.wz.service.LogintimeServcie;
import org.springframework.beans.factory.annotation.Autowired;
import org.springframework.stereotype.Controller;
import org.springframework.web.bind.annotation.RequestMapping;
import org.springframework.web.bind.annotation.ResponseBody;

/**
 * 最早登录时间与最晚登录时间
 */
@Controller
public class LogintimeController {
  @Autowired
  private LogintimeServcie logintimeServcie;
  @RequestMapping(value="/loginTime",produces="application/json;charset=UTF-8")
  @ResponseBody
  public String getLogintimeDates(){
    // 调用service层的方法,传入参数(参数一是开始时间,参数二是结束时间)
    String string=logintimeServcie.getLogintimeDates("2018-12-17","2018-12-29");
    return string;
  }
}
```

单元 14　基于云虚拟实训平台的学情分析系统

5．模块操作排行

1）创建封装数据的 JavaBean（OperationtopBean）

```java
public class OperationtopBean {
  private String[] omodule;
  private String[] top;
  public void setOmodule(String[] omodule) {
    this.omodule=omodule;
  }
  public void setTop(String[] top) {
    this.top=top;
  }
  public String[] getOmodule() {
    return omodule;
  }
  public String[] getTop() {
    return top;
  }
}
```

2）接口（OperationtopService）

```java
public interface OperationtopService {
  public String getLogintimeDates();
}
```

3）实现类（OperationtopServiceImpl）

```java
import cn.wz.mapper.OperationtopMapper;
import cn.wz.pojo.Operationtop;
import cn.wz.pojo.OperationtopBean;
import cn.wz.pojo.OperationtopExample;
import cn.wz.pojo.OperationtopExample.Criteria;
import cn.wz.service.OperationtopService;
import com.fasterxml.jackson.core.JsonProcessingException;
import com.fasterxml.jackson.databind.ObjectMapper;
import org.springframework.beans.factory.annotation.Autowired;
import org.springframework.stereotype.Service;
import java.util.List;
@Service
public class OperationtopServiceImpl implements OperationtopService {

@Autowired
private OperationtopMapper mapper;

@Override
public String getLogintimeDates() {
```

```java
OperationtopExample example=new OperationtopExample();
Criteria criteria=example.createCriteria();
List<Operationtop> list=mapper.selectByExample(example);
// 数组大小
int size=10;
String[] omodule=new String[size];
String[] top=new String[size];
// 遍历集合，将数据放到定义的数组中
int i=0;
for(Operationtop operationtop: list){
omodule[i]=operationtop.getOmodule();
  top[i]=operationtop.getTop();
  i++;
}
// 将数组封装到对象中
OperationtopBean bean=new OperationtopBean();
bean.setOmodule(omodule);
bean.setTop(top);
// 将数据转成 json 并返回
ObjectMapper om=new ObjectMapper();
String beanJson=null;
try {
  beanJson=om.writeValueAsString(bean);
} catch (JsonProcessingException e) {
  e.printStackTrace();
}
  return beanJson;
}
}
```

4）OperationtopController

```
import cn.wz.service.OperationtopService;
import org.springframework.beans.factory.annotation.Autowired;
import org.springframework.stereotype.Controller;
import org.springframework.web.bind.annotation.RequestMapping;
import org.springframework.web.bind.annotation.ResponseBody;
/**
 * 模块操作排行
 */
@Controller
public class OperationtopController {
  @Autowired
```

```java
    private OperationtopService service;
    @RequestMapping(value="/operationtop",produces="application/json;charset=UTF-8")
    @ResponseBody
    public String getLoginfailedDates(){
        // 调用service层的方法,传入参数(参数一是开始时间,参数二是结束时间)
        String string=service.getLogintimeDates();
        return string;
    }
}
```

5）配置文件（generatorConfig.xml）

```xml
<?xml version="1.0" encoding="UTF-8"?>
<!DOCTYPE generatorConfiguration
    PUBLIC "-//mybatis.org//DTD MyBatis Generator Configuration 1.0//EN"
    "http://mybatis.org/dtd/mybatis-generator-config_1_0.dtd">
<generatorConfiguration>
    <context id="testTables" targetRuntime="MyBatis3">
        <commentGenerator>
            <!-- 是否去除自动生成的注释? true:是 ; false:否 -->
            <property name="suppressAllComments" value="true" />
        </commentGenerator>
        <!-- 数据库连接的信息:驱动类、连接地址、用户名、密码 -->
        <jdbcConnection driverClass="com.mysql.jdbc.Driver"
            connectionURL="jdbc:mysql://192.168.0.46:3306/wzpt" userId="root"
            password="123456">
        </jdbcConnection>
        <!-- 默认值为false,把JDBC DECIMAL 和 NUMERIC 类型解析为 Integer;为 true时把
JDBC DECIMAL 和NUMERIC 类型解析为java.math.BigDecimal -->
        <javaTypeResolver>
            <property name="forceBigDecimals" value="false" />
        </javaTypeResolver>
        <!-- targetProject:生成PO类的位置 -->
        <javaModelGenerator targetPackage="cn.wz.pojo"
            targetProject=".\src">
            <!-- enableSubPackages:是否让schema作为包的后缀 -->
            <property name="enableSubPackages" value="false" />
            <!-- 从数据库返回的值被清理前后的空格 -->
            <property name="trimStrings" value="true" />
        </javaModelGenerator>
        <!-- targetProject:mapper映射文件生成的位置 -->
        <sqlMapGenerator targetPackage="cn.wz.mapper"
```

```xml
            targetProject=".\src">
            <!-- enableSubPackages:是否让 schema 作为包的后缀 -->
            <property name="enableSubPackages" value="false" />
        </sqlMapGenerator>
        <!-- targetPackage:mapper 接口生成的位置 -->
        <javaClientGenerator type="XMLMAPPER"
            targetPackage="cn.wz.mapper"
            targetProject=".\src">
            <!-- enableSubPackages:是否让 schema 作为包的后缀 -->
            <property name="enableSubPackages" value="false" />
        </javaClientGenerator>
        <!-- 指定数据库表 -->
        <table schema="" tableName="logintime"></table>
        <table schema="" tableName="loginsuccess"></table>
        <table schema="" tableName="loginfailed"></table>
        <table schema="" tableName="operationtop"></table>
    </context>
</generatorConfiguration>
```

6）代码

```java
import java.io.File;
import java.io.IOException;
import java.util.ArrayList;
import java.util.List;
import org.mybatis.generator.api.MyBatisGenerator;
import org.mybatis.generator.config.Configuration;
import org.mybatis.generator.config.xml.ConfigurationParser;
import org.mybatis.generator.exception.XMLParserException;
import org.mybatis.generator.internal.DefaultShellCallback;
public class GeneratorSqlmap {
    public void generator() throws Exception{
        List warnings=new ArrayList();
        boolean overwrite=true;
        // 指定逆向工程配置文件
        File configFile=new File("generatorConfig.xml");
        ConfigurationParser cp=new ConfigurationParser(warnings);
        Configuration config=cp.parseConfiguration(configFile);
        DefaultShellCallback callback=new DefaultShellCallback(overwrite);
        MyBatisGenerator myBatisGenerator=new MyBatisGenerator(config,callback,warnings);
        myBatisGenerator.generate(null);
    }
```

```
public static void main(String[] args) throws Exception {
  try {
    GeneratorSqlmap generatorSqlmap=new GeneratorSqlmap();
    generatorSqlmap.generator();
  } catch (Exception e) {
    e.printStackTrace();
  }
}
```

生成后的效果如图 14-22 所示。

将生成的代码拷贝到可视化项目相应的包下。

7) 可视化项目配置文件

整体配置文件结构如图 14-23 所示。

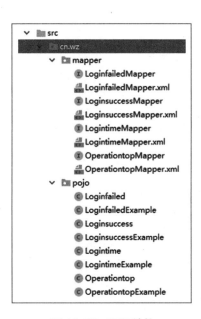
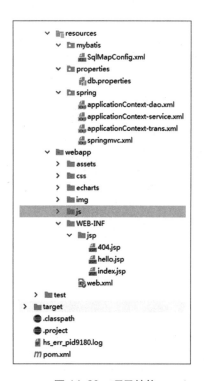

图 14-22 项目结构　　　　　　图 14-23 项目结构

8) 配置文件：pom.xml

```
<project xmlns="http://maven.apache.org/POM/4.0.0" xmlns:xsi="http://www.
w3.org/2001/XMLSchema-instance"
    xsi:schemaLocation="http://maven.apache.org/POM/4.0.0 http://maven.apache.
org/xsd/maven-4.0.0.xsd">
    <modelVersion>4.0.0</modelVersion>
    <groupId>cn.wz.hadoop</groupId>
```

```xml
<artifactId>report_data</artifactId>
<version>1.0</version>
<packaging>war</packaging>

<dependencies>
    <!-- Spring -->
    <dependency>
        <groupId>org.springframework</groupId>
        <artifactId>spring-context</artifactId>
        <version>4.2.4.RELEASE</version>
    </dependency>
    <dependency>
        <groupId>org.springframework</groupId>
        <artifactId>spring-beans</artifactId>
        <version>4.2.4.RELEASE</version>
    </dependency>
    <dependency>
        <groupId>org.springframework</groupId>
        <artifactId>spring-webmvc</artifactId>
        <version>4.2.4.RELEASE</version>
    </dependency>
    <dependency>
        <groupId>org.springframework</groupId>
        <artifactId>spring-jdbc</artifactId>
        <version>4.2.4.RELEASE</version>
    </dependency>
    <dependency>
        <groupId>org.springframework</groupId>
        <artifactId>spring-aspects</artifactId>
        <version>4.2.4.RELEASE</version>
    </dependency>
    <dependency>
        <groupId>org.springframework</groupId>
        <artifactId>spring-jms</artifactId>
        <version>4.2.4.RELEASE</version>
    </dependency>
    <dependency>
        <groupId>org.springframework</groupId>
        <artifactId>spring-context-support</artifactId>
        <version>4.2.4.RELEASE</version>
    </dependency>
    <!-- Mybatis -->
    <dependency>
```

```xml
        <groupId>org.mybatis</groupId>
        <artifactId>mybatis</artifactId>
        <version>3.2.8</version>
</dependency>
<dependency>
        <groupId>org.mybatis</groupId>
        <artifactId>mybatis-spring</artifactId>
        <version>1.2.2</version>
</dependency>
<dependency>
        <groupId>com.github.miemiedev</groupId>
        <artifactId>mybatis-paginator</artifactId>
        <version>1.2.15</version>
</dependency>
<!-- MySql -->
<dependency>
        <groupId>mysql</groupId>
        <artifactId>mysql-connector-java</artifactId>
        <version>5.1.32</version>
</dependency>
<!-- 连接池 -->
<dependency>
        <groupId>com.alibaba</groupId>
        <artifactId>druid</artifactId>
        <version>1.0.9</version>
</dependency>
<!-- JSP相关 -->
<dependency>
        <groupId>jstl</groupId>
        <artifactId>jstl</artifactId>
        <version>1.2</version>
</dependency>
<dependency>
        <groupId>javax.servlet</groupId>
        <artifactId>servlet-api</artifactId>
        <version>2.5</version>
        <scope>provided</scope>
</dependency>
<dependency>
        <groupId>javax.servlet</groupId>
        <artifactId>jsp-api</artifactId>
        <version>2.0</version>
```

```xml
            <scope>provided</scope>
        </dependency>
        <dependency>
            <groupId>junit</groupId>
            <artifactId>junit</artifactId>
            <version>4.12</version>
        </dependency>
        <dependency>
            <groupId>com.fasterxml.jackson.core</groupId>
            <artifactId>jackson-databind</artifactId>
            <version>2.4.2</version>
        </dependency>
    </dependencies>
    <!-- 指定配置文件所在路径 -->
    <build>
    <finalName>${project.artifactId}</finalName>
    <resources>
        <resource>
            <directory>src/main/java</directory>
            <includes>
                <include>**/*.properties</include>
                <include>**/*.xml</include>
            </includes>
            <filtering>false</filtering>
        </resource>
        <resource>
            <directory>src/main/resources</directory>
            <includes>
                <include>**/*.properties</include>
                <include>**/*.xml</include>
            </includes>
            <filtering>false</filtering>
        </resource>
    </resources>
    <!-- 编译插件 -->
    <plugins>
        <plugin>
            <groupId>org.apache.maven.plugins</groupId>
            <artifactId>maven-compiler-plugin</artifactId>
            <version>3.2</version>
            <configuration>
                <source>1.7</source>
```

```xml
            <target>1.7</target>
            <encoding>UTF-8</encoding>
        </configuration>
    </plugin>

    <!-- 配置Tomcat插件 -->
    <plugin>
        <groupId>org.apache.tomcat.maven</groupId>
        <artifactId>tomcat7-maven-plugin</artifactId>
        <version>2.2</version>
        <configuration>
            <path>/</path>
            <port>8080</port>
        </configuration>
    </plugin>
  </plugins>
 </build>
</project>
```

9)配置文件：SqlMapConfig.xml

```xml
<?xml version="1.0" encoding="UTF-8" ?>
<!DOCTYPE configuration PUBLIC "-//mybatis.org//DTD Config 3.0//EN" "http://mybatis.org/dtd/mybatis-3-config.dtd">
<configuration>
</configuration>
```

10)配置文件：db.properties

```
jdbc.driver=com.mysql.jdbc.Driver
jdbc.url=jdbc:mysql://localhost/wzpt?characterEncoding=utf-8
jdbc.username=root
jdbc.password=123456
```

11)配置文件：applicationContext-dao.xml

```xml
<?xml version="1.0" encoding="UTF-8"?>
<beans xmlns="http://www.springframework.org/schema/beans"
    xmlns:context="http://www.springframework.org/schema/context" xmlns:p="http://www.springframework.org/schema/p"
    xmlns:aop="http://www.springframework.org/schema/aop" xmlns:tx="http://www.springframework.org/schema/tx"
    xmlns:xsi="http://www.w3.org/2001/XMLSchema-instance"
    xsi:schemaLocation="http://www.springframework.org/schema/beans http://www.springframework.org/schema/beans/spring-beans-4.2.xsd
        http://www.springframework.org/schema/context http://www.springframework.
```

```xml
org/schema/context/spring-context-4.2.xsd
        http://www.springframework.org/schema/aop http://www.springframework.org/
schema/aop/spring-aop-4.2.xsd http://www.springframework.org/schema/tx http://www.
springframework.org/schema/tx/spring-tx-4.2.xsd
        http://www.springframework.org/schema/util http://www.springframework.org/
schema/util/spring-util-4.2.xsd">

    <!-- 数据库连接池 -->
    <!-- 加载配置文件 -->
    <context:property-placeholder location="classpath:properties/db.properties" />
    <!-- 数据库连接池 -->
    <bean id="dataSource" class="com.alibaba.druid.pool.DruidDataSource"
        destroy-method="close">
        <property name="url" value="${jdbc.url}" />
        <property name="username" value="${jdbc.username}" />
        <property name="password" value="${jdbc.password}" />
        <property name="driverClassName" value="${jdbc.driver}" />
        <property name="maxActive" value="10" />
        <property name="minIdle" value="5" />
    </bean>
    <!-- 让spring管理sqlsessionfactory 使用mybatis和spring整合包中的 -->
    <bean id="sqlSessionFactory" class="org.mybatis.spring.SqlSessionFactoryBean">
        <!-- 数据库连接池 -->
        <property name="dataSource" ref="dataSource" />
        <!-- 加载mybatis的全局配置文件 -->
        <property name="configLocation" value="classpath:mybatis/SqlMapConfig.xml" />
    </bean>
    <bean class="org.mybatis.spring.mapper.MapperScannerConfigurer">
        <property name="basePackage" value="cn.wz.mapper" />
    </bean>
</beans>
```

12) 配置文件：applicationContext-service.xml

```xml
<?xml version="1.0" encoding="UTF-8"?>
<beans xmlns="http://www.springframework.org/schema/beans"
    xmlns:context="http://www.springframework.org/schema/context" xmlns:p="http://www.
springframework.org/schema/p"
    xmlns:aop="http://www.springframework.org/schema/aop" xmlns:tx="http://www.
springframework.org/schema/tx"
    xmlns:xsi="http://www.w3.org/2001/XMLSchema-instance"
    xsi:schemaLocation="http://www.springframework.org/schema/beans http://www.
springframework.org/schema/beans/spring-beans-4.2.xsd
```

```
        http://www.springframework.org/schema/context http://www.springframework.org/
schema/context/spring-context-4.2.xsd
        http://www.springframework.org/schema/aop http://www.springframework.org/schema/
aop/spring-aop-4.2.xsd http://www.springframework.org/schema/tx http://www.
springframework.org/schema/tx/spring-tx-4.2.xsd
        http://www.springframework.org/schema/util http://www.springframework.org/schema/
util/spring-util-4.2.xsd">
        <!-- 配置包扫描器，扫描所有带 @Service 注解的类 -->
        <context:component-scan base-package="cn.wz.service"/>
    </beans>
```

13）配置文件：applicationContext-trans.xml

```
    <?xml version="1.0" encoding="UTF-8"?>
    <beans xmlns="http://www.springframework.org/schema/beans"
        xmlns:context="http://www.springframework.org/schema/context" xmlns:p="http://
www.springframework.org/schema/p"
        xmlns:aop="http://www.springframework.org/schema/aop" xmlns:tx="http://www.
springframework.org/schema/tx"
        xmlns:xsi="http://www.w3.org/2001/XMLSchema-instance"
        xsi:schemaLocation="http://www.springframework.org/schema/beans http://www.
springframework.org/schema/beans/spring-beans-4.2.xsd
        http://www.springframework.org/schema/context http://www.springframework.
org/schema/context/spring-context-4.2.xsd
        http://www.springframework.org/schema/aop http://www.springframework.org/
schema/aop/spring-aop-4.2.xsd http://www.springframework.org/schema/tx http://www.
springframework.org/schema/tx/spring-tx-4.2.xsd
        http://www.springframework.org/schema/util http://www.springframework.org/
schema/util/spring-util-4.2.xsd">
        <!-- 事务管理器 -->
        <bean id="transactionManager"
            class="org.springframework.jdbc.datasource.DataSourceTransactionManager">
            <!-- 数据源 -->
            <property name="dataSource" ref="dataSource" />
        </bean>
        <!-- 通知 -->
        <tx:advice id="txAdvice" transaction-manager="transactionManager">
            <tx:attributes>
                <!-- 传播行为 -->
                <tx:method name="save*" propagation="REQUIRED" />
                <tx:method name="insert*" propagation="REQUIRED" />
                <tx:method name="add*" propagation="REQUIRED" />
                <tx:method name="create*" propagation="REQUIRED" />
```

```xml
            <tx:method name="delete*" propagation="REQUIRED" />
            <tx:method name="update*" propagation="REQUIRED" />
            <tx:method name="find*" propagation="SUPPORTS" read-only="true" />
            <tx:method name="select*" propagation="SUPPORTS" read-only="true" />
            <tx:method name="get*" propagation="SUPPORTS" read-only="true" />
        </tx:attributes>
    </tx:advice>
    <!-- 切面 -->
    <aop:config>
        <aop:advisor advice-ref="txAdvice"
            pointcut="execution(* cn.wz.service..*.*(..))" />
    </aop:config>
</beans>
```

14) 配置文件：springmvc.xml

```xml
<?xml version="1.0" encoding="UTF-8"?>
<beans xmlns="http://www.springframework.org/schema/beans"
    xmlns:xsi="http://www.w3.org/2001/XMLSchema-instance" xmlns:p="http://www.springframework.org/schema/p"
    xmlns:context="http://www.springframework.org/schema/context"
    xmlns:mvc="http://www.springframework.org/schema/mvc"
    xsi:schemaLocation="http://www.springframework.org/schema/beans http://www.springframework.org/schema/beans/spring-beans-4.2.xsd
    http://www.springframework.org/schema/mvc http://www.springframework.org/schema/mvc/spring-mvc-4.2.xsd
    http://www.springframework.org/schema/context http://www.springframework.org/schema/context/spring-context-4.2.xsd">
    <!-- 扫描指定包路径，使路径当中的@controller注解生效 -->
    <context:component-scan base-package="cn.wz.controller"/>
    <!-- mvc的注解驱动，加载推荐的 -->
    <mvc:annotation-driven/>
    <bean class="org.springframework.web.servlet.view.InternalResourceViewResolver">
        <property name="prefix" value="/WEB-INF/jsp/"/>
        <property name="suffix" value=".jsp"/>
    </bean><!--InternalResourceViewResolver为内部资源解析器,可以访问web-inf下的jsp等外部程序访问不到的文件  -->
    <!-- 配置资源映射 -->
    <mvc:resources location="/css/" mapping="/css/**"/>
    <mvc:resources location="/js/" mapping="/js/**"/>
    <mvc:resources location="/echarts/" mapping="/echarts/**"/>
    <mvc:resources location="/assets/" mapping="/assets/**"/>
    <mvc:resources location="/img/" mapping="/img/**"/>
```

```xml
        </beans>
```
15) 配置文件：web.xml

```xml
<?xml version="1.0" encoding="UTF-8"?>
<web-app xmlns:xsi="http://www.w3.org/2001/XMLSchema-instance"
    xmlns="http://java.sun.com/xml/ns/javaee"
   xsi:schemaLocation="http://java.sun.com/xml/ns/javaee http://java.sun.com/xml/ns/javaee/web-app_2_5.xsd"
    version="2.5">
    <display-name>report_data</display-name>
    <welcome-file-list>
        <welcome-file>index.html</welcome-file>
    </welcome-file-list>
    <!-- 加载spring容器 -->
    <context-param>
        <param-name>contextConfigLocation</param-name>
        <param-value>classpath:spring/applicationContext-*.xml</param-value>
    </context-param>
    <listener>
        <listener-class>org.springframework.web.context.ContextLoaderListener</listener-class>
    </listener>
    <!-- 解决post乱码 -->
    <filter>
        <filter-name>CharacterEncodingFilter</filter-name>
         <filter-class>org.springframework.web.filter.CharacterEncodingFilter</filter-class>
        <init-param>
            <param-name>encoding</param-name>
            <param-value>utf-8</param-value>
        </init-param>
    </filter>
    <filter-mapping>
        <filter-name>CharacterEncodingFilter</filter-name>
        <url-pattern>/*</url-pattern>
    </filter-mapping>
    <!-- springmvc的前端控制器 -->
    <servlet>
        <servlet-name>data-report</servlet-name>
        <servlet-class>org.springframework.web.servlet.DispatcherServlet</servlet-class>
            <!-- contextConfigLocation不是必需的，如果不配置contextConfigLocation,
```

springmvc 的配置文件默认在：WEB-INF/servlet 的 name+"-servlet.xml" -->
```xml
        <init-param>
            <param-name>contextConfigLocation</param-name>
            <param-value>classpath:spring/springmvc.xml</param-value>
        </init-param>
        <load-on-startup>1</load-on-startup>
    </servlet>
    <servlet-mapping>
        <servlet-name>data-report</servlet-name>
        <url-pattern>/</url-pattern><!-- 拦截所有请求  jsp 除外 -->
    </servlet-mapping>

    <!-- 全局错误页面 -->
    <error-page>
        <error-code>404</error-code>
        <location>/WEB-INF/jsp/404.jsp</location>
    </error-page>
</web-app>
```

16）配置文件：jsp 页面（index.jsp）

```jsp
    <%@ page language="java" contentType="text/html; charset=UTF-8"pageEncoding="UTF-8" %>
    <!DOCTYPE html>
    <html lang="en">
    <head>
      <!-- BEGIN META -->
      <meta charset="utf-8">
      <meta name="viewport" content="width=device-width,initial-scale=1.0">
      <meta name="description" content="">
      <meta name="author" content="Olive Enterprise">
      <!-- END META -->
      <script src="/js/jquery-1.11.3.min.js"></script>
      <script src="/js/echarts.min.js"></script>
      <script src="/js/china.js"></script>
      <!-- BEGIN SHORTCUT ICON -->
      <link rel="shortcut icon" href="/img/favicon.ico">
      <!-- END SHORTCUT ICON -->
      <title>流量运营分析 - 全站数据平台</title>
      <!-- BEGIN STYLESHEET-->
      <link href="/css/bootstrap.min.css" rel="stylesheet">
      <!-- BOOTSTRAP CSS -->
```

```html
<link href="/css/bootstrap-reset.css" rel="stylesheet">
<!-- BOOTSTRAP CSS -->
<link href="/assets/font-awesome/css/font-awesome.css" rel="stylesheet">
<!-- FONT AWESOME ICON CSS -->
<link href="/css/style.css" rel="stylesheet">
<!-- THEME BASIC CSS -->
<link href="/css/style-responsive.css" rel="stylesheet">
<!-- THEME RESPONSIVE CSS -->
<link href="/assets/morris.js-0.4.3/morris.css" rel="stylesheet">
<!-- MORRIS CHART CSS -->
<!--dashboard calendar-->
<link href="/css/clndr.css" rel="stylesheet">
<!-- CALENDER CSS -->
<!--[if lt IE 9]>
<script src="js/html5shiv.js">
</script>
<script src="js/respond.min.js">
</script>
<![endif]-->
<!-- END STYLESHEET-->
</head>
<body>
<!-- BEGIN SECTION -->
<section id="container">
  <!-- BEGIN MAIN CONTENT-->
  <section id="main-content">
    <!-- BEGIN WRAPPER   -->
    <section class="wrapper">
      <!-- BEGIN ROW   登录成功人数 -->
      <div class="row">
        <div class="col-lg-6 col-sm-6">
          <section class="panel">
            <div class="panel-body">
              <div id="main1" style="width: 100%; height: 400px;"></div>
              <script type="text/javascript">
                $(document).ready(
                  function () {
                    var myChart=echarts.init(document.getElementById('main1'));
                    // 显示标题，图例和空的坐标轴
                    myChart.setOption({
                      title: {
                        text: '登录成功人数',
                      },
```

```
        tooltip: {},
        legend: {
          data: ['时间与人数']
        },
        xAxis: {
          data: []
        },
        yAxis: {
          splitLine:{
            show: false              //去除网格线
          },
        },
        series: [{
          name: '时间与人数',
          barWidth : 30,             //柱图宽度
          type: 'bar',
          data: []
        }]
      });
      //loading 动画
      myChart.showLoading();
      // 异步加载数据
      $.get('http://localhost:8080/loginSuccess').done(function(data){
        // 填入数据
        myChart.setOption({
          xAxis: {
            data: data.logintime
          },
          series: [{
            // 根据名字对应到相应的系列
            name: '数量',
            data: data.success
          }]
        });
        // 数据加载完成后再调用 hideLoading 方法隐藏加载动画
        myChart.hideLoading();
      });
    });
  </script>
 </div>
</section>
```

```html
        </div>
    </div>
<!-- END ROW  -->
<!-- BEGIN ROW  登录失败人数 -->
  <div class="row">
    <div class="col-lg-6 col-sm-6">
      <section class="panel">
        <div class="panel-body">
          <div id="main2" style="width: 100%; height: 400px;"> </div>
          <script type="text/javascript">
            $(document).ready(
              function () {
                var myChart=echarts.init(document.getElementById('main2'));
                // 显示标题,图例和空的坐标轴
                myChart.setOption({
                  title: {
                    text: '登录失败人数',
                  },
                  tooltip: {},
                  legend: {
                    data: ['时间与人数']
                  },
                  xAxis: {
                    data: []
                  },
                  yAxis: {
                    splitLine:{
                      show: false      // 去除网格线
                    },
                  },
                  series: [{
                    name: '时间与人数',
                    barWidth : 30,    // 柱图宽度
                    type: 'bar',
                    data: []
                  }]
                });
                //loading 动画
                myChart.showLoading();
                // 异步加载数据
                $.get('http://localhost:8080/loginFailed').done(function (data){
```

```
                    // 填入数据
                    myChart.setOption({
                      xAxis: {
                        data: data.logintime
                      },
                      series: [{
                        // 根据名字对应到相应的系列
                        name: '数量',
                        data: data.failed
                      }]
                    });
                    // 数据加载完成后再调用 hideLoading 方法隐藏加载动画
                    myChart.hideLoading();
                  });
                });
            </script>

        </div>
    </section>
  </div>
</div>
<!-- END ROW   -->
<!-- BEGIN ROW  最早登录时间/最晚登录时间 -->
<div class="row">
   <div class="col-lg-6 col-sm-6">
      <section class="panel">
         <div class="panel-body">
            <div id="main3" style="width: 100%; height: 400px;"></div>
            <script type="text/javascript">
              $(document).ready(
                function () {
                  var myChart=echarts.init(document.getElementById('main3'));
                  //loading 动画
                  // myChart.showLoading();
                  // 异步加载数据
                  $.get('http://localhost:8080/loginTime').done(function (data){
                    // 填入数据
                    var sersor1=new Array();
                    var sersor2=new Array();
                    for(var i=0;i<data.firsttime.length;i++){
```

```
    sersor1.push(setTimeToValue (data.firsttime[i]));
  }
  for(var i=0;i<data.lasttime.length;i++){
    sersor2.push(setTimeToValue(data.lasttime[i]));
  }
// 显示标题，图例和空的坐标轴
myChart.setOption({
  title : {
    text: '登录时间',

  },
  tooltip:{
      trigger:'axis',
      axisPointer:{   // 坐标轴指示器，坐标轴触发有效
        type:'line'       // 默认为直线，可选为：'line'| 'shadow'
      },
      formatter:function(params) // 数据格式
      {
          var relVal="";
          relVal+= params[0].seriesName+':'+setValueToTime(params[0].value)+"<br/>";
          relVal+= params[1].seriesName+':'+setValueToTime(params[1].value)+"<br/>";
          return relVal;
      }
  },
  grid: {
    left: '3%',
      top:'15%',
      containLabel: true
  },
  legend: {
      data:['最早登录时间','最晚登录时间']
  },
  xAxis:[
    {
        splitLine:{
          show: false    // 去除网格线
        },
        type:'category',
```

```
            boundaryGap:false,
            data:data.logintime
        }
    ],
    yAxis : {
        type : 'value',
        splitLine:{
            show: false         //去除网格线
        },
        axisLabel: {
            formatter: function (value) {
                console.log(setValueToTime(value))
                return setValueToTime(value);
            }
        }
    }
    ,
    series : [
    {
        name:'最早登录时间',
        type:'line',
        areaStyle: {
            normal: {type: 'default',
            color: new echarts.graphic.LinearGradient(0,0,0,1,[{
                offset: 0,
                color: 'rgba(000,000,000,0)'
            },{
                offset: 1,
                color: 'rgba(000,000,000,0)'
            }],false)
        }
    },
    smooth:true,
    itemStyle: {
        normal: {areaStyle: {type: 'default'}}
    },
    data:sersor1
    },
    {
        name:'最晚登录时间',
```

```
                            type:'line',
                            areaStyle: {
                              normal: {type: 'default',
                                color: new echarts.graphic.LinearGradient(0,0,0,1,[{
                                  offset: 0,
                                  color: 'rgba(000,000,000,0)'
                                },{
                                  offset: 1,
                                  color: 'rgba(000,000,000,0)'
                                }],false)
                              }
                            },
                            smooth:true,
                            itemStyle: {normal: {areaStyle: {type: 'default'}}},
                            data:sersor2
                          }
                        ]
                      });
                    });
                  });
                  //09:36:51
                  function setTimeToValue(time) {
                    var times=new Array();
                    times=time.split(":");
                    return parseInt(times[0])*60*60+parseInt(times[1])*60+parseInt(times[2]);
                  }

                  function setValueToTime(value) {
                    var hours=parseInt(value/3600);
                    var minutesAndSenceds=value%3600;
                    var minutes=parseInt(minutesAndSenceds/60);
                    var senceds=minutesAndSenceds%60;
                    return (hours<10?("0"+hours):hours)+":"+(minutes<10?("0"+minutes):minutes)+":"+(senceds<10?("0"+senceds):senceds);
                  }
                </script>

            </div>
        </section>
```

```html
            </div>
        </div>
        <!-- END ROW   -->
        <!-- BEGIN ROW   模块操作 -->
        <div class="row">
            <div class="col-lg-6 col-sm-6">
                <section class="panel">
                    <div class="panel-body">
                        <div id="main4" style="width: 100%; height: 400px;"></div>
                        <script type="text/javascript">
                            $(document).ready(
                                function () {
                                    var myChart=echarts.init(document.getElementById('main4'));
                                    // 显示标题，图例和空的坐标轴
                                    myChart.setOption({
                                        title: {
                                            text: '模块操作',
                                        },
                                        grid: {
                                            left: '0',
                                            top:'15%',
                                            right:'0',
                                            containLabel: true
                                        },
                                        tooltip: {},
                                        legend: {
                                            data: ['模块名称与操作数量']
                                        },
                                        xAxis: {
                                            axisLabel:{interval: 0},
                                            data: [],
                                        },
                                        yAxis: {
                                            splitLine:{
                                                show: false       //去除网格线
                                            },
                                        },
                                        series: [{
                                            name: '模块名称与操作数量',
                                            type: 'bar',
```

```
                    barWidth : 30,        //柱图宽度
                    data: []
                }]
            });
            //loading 动画
            myChart.showLoading();
            // 异步加载数据
            $.get('http://localhost:8080/operationtop').done(function (data) {
                for(var i=0;i<data.omodule.length;i++){
                    if(data.omodule[i].length>4){
                        var v=data.omodule[i];
                        data.omodule[i]=v.substring(0,4)+"\n"+v.substring(5,v.length);
                    }
                }
                // 填入数据
                myChart.setOption({
                    xAxis: {
                        data: data.omodule
                    },
                    series: [{
                        // 根据名字对应到相应的系列
                        name: '数量',
                        data: data.top
                    }]
                });
                // 数据加载完成后再调用 hideLoading 方法隐藏加载动画
                myChart.hideLoading();
            });
        });
    </script>
                </div>
            </section>
        </div>
    </div>
    <!-- END ROW -->

</section>
<!-- END WRAPPER -->
</section>
<!-- END MAIN CONTENT -->
```

```html
            <!-- BEGIN FOOTER -->
        <!-- END  FOOTER -->
        </section>
        <!-- END SECTION -->
        <!-- BEGIN JS -->

        <!-- BASIC JQUERY 1.8.3 LIB. JS -->
        <script src="js/bootstrap.min.js"></script>
        <!-- BOOTSTRAP JS -->
        <script src="js/jquery.dcjqaccordion.2.7.js"></script>
        <!-- ACCORDIN JS -->
        <script src="js/jquery.scrollTo.min.js"></script>
        <!-- SCROLLTO JS -->
        <script src="js/jquery.nicescroll.js"></script>
        <!-- NICESCROLL JS -->
        <script src="js/respond.min.js"></script>
        <!-- RESPOND JS -->
        <script src="js/jquery.sparkline.js"></script>
        <!-- SPARKLINE JS -->
        <script src="js/sparkline-chart.js"></script>
        <!-- SPARKLINE CHART JS -->
        <script src="js/common-scripts.js"></script>
        <!-- BASIC COMMON JS -->
        <script src="js/count.js"></script>
        <!-- COUNT JS -->
        <!--Morris-->
        <script src="assets/morris.js-0.4.3/morris.min.js"></script>
        <!-- MORRIS JS -->
        <script src="assets/morris.js-0.4.3/raphael-min.js"></script>
        <!-- MORRIS  JS -->
        <script src="js/chart.js"></script>
        <!-- CHART JS -->
        <!--Calendar-->
        <script src="js/calendar/clndr.js"></script>
        <!-- CALENDER JS -->
        <script src="js/calendar/evnt.calendar.init.js"></script>
        <!-- CALENDER EVENT JS -->
        <script src="js/calendar/moment-2.2.1.js"></script>
        <!-- CALENDER MOMENT JS -->
        <!-- <script src="http://cdnjs.cloudflare.com/ajax/libs/underscore.js/1.5.2/underscore-min.js"></script> -->
```

```
    <!-- UNDERSCORE JS -->
    <script src="assets/jquery-knob/js/jquery.knob.js"></script>
    <!-- JQUERY KNOB JS -->
    <script>
        //knob
        $(".knob").knob();
    </script>
    <!-- END JS -->
</body>
</html>
```

17）访问 web 页面

项目启动后在浏览器中输入 http://localhost:8080。

6. 访问 web 页面

先启动项目：

右击项目，在弹出的快捷菜单中选择 Run As → Maven Build 命令，如图 14-24 所示。

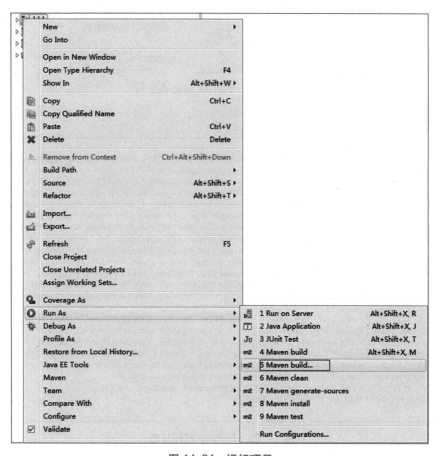

图 14-24　运行项目

启动命令为 tomcat7:run，如图 14-25 所示。

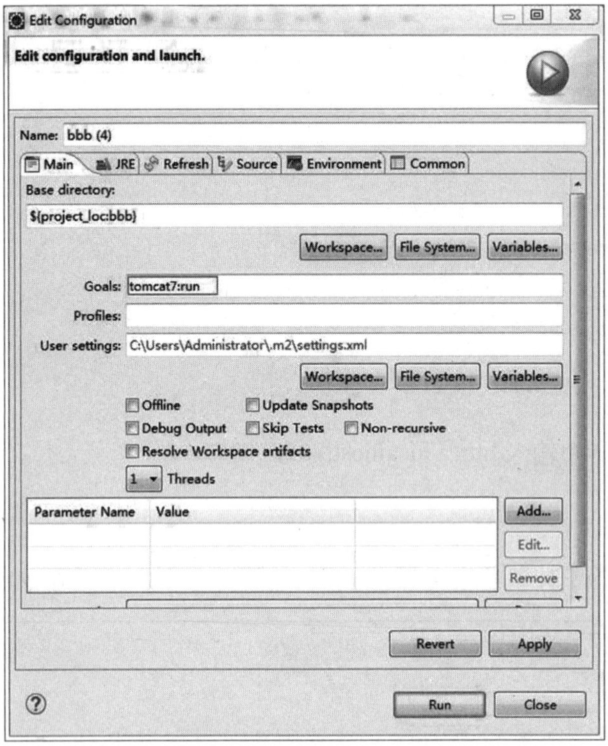

图 14-25　Eclipse 启动项目

控制台日志打印，如图 14-26 所示。

```
三月05, 2019 3:27:20 下午org.springframework.web.servlet.mvc.method.annotation.RequestMappingHandlerMa
信息: Mapped "{[/loginTime],produces=[application/json;charset=UTF-8]}" onto public java.lang.String c
三月05, 2019 3:27:20 下午org.springframework.web.servlet.mvc.method.annotation.RequestMappingHandlerMa
信息: Mapped "{[/operationtop],produces=[application/json;charset=UTF-8]}" onto public java.lang.Strin
三月05, 2019 3:27:21 下午org.springframework.web.servlet.mvc.method.annotation.RequestMappingHandlerAd
信息: Looking for @ControllerAdvice: WebApplicationContext for namespace 'data-report-servlet': startu
三月05, 2019 3:27:21 下午org.springframework.web.servlet.mvc.method.annotation.RequestMappingHandlerAd
信息: Looking for @ControllerAdvice: WebApplicationContext for namespace 'data-report-servlet': startu
三月05, 2019 3:27:21 下午org.springframework.web.servlet.handler.SimpleUrlHandlerMapping registerHandl
信息: Mapped URL path [/css/**] onto handler 'org.springframework.web.servlet.resource.ResourceHttpReq
三月05, 2019 3:27:21 下午org.springframework.web.servlet.handler.SimpleUrlHandlerMapping registerHandl
信息: Mapped URL path [/js/**] onto handler 'org.springframework.web.servlet.resource.ResourceHttpRequ
三月05, 2019 3:27:21 下午org.springframework.web.servlet.handler.SimpleUrlHandlerMapping registerHandl
信息: Mapped URL path [/echarts/**] onto handler 'org.springframework.web.servlet.resource.ResourceHtt
三月05, 2019 3:27:21 下午org.springframework.web.servlet.handler.SimpleUrlHandlerMapping registerHandl
信息: Mapped URL path [/assets/**] onto handler 'org.springframework.web.servlet.resource.ResourceHttp
三月05, 2019 3:27:21 下午org.springframework.web.servlet.handler.SimpleUrlHandlerMapping registerHandl
信息: Mapped URL path [/img/**] onto handler 'org.springframework.web.servlet.resource.ResourceHttpReq
三月05, 2019 3:27:21 下午org.springframework.web.servlet.DispatcherServlet initServletBean
信息: FrameworkServlet 'data-report': initialization completed in 990 ms
三月05, 2019 3:27:21 下午org.apache.coyote.AbstractProtocol start
信息: Starting ProtocolHandler ["http-bio-8080"]
```

图 14-26　Eclipse 打印日志

项目启动后在浏览器中输入 http://localhost:8080，页面效果如图 14-27 和图 14-28 所示。

单元 14　基于云虚拟实训平台的学情分析系统

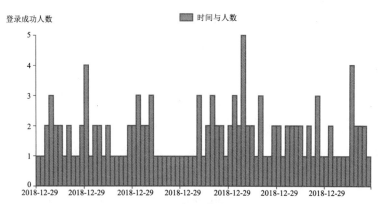

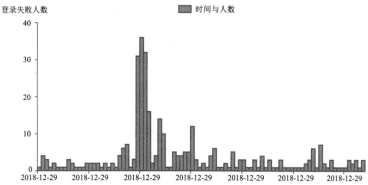

图 14-27　可视化效果

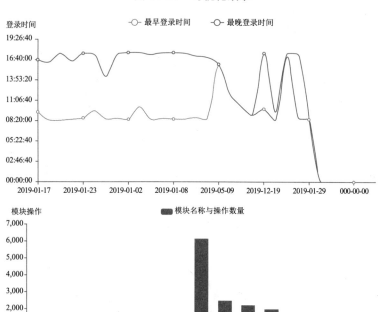

图 14-28　可视化效果

参 考 文 献

[1] 怀特. Hadoop 权威指南（第 3 版）[M]. 曾大聃，周傲英，译. 北京：清华大学出版社，2015.

[2] 刘鹏. 实战 Hadoop：开启通向云计算的捷径 [M]. 北京：电子工业出版社，2011.

[3] 杨巨龙. 大数据技术全解：基础、设计、开发与实践 [M]. 北京：电子工业出版社，2014.

[4] 中科普开. 大数据技术基础 [M]. 北京：人民邮电出版社，2016.

[5] 林子雨. 大数据技术原理与应用 [M]. 北京：人民邮电出版社，2017.

[6] 时允田. Hadoop 大数据开发案例教程与项目实战 [M]. 北京：人民邮电出版社，2017.

[7] 安俊秀. Hadoop 大数据开发案例教程与项目实战 [M]. 北京：人民邮电出版社，2015.

[8] 刘鹏. 大数据实验手册 [M]. 北京：电子工业出版社，2017.

[9] 肖芳，张良均. Spark 大数据技术与应用 [M]. 北京：人民邮电出版社，2018.

[10] 杨治明. Hadoop 大数据技术与应用 [M]. 北京：人民邮电出版社，2019.